U0386941

机械-水射流联合破岩及在矿山机械中应用

刘送永　杜长龙　江红祥　著

科学出版社

北京

内 容 简 介

　　机械-水射流联合破岩是近年来将高压水射流应用到机械刀具以提高破岩效率和减少刀具磨损的新技术。本书系统地介绍了机械刀具与水射流联合破岩机理、最佳射流参数、自控水射流刀具、高压旋转密封装置及其在矿山机械中的应用。全书共七章，分别介绍了机械岩石破碎理论、机械-水射流联合破岩理论、机械-水射流联合破岩试验台、机械刀具-水射流联合破岩、自控水力机械刀具破岩、截割机构-水射流联合破岩及水射流技术在矿山机械中的应用等内容。

　　本书体系完整、层次清楚、内容丰富，适合从事矿山工程研究的科技人员、高等院校相关专业的研究生和本科生阅读参考。

图书在版编目(CIP)数据

机械–水射流联合破岩及在矿山机械中应用/刘送永，杜长龙，江红祥著.
—北京：科学出版社，2017.2
　　ISBN 978-7-03-051788-3

　　Ⅰ. ①机… 　Ⅱ. ①刘… ②杜… ③江… 　Ⅲ. ①水射流破碎-应用-矿山机械 　Ⅳ. ①TD231.6②TD4

中国版本图书馆 CIP 数据核字(2017) 第 028837 号

责任编辑：惠　雪　王　希/责任校对：郑金红
责任印制：张　倩/封面设计：许　瑞

科 学 出 版 社 出版
北京东黄城根北街 16 号
邮政编码：100717
http://www.sciencep.com

文林印务有限公司 印刷
科学出版社发行　各地新华书店经销
*
2017 年 2 月第　一　版　　开本：720×1000　1/16
2017 年 2 月第一次印刷　　印张：20 1/4
字数：408 000
定价：128.00 元
(如有印装质量问题，我社负责调换)

前　　言

　　煤炭是我国主体能源,在一次性能源结构中占 70% 左右,在未来相当长时期内,煤炭作为主体能源的地位不会改变。根据国家能源战略行动计划和相关研究,到 2020 年、2030 年、2050 年,煤炭在我国一次性能源结构中的比重将保持在 62%、55% 和 50% 左右,煤炭消费总量将达到 45 亿 ~48 亿吨。但由于地质构造的原因,在煤炭开采过程中经常遇到赋有夹矸、硬包裹体、小断层等半煤岩体,导致综采、综掘机械化程度降低,特别是半煤岩巷道,大多采用炮掘,机械化程度较低,如何提高该煤层巷道的掘进效率和机械化程度已成为亟待解决的关键技术问题。

　　高压水射流具有高速低温特性,在与煤岩冲击碰撞时不会因为速度过高而产生火花,是一项利用高能 "水箭" 的冲击破碎、侵蚀以及水楔作用的新截割技术,已开始应用于石油钻探、矿山开采以及岩石截割等工程中,被证实可以降低刀具温度和受力、提高刀具破岩能力、延长刀具的使用寿命等。但将高压水射流直接引入到采掘装备截割机构破岩上仍然存在以下主要问题:

　　(1) 水射流直接破岩的同时往往使采掘工作面产生大量积水,例如水力采煤导致巷道采掘工作难以继续,使得此种方法较难推广应用。

　　(2) 目前高压水射流辅助机械刀具破岩的结合形式有多种,究竟何种形式更加适合巷道硬岩的截割有待研究。

　　(3) 采掘装备工作机构均为旋转机构且安装多个刀具,每个工作机构上水射流喷嘴的数量、位置尚无法确定,以及水射流辅助整个截割系统破岩的方法也未知。

　　针对上述问题,作者在国家 "863" 计划课题 "薄煤层半煤岩掘进机关键技术研究 (编号:2012AA062104)"、国家自然科学基金项目 " 高压水射流与多刀具耦合破岩系统的动力学特性研究 (编号:51375478)"、江苏省自然科学基金项目 (编号:BK20131116) 和江苏省产学研前瞻性联合研究项目 (编号:BY2014036) 等项目的资助下,开展了机械–水射流联合破岩及在矿山机械中的应用方面的研究,旨在提高半煤岩巷道的机械化掘进效率和扩大水射流技术的应用范围。

　　先后参加该研究工作的有十几位博士和硕士,包括曾锐博士、刘晓辉博士、陈俊峰硕士、蔡卫民硕士、郑加强硕士、常欢欢硕士、许瑞硕士、李烈硕士、陈源源硕士、董恰硕士等,还有多位研究人员也参与了有关研究和试验工作。研究成果先后在 *International Journal of Rock Mechanics and Mining Sciences*、*Powder Technology*、*Chinese Journal of Mechanical Engineering*、*Tunneling and Underground Space Technology*、*Shock and Vibration*、*Journal of Central South University*、中国

机械工程、中南大学学报 (自然科学版) 等刊物上发表，研究成果具有很好的学术价值以及工程应用价值。

　　本书重点介绍机械–水射流联合破岩理论、截齿–水射流联合破岩、自控水力截齿破岩、截割机构–水射流联合破岩以及水射流在掘进机、液压凿岩台车和采掘机械清洗等矿山机械中的应用。本书可供从事机械工程、采矿工程和岩土工程等领域的研究学者和工程技术人员参考。

　　本书撰写过程中引用和参考了大量文献资料，在此特向作者致以谢意。

　　由于作者水平有限，书中内容难免存在疏漏及不当之处，敬请读者批评指正。

刘送永

2016 年 8 月

目　　录

第1章 机械岩石破碎理论

岩石破碎工程广泛存在于矿山开采、油气井钻进、地质勘探、石材加工、隧道掘进、桥涵施工和国防建设等领域中。近年来，国内外研究人员对岩体破碎与岩层移动过程规律的研究有了很大进展，但仍然缺乏从力学高度上的完整认识，研究人员希望通过各种试验来取得更高效的岩石破碎方法[1]。随着科学技术与国民经济的发展，岩石破碎技术日益成熟[2-11]，并与许多重要科学领域密切联系，如深部资源开发利用、海洋矿床地质钻探及开采、南极极地钻探、地壳科考深钻、月球和火星表层钻探等，这些富有深远意义的破岩工作将岩石破碎学理论推向了一个新高峰，很有可能对整个岩石力学理论提出新的挑战性认识[12-17]。

1.1 岩石的组成与分类

1.1.1 岩石的结构与构造

岩石为矿物的集合体，是组成地壳的主要物质。岩石是由固体矿物颗粒组成的骨架和孔隙、孔隙填充物构成，具有典型的跨尺度、非均质、多组元且多相的复杂结构[18]。岩石可以由一种矿物组成，如石灰岩仅由方解石一种矿物组成；也可由多种矿物组成，如花岗岩则由石英、长石、云母等多种矿物集合而成。岩石的结构、构造、密度、湿度、硬度、强度、弹性、塑性、脆性、孔隙性、非均质性、各向异性等都与其破碎效果密切相关。本节仅对其中的结构与构造进行简单介绍，而弹性、塑性、脆性、强度以及各向异性等特性将在第 2 节专门介绍。

岩石的结构是组成岩石的矿物结晶程度、颗粒大小、形态特征和胶结状况的综合。颗粒越细，接触越紧，胶结越牢，强度和硬度越高，越难使用机械刀具破碎。例如，由硅质胶结的石英微粒组成的石英岩，抗碎能力高于许多粗粒岩浆岩。

按照组成岩石的矿物颗粒结晶程度，可将岩石分为晶质岩、非晶质岩和碎屑岩三大岩。晶质岩包括岩浆岩、变质岩和一部分沉积岩，按其晶粒大小又可细分为粗晶岩 (晶粒大于 1mm)、中晶岩 (晶粒为 0.1∼1mm)、隐晶岩 (晶粒为 0.01∼0.1mm) 和微晶粒 (晶粒为 0.002∼0.01mm)；非晶质岩的矿物颗粒皆在 0.002mm 以下，碎屑岩则是各种岩石碎屑的胶结或机械组合，颗粒大小相差甚大。其中，砾岩颗粒大于 1∼2mm，砂岩为 0.1∼1mm，细砂岩为 0.01∼0.1mm，泥岩为小于 0.01mm。胶结物多均布于颗粒之间，胶结强度则依胶结物性质而异。按照胶结强度的大小，胶结物依次排列为：硅质、铁质、石灰质、泥质、泥灰质和石膏质等。岩石破碎时，其破裂面可能沿着颗 (晶) 粒界面，也可能横穿晶粒，依晶粒和胶结物的相对强度及应力性质而异。

　　岩石的构造是指岩石在生成时或生成后，由于地质或动力作用产生的某些宏观现象，主要有岩浆岩的块状和流纹构造、沉积岩的层理和变质岩的片理等。块状构造对机械破碎无明显影响，流纹构造层理和片理常给岩石造成各向异性。

1.1.2　岩石的分类

　　岩石是地质勘探的主要对象，是固态矿物或矿物的混合物，是一种或多种造岩矿物 (主要造岩矿物见表 1-1) 颗粒的集合体。颗粒之间或者由直接接触面上的联系力联结，或者由外来的胶结物胶结。海面下的岩石成为礁、暗礁及暗沙，是由一种或多种矿物组成的，具有一定结构构造的集合体，也有少数包含有生物的遗骸或遗迹 (即化石)。岩石按成因分为岩浆岩、沉积岩和变质岩。其中，岩浆岩是由高温熔融的岩浆在地表或地下冷凝所形成的岩石，也称火成岩，喷出地表的岩浆岩称喷出岩或火山岩，在地下冷凝的则称为侵入岩。沉积岩是在地表条件下由风化作用、生物作用和火山作用的产物经水、空气和冰川等外力的搬运、沉积和成岩固结而形成的岩石。变质岩是先成的岩浆岩、沉积岩或变质岩，由于其所处地质环境的改变经变质作用而形成的岩石。

表 1-1　主要造岩矿物

分类	名称	化学成分	密度/(g/cm^3)	莫氏硬度	解理	晶形
硅酸盐类	正长石	$KAlSi_3O_8$	2.57	6	两组中等解理	柱状、板状
	斜长石	$NaAlSi_3O_8$	2.62	6	两组完全解理	板状或板柱状
	石英	SiO_2	2.65	7	极不完全解理	六方体状
	白云母	$KAl_3SiO_{10}(OH)_2$	2.7~3.1	2~2.5	一组完全解理	片状
	黑云母	$K(Mg, Fe)_3AlSi_3O_{10}(OH)_2$	2.8~3.2	2.5~3	一组完全解理	假六方板状和短柱状
	角闪石	$Ca_2(Mg, Fe, Al)_5$ $(Al, Si)_8O_{22}(OH)_2$	3.2	5~6	两组完全解理	柱状
	辉石	$Ca(Mg, Fe, Al)(Al, Si)_2O_6$	3.2~3.4	5~6	两组中等解理	短柱状、板状
	橄榄石	$(MgFe)_2SiO_4$	3.2~4.1	6.5	极不完全解理	粒状、板状
碳酸盐类	方解石	$CaCO_3$	2.72	3.0	三组完全解理	菱面体
	白云石	$CaMg(CO_3)_2$	2.85	3.5~4	三组完全解理	菱面体
硫酸盐类	石膏	$CaSO_4 \cdot 2H_2O$	2.32	2	一组完全解理	板状
	硬石膏	$CaSO_4$	2.9	3~3.5	三组完全解理	长方体
氧化物	赤铁矿	Fe_2O_3	5.18	6	一组完全解理	板、片状或菱面体
黏土类	高岭土	$Al_4(Si_4O_4)(OH)_8$	2.65	2~2.5	一组完全解理	晶体微小
其他	岩盐	$NaCl$	2.16	2.5	三组完全解理	立方体

在地球地表，有 70% 的岩石是沉积岩，是利用机械刀具破碎的主要对象。沉积岩主要包括石灰岩、砂岩、页岩等，沉积岩中所含有的矿产占世界全部矿产蕴藏量的 80%。

1.2 岩石力学性质

1.2.1 岩石力学特性的基本概念

岩石具有变形特性、强度特性等力学性质。岩石的变形是指岩石在任何物理因素作用下形状和大小的变化，工程最常研究的是由于力的影响所产生的变形。岩石的变形特性包括：弹性变形、塑性变形、断裂变形、脆性变形以及韧性变形，本书中主要介绍弹性、塑性和脆性变形。岩石的强度是指岩石抵抗破坏的能力，岩石在外力的作用下，当应力达到某一极限值时便发生破坏，这个极限值就是岩石的强度。岩石的强度特性包括：抗压强度、抗拉强度、抗剪强度以及抗弯强度等。除此之外，岩石还具有非均质性、各向异性以及原始缺陷等力学性质。

1. 岩石的非均质性和各向异性

岩石的非均质性和各向异性是它区别于金属材料的一种属性。

非均质性表现为岩石的物理、化学和力学性质处处不同，以及试验数据波动很大 [19-21]。例如，同一矿山，相同岩石的抗压强度偏差系数达 15%～40%，抗压强度达 20%～60%；而金属材料只有 4%～7%。因此，在处理岩石的试验数据时，必须采用数理统计的方法。非均质性也给机械岩石破碎带来有利或不利影响，当盘形滚刀在软硬不一的岩石表面滚压时，软的地方先破碎，硬的地方后破碎，使滚刀出现冲击，有利于提高破碎效率；相反，在软硬交错的岩石界面钻进时，容易导致钻孔偏斜，造成钻孔质量低劣。

各向异性普遍表现为岩石的物理-力学性能随方向变化，但从宏观上观察，只有层理、片理发育或者具有流纹构造的岩石才有明显的各向异性，块状岩体则可视作各向同性。各向异性不但给钻孔速度带来一定影响，更给钻孔偏斜带来重大影响，因为有各向异性的岩石往往在垂直或平行于构造面的方向，有不同的力学性能和抗破碎能力。

2. 岩石的原始缺陷

天然岩土体由于成岩作用和成岩环境的差异，其内部往往含有大量随机的大空隙、裂隙等微缺陷 [22]。它们都在一定程度上破坏了岩石的完整性和连续性，成为机械破碎中的应力集中源，控制应力裂纹的发生与扩展方向，或者成为引导裂纹定向发展的自由面。特别是裂隙，往往成为岩体与岩块性质差异的主要原因。在载荷作用下，这些微缺陷会聚集和扩展，最终导致材料的破坏。岩土体表现出来的非连续性、非均质性、各向异性和非弹性 [23,24] 就是其内部大量随机缺陷聚集和扩展这一复杂过程的体现。

地质和采掘工作者常用裂隙平均间距、岩石质量指标 RQD(rock quality designation) 和裂隙系数表示岩体内的裂隙数量与分布状况。

欧洲国家常沿钻井岩心或巷道壁面的纵向测量裂隙平均间距，并将岩石划分为裂隙平均间距小于 3~5cm 的极破碎岩石、5~30cm 的破碎岩石、30~100cm 的块状岩石和 100~300cm 的整体岩石。

岩石质量指标：用直径为 75mm 的金刚石钻头和双层芯管在岩石中钻进，连续取芯，回次钻进所取岩芯中，长度大于 10cm 的岩芯段长度之和与该回次进尺的比值即为岩石质量指标，以百分比表示。

岩石质量指标以下式表示：

RQD (%) = 长度不短于 10cm 的岩芯累计长度 × 100/钻孔总长度

实践表明，岩石质量指标不仅取决于岩体中的裂隙数量，也与岩石抗压强度、弹性模量、纵波速度有关，故美国常用它作为岩体分类指标。即 RQD>90% 为优质岩体；RQD 75%~90% 为良好岩体；RQD 50%~75% 为一般岩体；RQD 25%~50% 为差的岩体；RQD<25% 为很差的岩体。

裂隙系数表示为

$$K = \left(\frac{C}{C'}\right)^2 \tag{1-1}$$

式中，C——在裂隙性岩体中实测的声波传播速度，m/s；

C'——在岩石试件内测定的声波传播速度，m/s；

K——岩石的裂隙系数。$K > 0.75$，裂隙很少，间距大于 80cm，属于整体结构；$K=0.45~0.75$，裂隙较多，间距 20~80cm，属块体结构；$K <0.45$，裂隙很多，间距小于 20cm，为碎体结构。

3. 岩石的弹、塑、脆性

岩石在受载过程中，会随应力的增加产生相应的应变。岩石所具有的弹、塑、脆性力学性质使岩石在受到应力时表现出不同的变形现象。弹性是指物体在外力作用下发生变形，当外力撤出后变形能够恢复的性质；塑性是指物体在外力作用下发生变形，当外力撤出后变形不能恢复的性质；脆性是指只有不大的应变就发生破碎的性质。除以上三种与岩石变形有关的力学性质之外，岩石还具有延性和黏性 (流变性)。延性是指物体能够承受较大的塑性变形而不丧失其承载能力的性质；黏性是指物体受力后变形不能在瞬间完成，且应变速度随应力大小而变化的性质。

在刚性伺服压力机上，用长径比为 2.5~3.0 的圆柱形或 5cm×5cm×5cm 的石灰岩试样进行单轴压缩试验时，可以获得图 1-1 所示的典型应力 (σ)− 应变 (ε) 曲线。图中，斜率较小的上弯形初始段为原始微裂缝闭合所致，称压实阶段；应变随应力呈比例上升的近似直线段 AB，称线弹性阶段；OA 及 AB 合称弹性变形阶段；B 点为弹性极限，斜率逐渐变小，下弯；裂缝和变形迅速发展的 BC 段称弹、塑性变形阶段；C 点为极限抗压强度标志点；在 BC 段内任一点 P 卸载时，卸载曲线按 PQ 变化，重新加载，加载曲线按 QR 变化，PQR 称塑性滞环；QS 为弹性变形，卸载后即可消除；OQ 为塑性 (或永久) 变形，卸载后也不能恢复；应力随应变下降，破坏继续发展，直至最终断裂的 CD 段，称为破裂卸载阶段。在 CD 段内任一点 T 卸载时，卸载曲线按 TU 变化；重新加载，曲线按 UV 变化。类似的曲线，也可以在圆柱形或球形等压头的压入试验中获得，此时常用载荷-侵深 (或压入深度) 曲线代替应力-应变曲线。

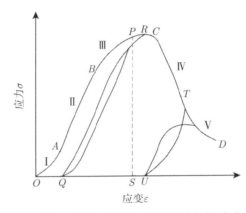

图 1-1　岩石在单轴压缩试验中的典型应力–应变曲线

岩石受载后，应变随应力呈比例增加，应力消除后又恢复原来的体积和形状而不保留任何残余变形的性质，称为弹性；只有不大的应变就发生破碎的性质，称为脆性；相反，则称为塑性。超过弹性极限后立即破碎，无明显永久变形或全变形小于 3% 的称为脆性或弹脆性破碎，具有脆性或弹脆性破碎特征的岩石称脆性或弹脆性岩石；永久变形或全变形大于 5% 的称为塑性破碎，具有塑性破碎特征的岩石称为塑性岩石；永久变形或全变形为 3%~5% 的称为塑脆性破碎，具有塑脆性破碎特征的岩石称为塑脆性岩石。然而，岩石的脆性和塑性是可以相互转化的，在一定的条件下，脆性岩石可能转变为塑性岩石，塑性岩石也可能表现出脆性。例如，同一种岩石在单轴压缩和拉伸时脆性大，多轴压缩时塑性大；高速冲击或动载时脆性大，准静载时塑性大；低温时脆性大，高温时塑性大。

脆性破碎和塑性破碎是本质不同的两种破碎形态，破碎脆性岩石和塑性岩石所采用的方式和工具也不应相同，前者惯用冲击，后者宜用旋转切削。

岩石在弹性变形阶段内的弹性, 对于研究它们在破碎以前的应力状态非常重要。在应力分析中, 岩石的弹性特征常用弹性模量 E、剪切模量 G、泊松比 μ 或体积弹性模量 K 表示, 联系这些弹性特征系数的纽带是式 (1-2) 和式 (1-3)。

$$G = E/2(1+\mu) \tag{1-2}$$

$$K = E/3(1-2\mu) \tag{1-3}$$

常见岩石的弹性模量及泊松比见表 1-2。

表 1-2　常见岩石的弹性模量 E 及泊松比 μ

岩石	E/MPa	μ	岩石	E/MPa	μ
黏土	294.2	0.38~0.45	花岗岩	25 497~58 840	0.26~0.29
致密泥岩	—	0.25~0.35	玄武岩	58 840~98 066	
页岩	14 710~24 517	0.10~0.20	石英岩	73 550~98 066	
砂岩	32 362~76 492	0.30~0.35	王长岩	66 685	0.25
石灰岩	12 749~83 356	0.28~0.33	闪长岩	68 646~98 066	0.25
大理岩	38 246~90 221	—	辉绿岩	68 646~107 873	0.25
白云岩	20 594~161 809	0.26~0.29	岩盐	—	0.44

4. 岩石的强度

岩石强度理论是岩石本构关系的一部分, 是岩石力学的基本问题之一。因此, 岩石强度理论在岩石力学的研究中一直占有相当重要的地位 [25]。岩石在外力作用下, 当应力达到某一极限值时便发生破坏, 岩石的破坏形式包括脆性破坏、塑性破坏和弱面剪切破坏。大多数坚硬岩石在一定的条件下都表现出脆性破坏的性质, 产生这种破坏的原因是岩石中裂隙的发生和发展的结果。例如, 在地下洞室开挖后, 由于洞室周围的应力显著增大, 洞室围岩可能产生许多裂隙, 尤其是洞室顶部的张裂隙, 这些都是脆性破坏的结果。在两向或三向受力情况下, 岩石在破坏之前的变形较大, 没有明显的破坏载荷, 表现出显著的塑性变形、流动或挤出, 这种破坏即为塑性破坏。在一些软弱岩石中这种破坏较为明显, 有些洞室的底部岩石隆起、两侧围岩向洞内鼓胀都是塑性破坏的例子。弱面剪切破坏是指, 由于岩层中存在节理、裂隙、层理、软弱夹层等软弱结构面, 岩层的整体性受到破坏。在荷载作用下, 这些软弱结构面上的剪应力大于该面上的强度时, 岩体就产生沿着弱面的剪切破坏, 从而使整个岩体滑动。图 1-2 为几种破坏形式的简图。

在单轴试验条件下, 岩石的抗压强度 (σ_c) 最大, 其次为抗剪强度 (σ_s)、抗弯强度 (σ_b) 和抗拉强度 (σ_t), 它们的比率见表 1-3。因此, 在选择破岩方式和设计钻头时, 应充分利用岩石强度的这一特点, 以期获得最低的破碎比功和最高的破碎效率。

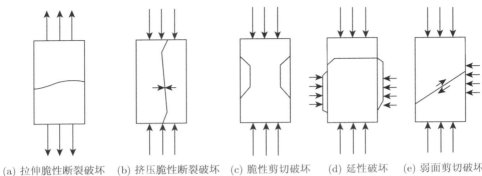

(a) 拉伸脆性断裂破坏　(b) 挤压脆性断裂破坏　(c) 脆性剪切破坏　(d) 延性破坏　(e) 弱面剪切破坏

图 1-2　岩石破坏形式简图

表 1-3　岩石的单轴抗压强度与其他强度的比值

典型岩石	抗压强度	抗剪强度	抗弯强度	抗拉强度
花岗岩	1	0.09	0.03	0.02~0.04
砂岩	1	0.10~0.12	0.06~0.20	0.02~0.05
石灰岩	1	0.15	0.06~0.10	0.04~0.10

岩石的最低破碎应力依有关强度理论确定,最优应力由试验确定,典型岩石强度见表 1-4。

表 1-4　岩石的单轴抗压强度、抗剪强度和抗弯强度

岩石	抗压强度/MPa	抗弯强度/MPa	抗剪强度/MPa
粗砂岩	139.0	5.0	—
中粒砂岩	148.0	5.1	—
细砂岩	181.4	7.8	—
页岩	13.7~59.8	1.7~7.8	—
泥岩	17.6	3.1	—
石膏	16.7	1.9	—
安山岩	96.7	5.7	9.4
白云岩	159	6.8	11.6
石灰岩	135	8.9	14.2
花岗岩	162.8	11.8	19.4
正长岩	211	14.0	21.7

在三轴压缩下,岩石的塑性普遍增大,且能出现从脆性到塑性的全转变。确定塑-脆性转变的临界围压值,对于深部岩石掘进、开采有着十分重要的意义。随着围压的增加,强度、弹性模量、剪切模量、泊松比、破碎总能耗和破碎前的变形量均相应增加 (表 1-5)。

表 1-5　岩石在围压下的塑性变形

岩石	破碎前的变形量/%	
	围压 =100MPa	围压 =200MPa
石英砂岩	2.9	3.8
白云岩	7.3	13.0
硬石岩	7.0	22.3
大理岩	22.0	28.8
砂岩	25.8	28.9
石灰岩	29.1	27.2
页岩	15.0	25.0
岩盐	28.8	27.5

1.2.2　岩石强度理论

固体的破碎理论，常称作强度理论，对机械岩石破碎理论的研究有一定的指导意义。研究强度理论还可以进一步认识岩石破碎理论的特点。强度理论一般又分为物理和力学两个方面，前者研究破碎的物理实质，后者研究破碎的力学特征。

1. 力学强度理论问题的提出

当研究岩石破碎问题的时候，力学可以用来分析任何指定部位的受力状况。但是多大力或多大的各种力组合才会导致破碎的问题，仅靠分析力的状况是解决不了的，必须借助于实际的测量。不过实际测量总是有限的，在最简单的情况下，我们常用单位断裂面上受力的极限 —— 极限强度来表示断裂的条件。岩石的极限强度是通过实际测量的途径来取得的，但测量用的试块大小和实际破碎条件并不相同。我们一般认为单位面积上允许承受的力是不变的，这样把强度当作岩石材料常量的观点可以探讨，也是一种解决工程问题的办法。

在多向受力的复杂情况下，这样的办法就行不通了。在断裂部位，一般地说，受到三个正应力和三个剪应力的综合作用，我们不可能把岩石的各种可能的应力组合 (有无穷多种) 统统事先测量一遍，得出对应于各种情况的岩石强度数值。在这种情况下，就要借助于理论思维，需要用一种统一的理论来回答在无限多种导致破碎的应力组合之中，到底是哪一种应力、应变的极限状态或其组合导致破碎的发生。实际测量的作用，在于用来检验理论答案是否正确；另一方面是在有限的简单测量数据中提供岩石破碎的材料常量，以备用来计算各种不同的具体情况。如果理论是正确的，那么就可以用它来解释各种情况下岩石破碎能否发生，以及破碎的范围和效率等问题，这就是所谓力学强度理论的实质。对破碎的认识不同和观察研究的角度不同，就有多种强度理论。从大体上分，物体破坏时有两种不同的现象，一种是"滑移",一种是"脆断"。对这两种破坏在理论上也就分成两个大类。

塑性材料常显滑移型破坏,如锡在受力时可以看到最典型的滑移线迹,滑移线迹和剪应力方向大略相吻合。脆断面则常常和正应力方向相垂直,如铸铁、陶瓷、造岩矿物等常有脆断的特征,破碎时没有明显的残余变形。不过在岩石破碎学的范围内,破碎也不是"滑移"和"脆断"两种类型所能全面概括的,如在压头的下方、炸药的邻近,岩石被挤成粉末状破碎,以及岩石和工具的腐蚀等现象,也难以归入上述两种类型。这些破碎或破坏的类型都是没有被研究清楚的问题。

即使在滑移型破坏的范围内,岩石的塑性变形和金属的塑性变形有着实质的差别。金属的塑性是晶粒本身的塑性变形;而造岩矿物本身却几乎完全没有塑性,或很不显著,所以岩石的塑性变形主要决定于晶粒之间的滑动。金属和岩石两者塑性变形的主要区别列于表 1-6。

表 1-6　金属和岩石塑性变形的区别

比较项目	金属	岩石或矿物
单晶体塑变	主要是金属滑移	双晶作用或小的滑移
多晶体塑变	取决于单个晶粒	主要是晶粒截面
晶粒大小	晶粒细的塑性小	晶粒粗的塑性小
应力状态	在任何应力状态下出现	只在多向压缩时出现
速度的影响	阻力随变形速度而增加	和速度少有关系
抗剪强度和变形的关系	随变形而增大	随变形而减小
松弛和热处理效果	初始的力学性质逐渐恢复	力学性质不能恢复
尺寸效应	小	大
强度的离散度	约 5% 以下	高达 15%~40%

由表 1-6 可见,在金属的塑性变形和岩石的塑性变形之间,存在着显著的区别。因此,对于金属的塑性变形及滑移型强度理论,移植到岩石强度理论上来时要慎重处理。

2. 剪切破坏的强度理论

剪切破坏的强度理论认为,物体中只要剪应力增长到某个极限,物体就要产生大的塑性变形而屈服、滑移或破坏。对金属来说,从屈服到断裂差别较大;对岩石来说,往往达到屈服强度,岩石即发生破碎。这种理论甚至认为,一切破坏都是由剪切造成的,现将其基本观点概述于下。

1) 最大剪应力理论 (特雷斯卡理论)

在受力物体中取出一个立方体小单元,立方体表面和主平面平行,如图 1-3 所示。这样在它的表面上作用有主应力 σ_1、σ_2、σ_3。再规定以压应力为正,且 $\sigma_1 > \sigma_2 > \sigma_3$。由力学分析知,最大剪应力 ($\tau_M$) 必定发生在通过 σ_2 而且与 σ_3、σ_1 成等

夹角 (45°) 的平面上, 即图 1-3(b) 中画阴影的平面。它的大小是

$$\tau_M = \frac{1}{2}(\sigma_1 - \sigma_3) \tag{1-4}$$

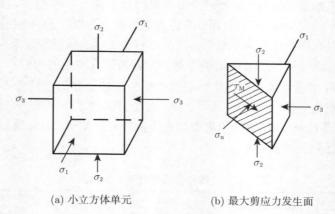

(a) 小立方体单元   (b) 最大剪应力发生面

图 1-3 最大剪应力计算

特雷斯卡理论认为, 只要最大剪应力达到某一极限值, 物体就发生破坏。岩石在简单的剪切试验时, 材料在剪切应力 $R_剪$ 下破坏, 那么在别的情况下, 只要

$$\tau_M = R_剪 \tag{1-5}$$

物体也都要发生破坏。

如果已经由实际测出单向抗压强度是 $R_拉$, 那么这一理论认为拉伸试验时试件也是由于剪切导致破坏的, 由于这时 $\sigma_1 = 0$, $\sigma_3 = -R_拉$, 故破坏时有

$$\tau_M = -\frac{1}{2}[0 - (-R_拉)] = \frac{R_拉}{2} = R_剪$$

这一理论推论出, 简单的抗剪强度只有简单抗拉强度的一半。类似的推理还能得出 $R_剪 = \dfrac{R_压}{2}$ 和 $R_剪 = R_扭$ 的结论。这里 $R_压$ 是材料的抗压强度, $R_扭$ 是扭剪强度。

这一理论指出, 在各种复杂应力作用下, 只要最大与最小主应力之差达到这种材料的抗拉或抗压试件所测得的极限强度的一半时, 便会导致物体破坏, 而且断裂面和这两个主应力有相等的夹角。

最大剪应力理论对于塑性材料比较合适, 它必然推论出材料的单向抗拉强度和抗压强度相等。这一推论对于岩石就差得太远了, 岩石的抗拉强度小于抗压强度的 1/10 左右。

2) 内摩擦理论 (摩尔理论与岩石强度理论有关)

摩尔在 1882 年研究了最大剪应力理论，指出材料破坏时出现滑移迹象并提出将滑动面和破坏面的应力作为决定性的量来考虑。滑动和破坏首先与发生这些运动的所在面的剪应力有关。其次，没有具体事实认可如下的假说：这些运动的出现只与那些面的剪应力有关，而与它们的法向应力无关。只要想象一种抗剪强度非常小或者等于零的材料，就会发现这个假设的不可靠性。在这种情况中，物体两部分的相对移动会受到摩擦力的阻挠，而摩擦力与法向压力的大小关系很大。因此，我们认为最好把假设予以更一般和更审慎的提法：材料的弹性极限和破坏极限由滑动面和破坏面的诸应力来确定。可以把假设作进一步的补充：在极限滑动面上的剪切应力达到一个与法向应力和材料性能有关的最大值 [26,27]。

摩尔理论认为破坏不仅取决于破坏面的剪切应力，还和方向应力有关。设在以微立方体滑移面上的切线方向的剪应力 τ_n，增加到足以克服其抵抗滑动所需之力时，滑移就开始发生。如图 1-4 所示，抵抗滑动所需要的力，和外摩擦相仿，也被认为是正应力 (法向力)σ_n 的函数。我们用 $f(\sigma_n)$ 表示考虑正应力影响在内的滑动阻力。如果 $\tau_n - f(\sigma_n) < 0$，那么微体处于稳定状态；如果 $\tau_n - f(\sigma_n) > 0$，那么微体将沿着 σ_n 的方向滑移。因此，

$$\tau_n - f(\sigma_n) = 0 \tag{1-6}$$

便成为受力微体的极限平衡条件。

沿各个方向的可能滑移面上，$\tau_n - f(\sigma_n)$ 的值都是不相等的。只要沿某一个方向首先达到极限平衡条件式 (1-6)，就会在这个方向出现滑移，而在其他方向却仍然保持稳定。换而言之，在极限平衡时，在各方向的滑移面上，切线应力 τ_n 和同一面上的 $f(\sigma_n)$ 之差值当中，最大的一个面达到了零，即

$$[\tau_n - f(\sigma_n)]_{\max} = 0 \tag{1-7}$$

微体便发生滑移。

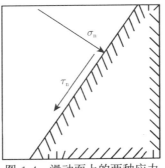

图 1-4 滑动面上的两种应力

极限平衡条件式 (1-6) 中的 $f(\sigma_n)$，是可以通过试验予以确定的。在以 $\sigma_n - \tau_n$ 为坐标的应力图上 (图 1-5)，$\tau_n = f(\sigma_n)$ 便是图中稳定区和破坏区的界线。利用应力圆，便可容易地得到任何方向的切线应力和法线应力。图 1-5(a) 是稳定状态，其应力圆不和 $\tau_n = f(\sigma_n)$ 界线相交，它在任何一个方向上所衍生的 τ_n 值都小于 $f(\sigma_n)$。图 1-5(b) 是载荷较大的情况，应力圆直径增大了，它恰好与界线相切 (即和主应力 σ_1 夹角为 ψ 的这个方向)，所衍生的切线应力 $\tau_n = f(\sigma_n)$，于是滑移就在这个方向发生了。

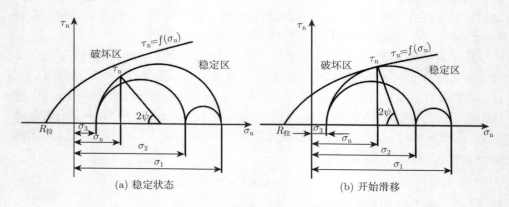

图 1-5　用应力圆表示滑移状态

为了实际确定界线 $\tau_n = f(\sigma_n)$，先做一组不等 σ_1、σ_3 的试验，使试件达到破坏，于是在图上得出相应的极限应力圆，诸极限应力圆的包络线便是 $\tau_n = f(\sigma_n)$ 的图样。摩尔理论指出，此包络线由于主应力加大而逐渐平缓，这是因为在高的围压下，岩石的塑性增加，最终只与 $(\sigma_1 - \sigma_3)$ 即最大剪应力有关。

由上述可知，在摩尔强度理论中，极限平衡条件是直接用许多次试验建立起来的，故可以做到和岩石的实际情况比较接近。但这一理论没有考虑到中间应力 σ_2 的作用，对脆性破坏来讲也只是一种近似。近代的断裂机理研究，也并没有证实"内摩擦"之说。

3. 脆断破坏的强度理论

脆断破坏的强度理论比起塑性滑移来，在研究上更是少得多。在三个主应力全是拉伸的情况下，以其中最大拉应力 (σ_3) 是否达到某一临界值来作为判断物体破坏的依据，而对其他两个拉应力则不予考虑。

在拉应力和压应力共同作用的情况下，则以最大拉伸应变达到某个限度来判断是否将出现断裂。这个限度也是通过简单的试验来确定的。最大拉伸应变

ε_3 为

$$\varepsilon_3 = \frac{1}{E}[\sigma_3 - \mu(\sigma_1 + \sigma_2)] \tag{1-8}$$

在单向拉伸时，极限强度为 $R_拉$，故 $\sigma_3 = -R_拉$，$\sigma_1 = \sigma_2 = 0$，因此有

$$\varepsilon_3 = -\frac{R_拉}{E} \tag{1-9}$$

再将上述结果代入式 (1-8)，求得 σ_3：

$$\sigma_3 = -[R_拉 - \mu(\sigma_1 + \sigma_2)] \tag{1-10}$$

式 (1-10) 中，σ_3 是产生断裂所需的拉应力。从式中可见，当两侧存在压应力 σ_1、σ_2 时，在第三方向的应变较大，故比较容易拉断。

由单向压缩也能引起侧向伸张而导致断裂，这时 $\sigma_1 = R_压$，$\sigma_2 = \sigma_3 = 0$。

$$\varepsilon_3 = -\frac{\mu}{E}R_压 \tag{1-11}$$

比较式 (1-9) 和式 (1-11)，最大拉伸变形理论必然推论出 $R_压$ 和 $R_拉$ 之比：

$$\frac{R_压}{R_拉} = -\frac{1}{\mu} \tag{1-12}$$

μ 值通常为 0.2～0.5，故脆断的抗压强度应是抗拉强度的 2～5 倍。对于岩石来说，此数还小于实际数值，这也许是由于隐藏着的裂隙或弱面的缘故。

为了便于比较各种强度理论所得到的结果，常用两个主应力为坐标轴，圈定平面受力时的破坏或稳定界限。图 1-6 以 σ_A、σ_B 为两个主应力，绘制出了集中理论极限应力的界限。靠原点部分是稳定范围，远离原点在界限外的部分是破坏范围。图以压应力为正，并以极限抗压强度 $R_压$ 为基准绘制，这是因为岩石的 $R_压$ 最容易被测定，有了它就可以圈定其他情况下的界限。但摩尔理论却要有许多试验点，才能连接出需要的界限来，而实测的结果越多，其所圈定的界限也将更符合实际的界限。如果用直线代替摩尔理论总的实际包络线，那么只要有 $R_压$ 和 $R_拉$ 两个点，就可连接出中间的界限来。

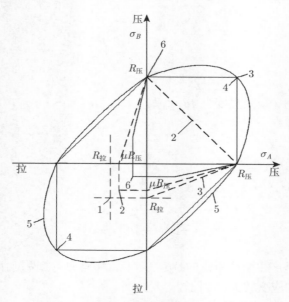

图 1-6   诸强度理论的极限应力界限

1. 最大拉应力；2. 最大拉应变；3. 摩尔理论；4. 最大剪应力；5. 畸变能；6. 裂纹理论

1.3   机械破岩机理

机械岩石破碎方法，具体地说，是利用多种机、具等破岩工具，在性能差异较大的岩、矿石内，钻凿大小不等和深浅不一的多种井、眼的方法，可按其破碎原理分冲击、切削和冲击–切削三大类。相应地，破岩机械可分为切削机 (如煤电钻、刮刀切割破碎型截煤机、掘进机和圆盘锯机等)、冲击机 (如凿岩机、潜孔钻机和钢丝绳冲击钻机以及碎石机等)、冲击回转机 (如各种类型的牙轮钻机和全断面井巷钻机等) 三类。每一大类都具有各自适用的岩石类别，都独具特点而又有共同遵循的岩石破碎机理：都要求直接担任破岩任务的机械刀具具有合理的几何结构与尺寸，以及最优截割力、转速和扭矩。总而言之，都要有内外条件，特别是钻机、具，以及机械刀具与被破岩石性质之间的合理匹配。

均质弹性半无限岩体应力分析，揭示了在集中或分布载荷作用下的局部岩体内，存在可能导致三轴压缩、拉伸断裂、剪切破碎的应力，但并没有确切回答岩石破碎过程。这些都将由岩石破碎机理来解决。

必须指出，由于认识的深浅不一，时间的先后不同，特别是被研究的岩石性质以及岩石与钻头的匹配不一样，各种破岩机理差异甚大，与定性的应力分析结果也不尽一致。尽管如此，几十年来，对这一复杂问题的认识，一直在逐步深入。

1.3.1　冲击破岩机理

冲击破岩时，常由冲击机构间接或直接由钻头刃给岩石以一个集中的冲击载荷，使刃尖垂直岩面侵 (凿) 入岩石，形成破碎坑，再由一个一个的破碎坑连接构成孔 (井) 眼。

破碎坑的宏观形成大致为：①压碎岩面的微小不平；②弹性变形；③在刀具下方形成压实体；④ 沿着剪切或拉伸应力迹线形成大体积崩裂，或所谓的跃进式破碎；⑤ 重复前述破碎过程。

研究证明，岩石性质及洗井介质压力对破碎坑的形成机理有较大的影响，在大气条件或低洗井介质压力下，一般岩石的常见破碎形式为脆性断裂。此时，脆性破碎的载荷–侵深曲线如图 1-7(a) 所示，即在 AB 段形成压实体，在 B 点出现第一次脆性崩裂；在 BC 段产生碎屑外飞和压碎已形成的压实体，并使载荷迅速下降。然后，在 CD 段和 EF 段重复 AC 段内的破碎过程，直到沿 FG 段卸载。在高洗井介质压力下，例如在深油、气井内，岩石的塑性增大，脆性压抑，甚至有可能出现脆性向塑性的完全转变。高压洗井流体力使碎屑停留在破碎坑内，造成重复破碎，破碎坑的规模缩小，坑壁产生若干层环状断裂。塑性破碎的载荷–侵深曲线如图 1-7(b) 所示，在 AB 段形成压实体，在 BC 段产生平行的环状破裂，在 CD 段卸载，整个曲线相当平缓，属于典型的塑性破碎[28]。

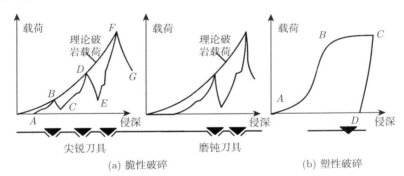

(a) 脆性破碎　　　　　　　　　　(b) 塑性破碎

图 1-7　石灰岩中典型的载荷–侵深曲线

伊万斯[29] 最早提出了楔刃破煤机理模型，他认为刃–煤接触压力必须大于或等于煤的单轴抗压强度 σ_c，才能使煤得到破碎，即外载为

$$F \geqslant 2bh\sigma_c(f + \tan\beta) \tag{1-13}$$

式中，b—— 刃–煤接触长度；

　　　h—— 楔刃侵入深度；

　　　f—— 刃–煤摩擦系数；

β—— 半刃角。

塔尔载尔和达维斯[3] 认为，刃尖圆角半径为 R 的钝楔刃破煤时，刃-煤接触带的外围存在一层破碎煤区和三轴压缩应力 σ'_c，由此 σ'_c 给楔顶下面的原煤衍生一集中的拉应力 σ'_t，根据弹性理论

$$\sigma'_t \propto \sigma'_c / R^{0.5} \tag{1-14}$$

只要 σ'_c 超过煤的抗拉强度 σ_t，煤便破碎。又由于 $\sigma'_c \propto F$，所以必有

$$F \propto R^{0.5} \tag{1-15}$$

保尔和夕卡斯基[30] 倡议的脆性破碎机理模型假定：①破碎坑是沿着倾角 $\phi = \dfrac{\pi}{4} - \dfrac{\beta + \varphi}{2}$ 的平面，由刀尖向自由面方向破裂形成的，其中，β 为半刃角，φ 为岩石的内摩擦角；②岩石破裂时，破裂面上的任何一点均满足莫尔-库伦 (Mohr-Coulomb) 破碎准则；③在形成压实楔的过程中，载荷-侵深曲线始终保持线性关系，如图 1-8、图 1-9 所示。

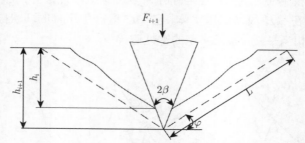

图 1-8　保尔和夕卡斯基脆性破碎模型

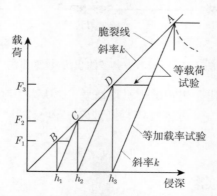

图 1-9　脆性破碎模型的理论载荷-侵深曲线

用楔形刃片钻头加载时，主要脆性破碎将发生在实际载荷–侵深曲线与理论脆断线 OA 的交点 B、C、D 处，该理论脆断线的斜率：

$$K = 2\sigma_t \sin\beta(1 - \sin\varphi)/[1 - \sin(\beta + \varphi)] \tag{1-16}$$

崩裂深度：

$$h_i = \left(\frac{k}{k-K}\right)^{i-1} \cdot h_1 \tag{1-17}$$

崩裂发生时的载荷：

$$F_i = Kh_i \tag{1-18}$$

保尔和夕卡斯基模型是定量阐述破碎坑形成机理的第一次尝试。11 年后，杜特达 (Datta) 修正了该模型 [31]，指出剪碎岩石的力不是由楔刃而是由楔刃下的压实体间接传给岩石的。因此，须以 $\theta' = \theta + \theta_f$ 代替式 (1-16) 中的半刃角 β 求解 h_i 和 F_i，其中，θ_f 为压实体与原岩体之间的摩擦角，见图 1-10。

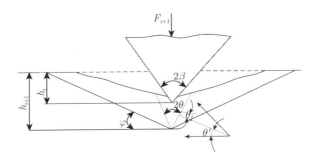

图 1-10 杜特达的破碎机理模型

弗尔哈斯特等 [3] 证实，压实体随刃角 2β 的增加而增大，压实力则相反。而且 2β 越大，合力方向越接近垂直朝下，断裂裂纹越长，所需载荷越高。

综合 20 世纪 50~60 年代建立起来的上述冲击破岩机理模型，不难发现，尽管这些模型都是比较粗浅的，但已从不同的侧面分别接触了问题的实质，至少能给我们提供做出以下概括的基础。

(1) 在机具集中载荷作用下的岩石，有可能产生剪切或拉伸破碎，决定于剪应力还是拉应力首先超过相应的岩石强度，但普遍缺乏可信的定性、定量描述；

(2) 岩石的破碎不是突发性的，而是按照一定的过程发生发展的，尽管在这些过程中也存在着突发性现象，如大体积崩裂或跃进式破碎，但缺乏可靠的观测基础，特别是显微观测基础；

(3) 刃–岩接触带下方，普遍存在一个形状随刃尖几何形状而异的压实体，但压实体的形成机理和作用有待于进一步研究；

(4) 破碎机理受岩石性质、刃–岩匹配、围压大小和加载率等一系列因素的影响。

1.3.2 切削破岩机理

机械刀具切削破岩理论研究主要包括机械刀具切削破岩机理及其受力分析。本节首先结合前人研究成果对机械刀具破岩机理进行分析，然后基于弹性力学、断裂力学等理论建立机械刀具切削力力学模型。

1. 机械刀具切削破岩过程

机械刀具破岩过程中使用的刀具主要包括滚压刀具和切削刀具两大类。滚压刀具对岩石施加垂直于其表面的载荷达到破碎岩石的目的，而切削刀具对岩石施加平行于岩石表面的载荷而破碎岩石。滚压刀具主要用于大型全断面掘进机，其破碎岩石的能力强于切削刀具，但滚压刀具扩展裂纹的能力相对较弱，导致滚压刀具破碎单位体积岩石需要消耗更多的能量，即破碎岩石的比能耗较高。切削刀具主要用于采煤机和悬臂式掘进机等，其破碎硬岩的能力弱于滚压刀具，使用寿命相对较短，但破碎单位体积岩石需要消耗的能量相对较低。因此，在保证切削刀具使用寿命的前提下，若切削刀具能够破碎中硬、硬岩，将对降低岩石破碎比能耗和提高岩石破碎效率有重要的意义。煤矿井下采掘机械常用的切削刀具主要包括镐型和刀型截齿。由于切削刀具破岩机理类似，因此以镐型截齿为例简要分析切削刀具的破岩机理。

镐型截齿破岩时，截齿齿尖挤压岩体诱发剪切应力和拉伸应力。当剪切应力或拉伸应力达到岩石极限抗剪强度或抗拉强度时岩石产生裂纹，进而裂纹扩展形成岩石碎块[32]。镐型截齿作用下破岩过程可以分为变形、密实核形成、裂纹形成、块体崩落四个阶段，如图 1-11 所示。

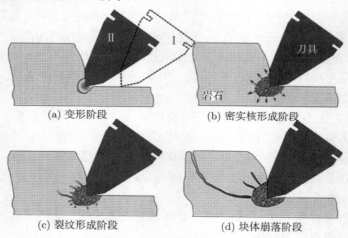

(a) 变形阶段   (b) 密实核形成阶段

(c) 裂纹形成阶段   (d) 块体崩落阶段

图 1-11   机械刀具破岩过程

1) 变形阶段

岩石在截齿作用下的变形阶段如图 1-11(a) 所示，假设截齿齿尖是具有一定曲率的球面，截齿由未挤压岩体位置 I 前进到挤压岩体位置 II 时，截齿挤压岩石在齿尖处产生很高的压应力，其大小随着距接触点距离的增加而降低。由于岩石材料的弹脆性特性，该阶段齿尖接触处的岩石发生弹性变形。

2) 密实核形成阶段

随着截齿挤压岩石作用力的增大，截齿齿尖周围的岩石承受极高的压应力。当压应力达到岩石的极限抗压强度时，岩石局部被压碎形成很多岩粉。随着截齿的继续推进，被压碎岩石的范围不断扩大，压碎区域内岩粉因截齿挤压而聚集大量能量并向压碎区域的岩体施压，形成的压碎区域称为"密实核"或"粉碎区"，如图 1-11(b) 所示。

3) 裂纹形成阶段

密实核周围岩体受到岩粉的挤压作用，使周围岩体产生复杂的剪应力和拉应力。当周围岩体某一点的剪应力或拉应力大于岩石的极限抗剪强度或抗拉强度时，该点出现剪切或拉伸裂纹源。由于岩石是一种各向异性非均质材料，它的次生构造特征对截齿破岩过程中裂纹的形成有一定影响。密实核周围岩体在密实核、截齿挤压力以及自身裂隙的综合作用下，产生多条微小裂纹，如图 1-11(c) 所示。

4) 块体崩落阶段

密实核周围岩体形成微小裂纹后，截齿继续向岩体内部挤压，裂纹在截齿挤压力作用下迅速扩展，当微小裂纹扩展至岩石表面时块体崩落，如图 1-11(d) 所示。根据截齿破碎岩石的块体分布情况，除较大的崩落块体外，有时还有少量相对较小的块体，因此岩石块体在截齿作用下崩落还伴随着局部破碎，即密实核周围的微小裂纹源有数条得到了扩展。在这些裂纹中，有一条主裂纹按照一定路径扩展至岩石表面形成块体，该路径由截齿挤压作用力、岩石力学性质以及岩石断裂准则等因素综合决定。

此外，从断裂力学角度分析，岩石在截齿挤压作用下产生裂隙，裂隙在外载荷作用下扩展是导致岩石破碎的直接原因。裂隙尖端的扩展方式一般有三种：张开型扩展（I 型）、滑开型扩展（II 型）和撕开型扩展（III 型），如图 1-12 所示。在截齿破岩过程中，岩石破碎涉及张开型和滑开型扩展机制，其中张力引起的张开型扩展起主导作用，扩展形式对水射流辅助机械刀具破岩有重要的影响。

2. 机械刀具切削破岩的力学分析

机械刀具在切削破碎岩石过程中的受力十分复杂，其承受三维空间变化的分布载荷作用，且大小和方向均随着截齿推进距离的变化而改变。已有许多学者对机械刀具的切削力进行理论推导，但由于采用的煤岩失效准则和基本假设不同而导致理论切削力各有差异。到目前为止，刀具切削力理论计算模型大部分建立在最大拉应力和库伦–摩尔破坏准则的基础上 [29,33−35]，难以应用于水射流辅助机械刀具破岩理论研究。鉴于此，以弹性力学、岩石断裂力学理论为基础，对机械刀具切削岩石过程中岩石的断裂行为和刀具受力进行理论分析，建立机械刀具的切削力理论模型，为水射流辅助机械刀具破岩理论研究提供基础。

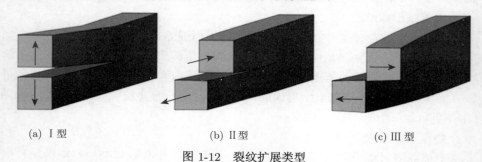

(a) Ⅰ型　　　　　　　(b) Ⅱ型　　　　　　　(c) Ⅲ型

图 1-12　裂纹扩展类型

在 Evans 刀具破岩和断裂力学理论基础上，对机械刀具破岩过程中的受力作如下假设：①刀具合金头垂直压入岩体，忽略密实核的形成，且该阶段岩石为弹性变形阶段；②刀具合金头进入岩体至大块岩体崩落前不考虑小块岩石崩落，岩体压碎后被压实或流出锥孔，且裂纹产生和扩展前锥孔连续不断增大；③岩石在机械刀具切削作用下完全张开断裂，不考虑滑移扩展及其他扩展形式，且裂缝尖端应力服从胡克定律；④机械刀具合金头为理想圆锥，且忽略刀具进入岩体过程中岩石对刀具的摩擦阻力。

基于以上假设，机械刀具作用下岩石断裂如图 1-13 所示，裂纹长度为 l，切削厚度为 h。假设岩石材料为各向同性的弹性体，在机械刀具挤压作用下岩石内形成一条平行于刀具切入方向的裂纹，裂纹表面为自由表面，且机械刀具对岩石的挤压

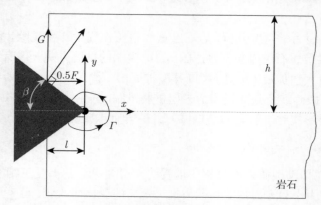

图 1-13　机械刀具作用下岩石断裂示意图

力使裂纹周围产生了二维的应力场和应变场。根据假设，岩石在机械刀具作用下的破碎是完全张开断裂，且由岩石受到的竖直向上拉力 G 决定，当竖直向上拉力引起的裂纹强度因子大于岩石的 I 型断裂韧性 K_{IC} 时，裂纹开始扩展。

1) 裂纹尖端强度因子

Rice 提出 J 积分理论，指出裂纹尖端周围的线积分与积分路径无关，它对弹塑性断裂力学的发展意义重大 [36]。近几十年来，人们对 J 积分的理论、物理意义、特性及应用做了大量研究，完善和发展了 J 积分理论。目前，J 积分已得到广泛应用，许多国家都制定了 J 积分测试标准，J 积分已经成为弹塑性断裂力学中的主要参量之一。采用 J 积分理论对岩石在机械刀具作用下的断裂行为进行研究，J 积分的定义如下：

$$J = \int_{\Gamma} W \mathrm{d}y - \int_{\Gamma} \boldsymbol{T} \cdot \frac{\partial \boldsymbol{u}}{\partial x} \mathrm{d}s \tag{1-19}$$

式中，W—— 应变能密度，$W = \sigma_{ij}\varepsilon_{ij} / 2$；

　　　Γ—— 积分路径，从裂纹下表面任一点出发，沿任意路径绕过裂纹尖端，终止于裂纹上表面的任意一点；

　　　$\boldsymbol{T}$—— 积分路径 Γ 边界上的应力矢量，其分量为 $T_i = \sigma_{ij}n_j\,(i, j = 1, 2)$；

　　　n_j—— 积分路径上弧元素外法线的方向余弦；

　　　$\boldsymbol{u}$—— 积分路径 Γ 上的位移矢量。

根据 J 积分的守恒特性可知，J 积分与其积分路径无关。为降低 J 积分求解难度，以裂纹尖端为圆心、r 为半径的圆作为 J 积分的积分路径。将 $\mathrm{d}s = r\mathrm{d}\theta$，$\mathrm{d}y = r\cos\theta\mathrm{d}\theta$ 代入式 (1-19) 中，则在笛卡儿坐标系中 J 积分形式可以转变为极坐标形式：

$$J = r \int_{-\pi}^{\pi} \left(W \cos \theta - \boldsymbol{T} \frac{\partial \boldsymbol{u}}{\partial x} \right) \mathrm{d}\theta \tag{1-20}$$

由于积分路径为圆，其半径 r 可以取一定值，则式 (1-20) 中应变能密度 W、积分路径上应力矢量 $\boldsymbol{T}$、积分路径上位移矢量 $\boldsymbol{u}$ 均为 θ 的函数。平面应变情况下，弹性应变能密度：

$$W = \frac{1+\mu}{2E}[(1-\mu)(\sigma_x^2 + \sigma_y^2) - 2\mu\sigma_x\sigma_y + 2\sigma_{xy}^2] \tag{1-21}$$

式中，μ—— 岩石材料的泊松比；

　　　E—— 岩石材料的弹性模量，GPa；

　　　σ_x、σ_y、σ_{xy}—— 应力分量，MPa。

岩石在机械刀具作用下裂纹形成主要与张开型和滑开型扩展有关，忽略撕裂型扩展对岩石断裂的影响。因此，岩石在机械刀具作用下断裂是一个 I-II 复合型问题，则裂纹尖端附近应力场由 I、II 型附近应力场叠加而成：

$$\sigma_x = \frac{K_{\mathrm{I}}}{\sqrt{2\pi r}}\cos\frac{\theta}{2}\left(1-\sin\frac{\theta}{2}\sin\frac{3\theta}{2}\right)+\frac{K_{\mathrm{II}}}{\sqrt{2\pi r}}\sin\frac{\theta}{2}\left(2+\cos\frac{\theta}{2}\cos\frac{3\theta}{2}\right)$$

$$\sigma_y = \frac{K_{\mathrm{I}}}{\sqrt{2\pi r}}\cos\frac{\theta}{2}\left(1+\sin\frac{\theta}{2}\sin\frac{3\theta}{2}\right)+\frac{K_{\mathrm{II}}}{\sqrt{2\pi r}}\sin\frac{\theta}{2}\cos\frac{\theta}{2}\cos\frac{3\theta}{2} \tag{1-22}$$

$$\sigma_{xy} = \frac{K_{\mathrm{I}}}{\sqrt{2\pi r}}\cos\frac{\theta}{2}\sin\frac{\theta}{2}\cos\frac{3\theta}{2}+\frac{K_{\mathrm{II}}}{\sqrt{2\pi r}}\cos\frac{\theta}{2}\left(1-\sin\frac{\theta}{2}\sin\frac{3\theta}{2}\right)$$

式中，r、θ—— 裂纹尖端附近的极坐标；

K_{I}、K_{II}—— 裂纹尖端的 I、II 型应力强度因子，MPa·m$^{1/2}$。

将式 (1-22) 代入式 (1-21)，可得裂纹在 I–II 复合型扩展下的应变能密度：

$$W = \frac{1+\mu}{8\pi r E}(AK_{\mathrm{I}}^2 + BK_{\mathrm{I}}K_{\mathrm{II}} + CK_{\mathrm{II}}^2) \tag{1-23}$$

式 (1-23) 中系数为

$$A = (1+\cos\theta)(3-4\mu-\cos\theta);$$
$$B = \sin\theta(2\cos\theta+4\mu-2);$$
$$C = (2-4\mu)(1-\cos\theta)+(1+\cos\theta)(3\cos\theta-1)。$$

积分路径 Γ 边界上 x、y 方向的力：

$$T_x = \sigma_x\cos\theta+\sigma_{xy}\sin\theta = \frac{1}{\sqrt{2\pi r}}\left(\frac{3}{2}\cos\theta-\frac{1}{2}\right)\left(K_{\mathrm{I}}\cos\frac{\theta}{2}-K_{\mathrm{II}}\sin\frac{\theta}{2}\right)$$

$$T_y = \sigma_{xy}\cos\theta+\sigma_y\sin\theta = \frac{1}{\sqrt{2\pi r}}\cos\frac{\theta}{2}\left[K_{\mathrm{I}}\frac{3}{2}\sin\theta+K_{\mathrm{II}}\left(\frac{3}{2}\cos\theta-\frac{1}{2}\right)\right] \tag{1-24}$$

积分路径 Γ 边界上 x、y 方向的位移：

$$u_x = \frac{1+\mu}{2E}\sqrt{\frac{r}{2\pi}}\left[K_{\mathrm{I}}\sin\theta\left(3-2\mu-\sin^2\frac{\theta}{2}\right)+K_{\mathrm{II}}\sin\frac{\theta}{2}(2\cos\theta-8\mu+10)\right]$$

$$u_y = \frac{1+\mu}{2E}\sqrt{\frac{r}{2\pi}}\left[K_{\mathrm{I}}\cos\theta\left(-2\mu+\cos^2\frac{\theta}{2}\right)+K_{\mathrm{II}}\cos\frac{\theta}{2}(3-4\mu+2\cos\theta)\right] \tag{1-25}$$

将式 (1-23)～ 式 (1-25) 代入式 (1-20)，求解 J 积分：

$$J = r\int_{-\pi}^{\pi}\left[\frac{1+\mu}{8\pi r E}(AK_{\mathrm{I}}^2+BK_{\mathrm{I}}K_{\mathrm{II}}+CK_{\mathrm{II}}^2)\cos\theta-\left(T_x\frac{\partial u_x}{\partial x}+T_y\frac{\partial u_y}{\partial x}\right)\right]\mathrm{d}\theta \tag{1-26}$$

对于积分边界上的微元体:

$$\frac{\partial}{\partial x} = \cos\theta\frac{\partial}{\partial r} - \sin\theta\frac{\partial}{r\partial\theta} \tag{1-27}$$

将式 (1-27) 代入式 (1-26) 求解得

$$J = \frac{1-\mu^2}{E}(K_{\mathrm{I}}^2 + K_{\mathrm{II}}^2) \tag{1-28}$$

根据机械刀具破岩力学假设可知,岩石在机械刀具挤压作用下的断裂由张开断裂主导,进而可以将岩石断裂简化为悬臂梁力学模型。在平面内简化悬臂梁力学模型,悬臂梁的长度为 l,高度为 h,根据悬臂弯曲梁的初等理论可得弯曲变形的应变能变化[37]:

$$-\frac{\mathrm{d}P_b}{\mathrm{d}l} = \frac{1}{2}G\frac{\partial\delta_b(G,l)}{\partial l} \tag{1-29}$$

式中,P_b—— 悬臂梁的弯曲应变能,J;

δ_b—— 简化悬臂梁在竖直向上载荷作用下的挠度,$\delta_b = 4Gl^3/Eh^3$,mm。

根据 J 积分定义,在线弹性情况下,J 积分与能量释放率相等。对于弯曲梁模型,裂纹体的应变能主要以梁弯曲变形的应变能集中在裂纹长度范围内,则可近似取

$$J = -\frac{\mathrm{d}P_b}{\mathrm{d}l} \tag{1-30}$$

联立式 (1-28)~(1-30),可得机械刀具挤压岩石过程中由竖直向上拉力产生的裂纹 I 型应力强度因子,在平面内可得裂纹 I 型应力强度因子与竖直向上拉力 G 的关系:

$$K_{\mathrm{I}} = \frac{\sqrt{6}Gl}{\sqrt{1-\mu^2}h^{\frac{3}{2}}} \tag{1-31}$$

根据式 (1-31),假设岩石的泊松比为 0.3,裂纹尖端的 I 型应力强度因子随竖直向上拉力、裂纹长度以及切削厚度的变化规律如图 1-14 所示。

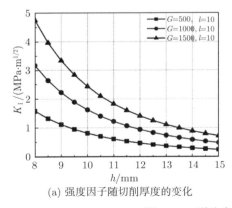

(a) 强度因子随切削厚度的变化

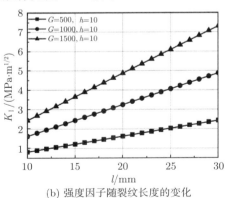

(b) 强度因子随裂纹长度的变化

图 1-14 裂纹尖端的 I 型应力强度因子

　　从图 1-14 可见，在竖直向上拉力和裂纹长度一定的条件下，裂纹尖端的 I 型应力强度因子随岩石切削厚度的增大而减小，说明岩石的切削厚度越大，裂纹扩展难度越大，岩石破碎难度越大。此外，在岩石切削厚度和裂纹长度一定的条件下，竖直方向拉力越大，裂纹尖端的 I 型应力强度因子越大，裂纹越容易扩展。在竖直向上拉力和岩石切削厚度一定时，裂纹尖端 I 型应力强度因子随裂纹扩展长度的增大而增大，间接地说明裂纹一旦开裂则进入失稳扩展阶段，其是导致机械刀具切削力达到峰值后迅速下降的原因。

　　在不考虑机械刀具与岩石之间摩擦阻力条件下，岩石受到的水平挤压力与竖直向上拉力存在以下关系：

$$\frac{F}{2G} = \tan\beta \tag{1-32}$$

式中，F—— 岩石碎片受到的水平挤压力，N；

　　β—— 机械刀具合金头半锥角，(°)。

　　联立式 (1-31) 和式 (1-32)，可得机械刀具对岩石的水平挤压力：

$$F = \frac{2K_{IC}\tan\beta}{l}\sqrt{\frac{1-\mu^2}{6}}h^{\frac{3}{2}} \tag{1-33}$$

2) 切削力

　　根据线弹性断裂力学和悬臂梁力学模型，建立了机械刀具作用岩石受到的竖直向上拉力、水平方向挤压力与切削厚度、裂纹长度、I 型裂纹尖端应力强度因子以及岩石泊松比的关系，但刀具穿透岩石距离为何值时裂纹开始扩展仍然难以确定。式 (1-31) 仅能描述裂纹扩展过程中竖直向上拉力与裂纹长度、切削厚度等参数的关系，因此有必要对裂纹扩展前刀具与岩石之间的互相作用进行力学分析。根据岩石切削理论，在刀具切削破岩过程中岩石初期受到刀具的挤压而粉碎，然后形成裂纹进而扩展断裂。基于此，假设在裂纹形成之前岩石处于线弹性挤压状态，刀具合金头 (压头) 挤压岩石如图 1-15 所示。Boussinesq[38] 利用弹性力学理论求解得出弹性材料表面作用竖直集中载荷时的应力和应变，称之为 Boussinesq 问题。在 Boussinesq 问题解的基础上，Love 等 [39-41] 对不同形状压头挤压半无限弹性体时受到的载荷进行求解，压头尖端穿透岩石的距离和压头受到的反作用力为

$$w = \int_0^1 \frac{f'(x)\mathrm{d}x}{\sqrt{1-x^2}} \tag{1-34}$$

$$P = \frac{4Ga}{1-\mu}\int_0^1 \frac{x^2 f'(x)\mathrm{d}x}{\sqrt{1-x^2}} \tag{1-35}$$

式中，w—— 压头尖端穿透岩石距离，mm；

　　G—— 岩石的剪切模量，GPa；

a—— 压头与岩石接触面圆的半径，mm；

$f(x)$—— 定义压头轮廓的函数，且 $w(\rho) = f(\rho/a)$；

P—— 压头受到的反作用力，N。

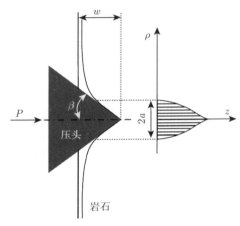

图 1-15 刀具挤压线弹性体示意图

由于掘进机刀具合金头类似于外形为圆锥的冲头，函数 $f(x)$ 可以表述为

$$f(x) = \varepsilon x = ax \cot \beta \tag{1-36}$$

将式 (1-36) 分别代入式 (1-34) 和式 (1-35)，可得掘进机刀具穿透岩石的距离和受到的反作用力：

$$w = \frac{1}{2}\pi\varepsilon = \frac{1}{2}\pi a \cot \beta \tag{1-37}$$

$$P = \frac{\pi G a^2}{1 - \mu} \cot \beta \tag{1-38}$$

联立式 (1-37) 和式 (1-38)，可得

$$P = \frac{2E \tan \beta}{\pi(1 - \mu^2)} w^2 \tag{1-39}$$

根据图 1-14 和图 1-15 中的假设，平面内岩石碎片受到的水平挤压力为

$$F = \frac{4E}{\pi^2(1 - \mu^2)} w \tag{1-40}$$

根据式 (1-39) 可知，岩石碎片受到的水平挤压力与岩石的弹性模量、刀具合金头半锥角的正切值成正比，且与刀具穿透岩石距离的平方成正比。又由式 (1-33) 可知，岩石裂纹形成后，刀具挤压岩石碎片的力随着岩石裂纹扩展长度的增大而减

小。因此，在其他参数不变的条件下，岩石裂纹形成时存在以下关系：

$$F = \begin{cases} \dfrac{4E}{\pi^2(1-\mu^2)}w, & \text{线弹性变形阶段} \\[3mm] \dfrac{2K_{\text{I C}}\tan\beta}{l}\sqrt{\dfrac{1-\mu^2}{6}}h^{\frac{3}{2}}, & \text{裂纹扩展阶段} \end{cases} \tag{1-41}$$

采用文献 [42] 中试验结果验证所建立的机械刀具切削力力学模型，岩石密度为 2 250kg/m³、断裂韧性 $K_{\text{I C}}$ 为 0.91MPa·m$^{1/2}$、抗压强度为 56.5MPa、抗拉强度为 4.89MPa、弹性模量为 1.3GPa，根据式 (1-41) 计算机械刀具挤压岩石的水平作用力。图 1-16(a) 为平面内岩石切削厚度为 4mm 时刀具的水平挤压力随穿透岩石距离以及裂纹长度的变化曲线，则可以认为图中两条曲线的交界点即为水平挤压力的最大值。平面内不同岩石切削厚度的水平挤压力变化曲线如图 1-16(b) 所示。

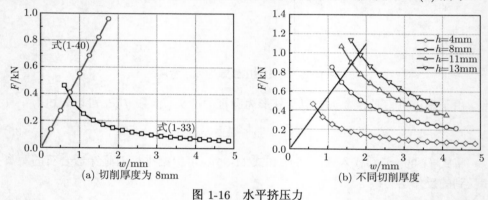

(a) 切削厚度为 8mm　　　　　　　(b) 不同切削厚度

图 1-16　水平挤压力

将平面内水平挤压力转化为三维空间状态下的水平挤压力，理论计算值 (F) 与文献 [42] 中试验结果 (F^{exp}) 之间的关系如图 1-17 所示。从图中可见，理论计算

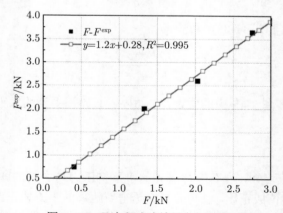

图 1-17　理论和试验结果之间的关系

和试验结果之间存在明显的线性关系, 线性拟合系数为 1.2, 相关系数为 0.995, 说明线性回归结果是正确和可靠的, 理论和试验结果在数值上基本一致。在机械刀具切削破岩受力分析基础上, 进而对水射流辅助机械刀具破岩进行力学分析研究。

1.3.3 冲击-切削破岩机理

冲击和切削联合破岩是在冲击 (或静压) 破碎的同时兼具切削破碎效果, 或者相反, 在切削破碎的同时兼有冲击行为的一大类破碎方法。其典型代表为牙轮钻头钻孔 (井), 特别是由于牙轮超 (退) 顶或移轴布置而产生较大滑移时的牙轮钻头钻井; 其次为天 (竖) 井和井巷掘进时各种滚刀钻头钻孔或扩孔。

用牙轮钻头和各种柱齿滚刀钻进井、巷时, 其工作面是由若干同心分布的破碎环组成的, 每一个破碎环又是由许多大致相同的破碎坑组成的, 如果岩石坚硬, 牙 (柱) 齿间距选择合理而且只有纯滚动, 则各破碎环上的破碎坑如图 1-18 所示。

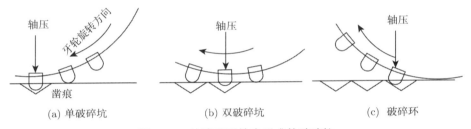

图 1-18 纯滚动牙轮齿形成的破碎坑

如果岩石比较软, 各牙 (柱) 齿在接触岩面和滚动的同时兼有滑移运动, 则齿下岩石不仅被静压和动载的联合作用所破碎, 而且会在滑移的剪切和刮削作用下产生一段滑动沟, 形成如图 1-19 所示的破碎坑。

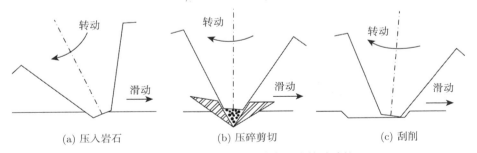

图 1-19 滚动加滑动的牙轮齿形成的破碎坑

用盘形滚刀破碎大断面井巷工作面的岩石时, 其破碎坑是许多同心的环形沟, 沟间岩筋可在一次滚压或多次重复滚压后被横向裂缝所破断。

破碎坑 (沟) 的几何形状和尺寸决定于载荷、侵深、牙 (柱) 齿和齿圈 (滚刀) 间距，以及加载时间、岩石性质等一系列因素。对于下向钻进，例如用牙轮钻进油、气井和爆破孔等，为有利于排屑，碎块体积不宜太大，破碎坑应当均布，相邻破碎坑 (沟) 之间宜于互接 (图 1-18) 或稍微搭接，此时的破岩机理与单齿冲击–切削差别不大。对于反扩式天井和平巷全断面钻进，碎块的大小应以降低破碎比功、提高破碎效率、增加钻头进尺为考虑依据，而不应受排屑能力所限制。此时，应当通过优选钻进参数，特别是滚刀的侵入深度和间距等，使相邻滚刀形成的沟间岩筋，由于横向裂缝的连接而破断，其破碎过程可用图 1-20 描述。

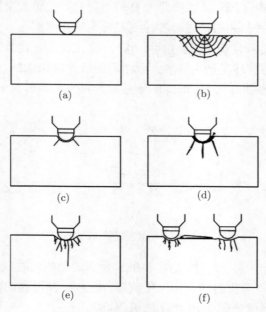

图 1-20 滚刀破岩机理示意图

图 1-20 中，图 (a) 为接触变形阶段，包括压碎表面的细小不平等；图 (b) 中形成弹性应力场；图 (c) 中岩石上出现赫兹裂纹和压实体，通过压实体继续给周围岩体加载；图 (d) 中随着赫兹裂纹的进一步扩展和新裂纹的产生与扩展，出现第一次小体积崩裂，此时滚刀迅速下降，完成第一破碎循环；图 (e) 中随着应力场的重新建立，再次形成压实体和更多的新裂纹，其中靠近表面的一条横向裂纹向相邻破碎坑方向扩展，在第二次崩裂的同时与相邻滚刀产生的对应裂纹连接，形成大体积横向断裂，完成第二破碎循环；图 (f) 中如有第三破碎循环，则第二次横向断裂岩体的体积比第一次更大，不过也有可能要到第三破碎循环才能产生第一次横向断裂，其决定因素是侵深与滚刀间距的关系。

1.4　机械岩石破碎的应力分布

机械破岩方法大体可分为三类 (图 1-21)。

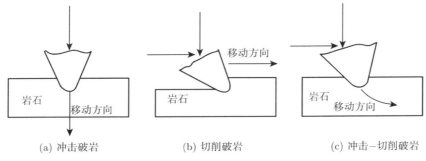

| (a) 冲击破岩 | (b) 切削破岩 | (c) 冲击-切削破岩 |

图 1-21　机械破岩方法分类

1) 冲击破岩

包括金属及非金属矿山用凿岩机钻孔、潜孔钻机钻孔和钢丝绳冲击钻机钻孔,以及用碎石机破碎大块等。前者称为冲击钻孔,主要破碎工具是刀片或柱齿形硬质合金钻头。

2) 切削破岩

包括煤炭、石油、建材及建筑等行业的用煤电钻、刮刀钻头、金刚石钻头或人造金刚石聚晶复合片钻头和螺旋钻具钻井,以及用截煤机、掘进机和原盘锯机等切削破碎煤岩。前者称为旋转切削钻进,主要破岩工具是硬质合金或金刚石聚合片等做成的钻头。

3) 冲击-切削破岩

包括地质、采油、采矿、采石等部门的用牙轮钻机和全断面井巷钻机掘进,主要破岩工具是各种滑移型牙轮钻头和钻 (掘) 机刀头。

冲击破岩属于脆性破碎,尽管也适用于软岩,但主要适用于中硬和中硬以上的弹塑性岩石;切削破岩属于脆性破碎,尽管也可以用来破碎最坚硬的岩石,但主要适用于中硬和中硬以下岩石,特别是软塑性岩石。

冲击破岩时,直接接触和破碎岩石的是钻头上的楔形合金片,或头部呈球形、锥形、锥球形、楔形等的硬质合金柱齿;切削岩石时,直接接触和破碎岩石的是钻头和刀头上的扁形或镐形硬质合金截齿,以及人造金刚石聚晶切削块。

因此,在分析机械破岩中受载岩石的应力分布时,通常以球形、柱齿和楔块硬质合金片为代表,并且假定岩石是均质的、各向同性或各向异性弹性体,其理论基础是布西内斯克 (Boussinesq) 弹性问题及捷尔拉德 (Gerrad) 边界积分方程。

1.4.1   岩石在球齿作用下的应力分布

分析球齿作用下的岩体应力分布时,一般引用赫兹 (Hertz) 弹性接触理论 [43,44]。

假定有一各向同性、线弹性半无限岩体表面,通过半径为 r 的光滑球齿施加一集中载荷 F,并且随岩石弹性变形和球齿的下陷,很快由点载荷发展成为以可变半径 a 为接触平面的圆载荷,这个接触平面就叫压力面,而包围压力面的边缘叫压力边缘,见图 1-22。取 E、E' 分别表示岩石及球齿的弹性模量,μ 及 μ' 分别表示它们的泊松比,则弹性接触半径 a 按下式计算。

$$a = \left(\frac{4KFr}{3E} \right)^{-\frac{1}{3}} \tag{1-42}$$

式中,K—— 量纲一常数。

$$K = \frac{9}{16} \left[(1 - \mu^2) + (1 - \mu'^2) \frac{E}{E'} \right] \tag{1-43}$$

球齿与岩石之间相互接近的距离为

$$Z = \left[\left(\frac{4K}{3E} \right)^2 \frac{F}{r} \right]^{\frac{1}{3}} \tag{1-44}$$

接触圆内的载荷分布及性质为半球形分布的压应力,见图 1-23。

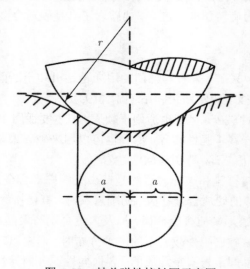

图 1-22   赫兹弹性接触圆示意图

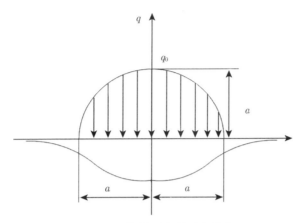

图 1-23 接触圆内的压力分布

如果在比例尺上用长度 a 来表示球心压力 q_0，则压力面上的压力分布为

$$q = \frac{3}{2}\frac{F}{\pi a^2}\sqrt{\frac{a^2 - r^2}{a}} = q_0\sqrt{\frac{a^2 - r^2}{a}} \tag{1-45}$$

当 $r = a$ 时，$q = 0$；而当 $r = 0$ 时，

$$q = q_0 = \frac{3F}{2\pi a^2} \tag{1-46}$$

式中，r——某点与压力面中心的距离。

以单元面积 $\mathrm{d}A = 2\pi r \mathrm{d}r$ 上的压力表示作用于各向同性弹性半无限岩体边界上的集中力 F，便可将圆载荷下的布西内斯克解改写成微分的形式：

$$\left.\begin{aligned}
\mathrm{d}\sigma_{zz} &= -\frac{3z^2}{2\pi}(r^2 + z^2)^{-\frac{5}{2}}q\mathrm{d}A \\
\mathrm{d}\sigma_{rr} &= \frac{1}{2\pi}\left\{(1-2\mu)\left[\frac{1}{r^2} - \frac{z}{r^2}(r^2+z^2)^{-\frac{1}{2}}\right] - 3r^2 z(r^2+z^2)^{-\frac{5}{2}}\right\}q\mathrm{d}A \\
\mathrm{d}\sigma_{w} &= \frac{1}{2\pi}(1-2\mu)\left[-\frac{1}{r^2} + \frac{z}{r^2}(r^2+z^2)^{-\frac{1}{2}} + z(r^2+z^2)^{-\frac{3}{2}}\right]q\mathrm{d}A
\end{aligned}\right\} \tag{1-47}$$

将 $\mathrm{d}\sigma_{zz}$ 积分得

$$\sigma_{zz} = -\int_0^z \frac{3z^2}{2\pi}(r^2+z^2)^{-\frac{5}{2}}q_0\frac{(a^2-r^2)^{\frac{1}{2}}}{a}2\pi r\mathrm{d}r = -q_0\frac{a^2}{a^2+z^2} \tag{1-48}$$

同样，用微分应力叠加并积分得

$$\sigma_{rr} = \sigma_w = -(1+\mu)q_0\left(1 - \frac{z}{a}\tan^{-1}\frac{a}{z}\right) + \frac{q_0}{2}\frac{a^2}{a^2+z^2} \tag{1-49}$$

在此基础上，也可以求出相应的主应力 σ_{11}、σ_{22}、σ_{33}，主剪应力 τ_{12}、τ_{13}、τ_{23} 和三轴应力 p。1904 年，Huber 延伸赫兹的分析，并导出全部应力场解为

$$\frac{\sigma_{ij}}{F_0} = \left[g_{ij} \left(\frac{\rho}{a} \frac{z}{a} \right) \right] \mu \tag{1-50}$$

式中，ρ—— 接触圆或压力边缘处任一点的径向距离，$\rho \geqslant a$；

F_0—— 平均接触压力。

$$F_0 = \frac{F}{2\pi a^2} \tag{1-51}$$

式中，a—— 反映加载球齿几何学的量纲一常数，对于轴对称球齿，取 $a = 1$。

根据公式 (1-50)，可以作出赫兹应力场三个主应力 σ_{11}、σ_{22} 和 σ_{33} 的轨迹及应力等高线图 (图 1-24、图 1-25)。取泊松比 $\mu = 0.33$。

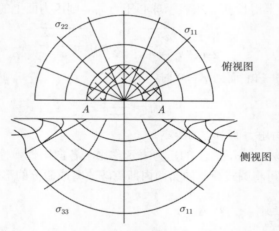

图 1-24　赫兹应力场的主应力轨迹

$\mu = 0.33$，$A - A$ 为接触圆直径

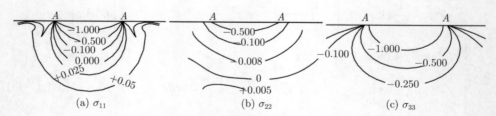

(a) σ_{11}　　　　　(b) σ_{22}　　　　　(c) σ_{33}

图 1-25　赫兹应力场的主应力等高线

$\mu = 0.33$；$A - A$ 为接触圆直径；$F_0 = \dfrac{F}{2\pi a^2}$

1.4.2 岩石在楔形刃具作用下的应力分布

类似的问题可借集中载荷作用下均质半无限弹性空间应力场的布西内斯克解 $\varphi = -\dfrac{F}{\pi} r \sin\theta$ 解决，即在极坐标系统内的应力为

$$\sigma_{rr} = -2F\cos\theta/\pi r$$
$$\sigma_{\theta w} = 0 \qquad\qquad (1\text{-}52)$$
$$\tau_{r\theta} = \tau_{\theta r} = 0$$

式中，σ_{rr}——沿极坐标 r 方向上的应力；

　　　$\sigma_{\theta w}$——沿极坐标 θ 方向上的应力；

　　　$\tau_{r\theta}, \tau_{\theta r}$——剪应力；

　　　F——单位刃长上的外载荷。

因为 $\tau_{r\theta} = \tau_{\theta r} = 0$，$\sigma_{rr}$ 和 $\sigma_{\theta w}$ 便分别代表主应力 σ_{11} 和 σ_{33}，其分布轨迹如图 1-26(a) 所示；剪应力与主应力成 15° 角，分布轨迹如图 1-26(b) 所示。

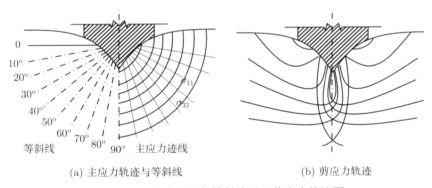

(a) 主应力轨迹与等斜线　　　　　　　(b) 剪应力轨迹

图 1-26　主应力轨迹与等斜线以及剪应力轨迹图

此外，Sadowsky 按照二维问题求解了加载表面的压力分布，Snaddon 求出了直接位于楔形压头下变形表面上的应力分布方程，以及压头下任意点的应力大小。

对于不能直接应用光弹技术进行实测的岩石，一般须通过以下方法求出剪应力迹线及其表达式。

(1) 通过力学试验，求出所研究岩石的莫尔应力圆包络线，以及破坏面与最大主应力的夹角 λ。

(2) 按照一定的增量 $(\pm d\theta)$，从极坐标原点倾斜向下作一系列 r 坐标或等斜线 OA、OB、OC $\cdots$。过等斜线 OA 上的任意一点 A 作与等斜线夹角为 λ 的斜直线 MN，如图 1-26、图 1-27 所示。因为该等斜线就是 A 点的最大主应力 σ_{11} 的方向，MN 就是 A 点的剪切破坏方向，设 A 点的坐标为 (x, y)，则 MN 就是所求剪

切破坏轨迹在 A 点的切线，再以一定的径向增量 $\mathrm{d}r$ 在等斜线 OB、$OC\cdots$ 上找出类似于 A 点的 B、$C\cdots$ 诸点，连接 A、B、$C\cdots$ 便得一条完整的剪应力迹线，同样也可以获得如图 1-26 中的各条剪应力迹线。

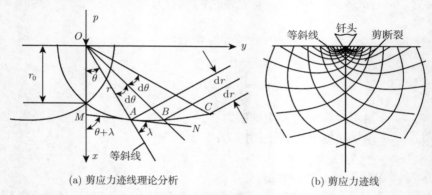

(a) 剪应力迹线理论分析　　　　　　(b) 剪应力迹线

图 1-27　剪切破坏 (或剪应力) 迹线作图法

各迹线的切线 (如 MN) 斜率都有相同的数学表达式：

$$\frac{\mathrm{d}y}{\mathrm{d}x} = \tan(\theta + \lambda) \tag{1-53}$$

为计算方便，将 x, y 换成极坐标

$$\left.\begin{array}{c} x = r\cos\theta \\ y = r\sin\theta \end{array}\right\}$$

并以 $\mathrm{d}x = \mathrm{d}r\cos\theta - r\sin\theta\mathrm{d}\theta$ 和 $\mathrm{d}y = \mathrm{d}r\sin\theta + r\cos\theta\mathrm{d}\theta$ 代入式 (1-53)，得

$$\frac{\mathrm{d}r}{\mathrm{d}\theta} = r\cot\lambda \tag{1-54}$$

积分后再得

$$r = r_0\mathrm{e}^{\pm\cot\lambda} \tag{1-55}$$

式中，r_0—— 岩石在力 F 作用下沿对称轴线的剪切破坏深度。

式 (1-55) 表示剪应力迹线为两组对称的对数螺旋线，观察表明，楔形刀具加载时的岩石破碎坑有可能真的像是沿着这样的剪切迹线断裂形成的。

根据莫尔强度准则，剪切破坏迹线上 (或者说作用于与主应力 σ_{11} 成 λ 角的倾斜平面上) 的正应力 σ 和剪应力 τ 分别为

$$\left.\begin{array}{c} \sigma = \dfrac{\sigma_{11} + \sigma_{33}}{2} - \dfrac{\sigma_{11} - \sigma_{33}}{2}\cos 2\lambda \\[2mm] \tau = \dfrac{\sigma_{11} - \sigma_{33}}{2}\sin 2\lambda \end{array}\right\} \tag{1-56}$$

将 $\sigma_{11} = \sigma_{rr}$ 和 $\sigma_{33} = \sigma_w = 0$ 代入上式, 得

$$\left.\begin{aligned} \sigma &= \frac{F\cos\theta}{\pi r}(1 - \cos 2\lambda) \\ \tau &= \frac{F\cos\theta}{\pi r}\sin 2\lambda \end{aligned}\right\} \tag{1-57}$$

再将 $r = r_0 \mathrm{e}^{\pm\cot\lambda}$ 代入式 (1-57), 得

$$\left.\begin{aligned} \sigma &= -\frac{F(1 - \cos 2\lambda)}{\pi r_0}\mathrm{e}^{\mp\cot\lambda} \cdot \cos(\pm\theta) \\ \tau &= -\frac{F\sin 2\lambda}{\pi r_0}\mathrm{e}^{\mp\cot\lambda} \cdot \cos(\pm\theta) \end{aligned}\right\} \tag{1-58}$$

任一条剪切破坏迹线上的剪应力 τ 和正应力 σ 之比都是不变的, 即

$$\tau/\sigma = \frac{\sin 2\lambda}{1 - \cos 2\lambda} \tag{1-59}$$

而且当 $\lambda = \frac{\pi}{4}$ 时, 剪应力最大, 相应的 $\tau / \sigma = 1$, 所以最大剪应力迹线恒与主应力迹线成 $45°$ 角。

在宏观上, 当最小主应力 σ_{22} 超过抗拉强度 σ_r, 或者当剪应力超过抗剪强度 σ_t 时, 岩石都要破坏; 在微观上, 岩石内的孔洞或微裂纹等缺陷也有可能导致拉应力集中和相应的破坏。

1.5 机械刀具直线与旋转破岩一致性分析

镐型截齿在截割煤岩过程中主要存在两部分磨损, 一是截齿齿尖受煤岩的层切作用产生的磨损, 二是截齿受截割形成的 "V" 形槽两侧煤岩的干涉作用产生的磨损, 这两处的磨损分别由截齿所受法向力和侧向力作用产生的摩擦力引起。因此, 应当深入研究镐型截齿与煤岩互作用的力学特性以进一步研究镐型截齿的磨损。而利用试验的方法进行此项研究, 将耗费大量时间和经费, 且无法观测截齿工作过程中的各区域受载情况。基于此, 本节结合已有试验结果, 利用有限元显式动力学软件 LS–DYNA 对镐型截齿与煤岩的互作用过程进行模拟, 分析截齿在直线切割与旋转切割过程中, 截齿受力的一致性, 为进一步研究截齿的磨损提供理论支持。

1.5.1 截齿与煤岩互作用数值模型

数值模拟的几何模型应与实际工况贴近, 为了使截齿可以连续、循环截割, 以减少不必要的安装操作, 在截齿与煤岩互作用磨损试验研究中采用了旋转煤岩截

割试验台，因此，要使数值模型与试验进行有效的对比，必须建立与实际相符的旋转截割数值模型进行模拟。但经验表明，使用旋转模型进行显式分析后，后处理中无法直观得到截齿截割的三向力 (截割推进阻力、截割法向力和截割侧向力)，而需要复杂的角度变换才能得到；另一方面，直线截割方式下的截割三向力可由实验室试验进行测量，从而对所建立的数值模型进行评价，而对于旋转截割方式却不易测得，更不能对旋转数值模型进行评价。

　　基于此，本节为了将直线截割模型用于截齿与煤岩互作用的力学特性研究中，建立了直线与旋转截割数值模型，并对比截割载荷探讨二者的一致性。

　　根据有限元理论建立的镐型截齿与煤岩互作用的数值模拟几何模型如图 1-28 所示。数值模型采用 m–kg–s 单位制，对于旋转截割模型，截齿的截割半径为 0.27m，煤岩体为 1/4 圆环体，内径 r_x=0.27m，外径 R_x=0.39m，厚度为 0.16m；对于直线截割模型，截齿沿直线截割，煤岩体为 X、Y、Z 方向分别为 0.424m、0.16m、0.16m 的长方体。截齿的截割深度初始值均取 0，可由运动关键字在极短时间内定义截齿运动速度使其达到某一恒定截割深度，也可定义复杂运动速度曲线使其产生变化的截割深度。

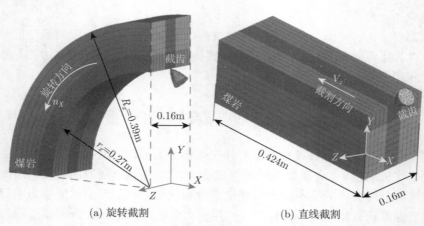

(a) 旋转截割　　　　　　　　　　　　　　(b) 直线截割

图 1-28　镐型截齿与煤岩互作用的数值模拟几何模型

　　模型整体采用 SOLID164 实体单元类型，单元积分形式为单点高斯积分。镐型截齿采用刚性材料，煤岩采用 Johnson-Holmquist-Concrete 材料。截齿体材料参数较为简单，主要包括密度 $7.8\times10^3\mathrm{kg/m^3}$、弹性模量 270GPa 以及泊松比 0.3。煤岩体材料力学参数较为复杂，主要包括极限面参数、效应参数、基本力学参数、损伤参数和压力参数。其中，极限面参数包括标准化内聚力强度 A_0、标准化压力硬化系数 B_0、压力硬化指数 N_0 和最大标准化强度 $S_{\max}$；效应参数主要为应变率系数 C_0；基本力学参数包括材料参照密度 ρ_0、弹性模量 G、静态单轴抗压强度 f'_c 和最

大拉伸强度 T；损伤参数包括损伤常数 D_1、损伤常数 D_2 和最小塑性应变 $E_{\min}$；压力参数包括压碎体积压力 P_t、压碎体积应变 μ_t、压实压力 P_l 及压实体积应变 μ_l、材料常数 K_1、材料常数 K_2 和材料常数 K_3。煤岩材料力学参数值如表 1-7 所示。

表 1-7 煤岩材料力学参数

参数	A_0	B_0	N_0	$S_{\max}$	C_0	$\rho_0/(\mathrm{kg/m^3})$	G/Pa	f'_c/Pa	T/Pa	D_1
数值	0.79	1.6	0.61	7.0	0.007	2×10^3	3.3×10^9	5×10^7	4×10^6	0.04

参数	D_2	$E_{\min}$	P_t/Pa	μ_t	P_l/Pa	μ_l	K_1/Pa	K_2/Pa	K_3/Pa
数值	1.0	0.01	1.6×10^7	0.001	8.1×10^8	0.1	8.5×10^{10}	-1.7×10^{11}	2.1×10^{11}

分别采用以上各自材料对煤岩体和截齿体进行网格划分。在网格划分时，为了减少计算时间，将靠近截齿齿尖部分的煤岩体进行细致划分，而其他部分进行粗略划分。定义截齿体与煤岩体之间的接触类型为侵蚀接触，对煤岩体非自由面施加无反射的边界条件和固定约束。

1.5.2 一致性分析

由于旋转截割主要存在两种截割形式，主要为等深度截割和月牙形非等深度截割。旋转截割的两种形式必须同时与直线模型进行对比，才能说明直线与旋转截割模型的一致性。

1. 等截割深度

设置直线与旋转截割模型的截割深度均为 5mm，截齿旋转截割速度 $n_x = 40\mathrm{r/min}$，直线截割速度为 $V_z = 1.13\mathrm{m/s}$，使得旋转截割瞬时直线速度与直线截割的直线速度一致：

$$V_z = 2\pi n_x r_x \tag{1-60}$$

数值模拟时间为 0.375s，等截割深度下镐型截齿截割三向力曲线如图 1-29 所示。对于直线截割模型的三向力，即截割推进阻力、法向力和侧向力，分别对应模型中的 X、Y 和 Z 方向，其均在时域上呈均匀波动；而旋转截割由于存在角度关系，其 X 向和 Y 向力与直线截割条件下的两向力总体波动形式不一致，因此不具备可比性，需将该两向力进行转化，得到与截割推进阻力、法向力对应的切向阻力和径向力。

旋转截割截齿三向力转换示意图如图 1-30 所示。根据截齿的旋转速度为 n_x，则截齿在截割时间 t_x 时与 Y 轴正方向形成的角度为 θ_x，其可由式 (1-61) 计算给出：

$$\theta_x = \omega_x t_x = 2\pi n_x t_x \tag{1-61}$$

式中，ω_x—— 截齿的旋转角速度，rad/s。

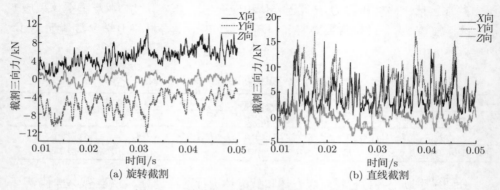

(a) 旋转截割　　　　　　　　　　　(b) 直线截割

图 1-29　等截割深度下镐型截齿截割三向力

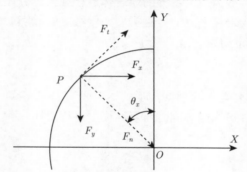

图 1-30　旋转截割截齿三向力转换示意图

设时间 t_x 时的 X 向和 Y 向力的方向向量分别为 $F_x=(F_x,\,0)$ 和 $F_y=(0,\,F_y)$，而切向阻力和径向力的单位方向向量分别为 $F_t=(\cos\theta_x,\,\sin\theta_x)$ 和 $F_r=(\sin\theta_x,\,-\cos\theta_x)$。

将已知的 X 向和 Y 向力向切向阻力和径向力的方向上投影即可得到转换后的切向阻力和径向力，则切向阻力和径向力可分别由式 (1-62) 和式 (1-63) 计算获得，转换后旋转截割截齿三向力曲线如图 1-31 所示。

$$
\begin{aligned}
F_t &= |F_x|\cos\langle F_x,\,F_t\rangle + |F_y|\cos\langle F_y,\,F_t\rangle \\
&= F_x\cos\theta_x + F_y\sin\theta_x
\end{aligned}
\tag{1-62}
$$

$$
\begin{aligned}
F_r &= |F_x|\cos\langle F_x,\,F_r\rangle + |F_y|\cos\langle F_y,\,F_r\rangle \\
&= F_x\sin\theta_x - F_y\cos\theta_x
\end{aligned}
\tag{1-63}
$$

对比图 1-31 中转换后的旋转截割截齿三向力和图 1-29 中的直线截割三向力可以看出，等截割深度下的直线与旋转截割形式具有一致性。

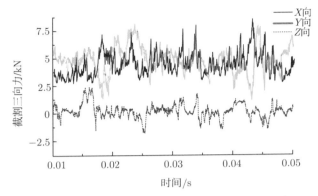

图 1-31 转换后等截割深度旋转截割截齿三向力

一方面可以看出，两种情况下的截割三向力形式一致，即 X 向和 Y 向截割力均大小一致且在某一定值处上下波动，而 Z 向截割力在 0 处波动。

另一方面可以看出，两种情况下的截割三向力大小基本一致，但其中存在一定误差。相对于直线截割，旋转截割的 X 向和 Y 向截割力稍大，这是由于旋转情况下的截齿与未截割的煤岩干涉量较大，但误差在小范围内，可认为等截割深度下的直线与旋转截割模型具有一致性。

2. 不等截割深度

对于旋转截割的月牙形非等深度截割形式，要验证其与直线截割模型的一致性，必须使直线模型中的截割深度与其一致才具有一定的可比性，因此，必须求得月牙形截割深度随时间的变化关系。

镐型截齿旋转截割示意图如图 1-32 所示，假设截齿在前后两次截割分别形成的圆形轨迹为 C_2 和 C_1，两圆相交形成的阴影部分为月牙形。以圆 C_1 的圆心 O_c 为坐标原点建立坐标系，假设截齿齿尖 P 点与 O_c 连线经过时间 t_x 时与 Y 轴正方向形成的角度为 θ_x，θ_x 角从 0 到 90° 变化，截齿截割深度由 0 到最大截割深度 $h_{\max}$ 变化，仿真中最大截割深度 $h_{\max}$ 可由式 (1-64) 计算得

$$h_{\max} = \frac{V_q}{4m_g n_x} \tag{1-64}$$

式中，V_q——截齿的推进速度，m/s；

$\quad\ n_x$——截齿的旋转速度，r/min；

$\quad\ m_g$——截割机构上每条截线上的截齿数，由于本章进行单齿研究，可认为 $m_g = 1$。

为了求得月牙形截割深度与时间的关系，将圆形轨迹 C_1 和 C_2 分别作为以 O_c

为圆心的圆和椭圆进行分析, 则截割深度 d_c 可表示为

$$d_c = r_x - |O_c P| = r_x - \sqrt{x_p^2 + y_p^2} \tag{1-65}$$

点 P 坐标 (x_p, y_p) 可由式 (1-66) 和式 (1-67) 给出的直线 $O_c P$ 和椭圆 C_2 方程确定:

$$x = -y \tan \theta_x \tag{1-66}$$

$$\left(\frac{x}{r_x - h_{\max}} \right)^2 + \left(\frac{y}{r_x} \right)^2 = 1 \tag{1-67}$$

得到的截割深度 d_c 为

$$d_c = r_x - \sqrt{\frac{r_x^2 (r_x - h_{\max})^2 (1 + \tan^2 \theta)}{r_x^2 \tan^2 \theta + (r_x - h_{\max})^2}} \tag{1-68}$$

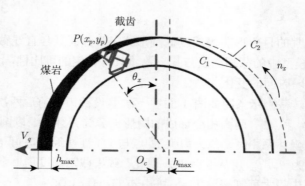

图 1-32　镐型截齿旋转截割示意图

为了实现直线截割情况下的截割深度按照式 (1-68) 变化, 需定义截齿在 Y 方向上相应的速度, 其大小可结合式 (1-61) 对式 (1-68) 求一阶导获得, 则在截齿的推进速度 V_q=2.4m/min 时的截割深度及在深度方向上相应的截齿速度如图 1-33 所示。将图 1-33 中的速度曲线在截齿上进行加载, 使其 Y 方向上的速度与曲线一致, 数值模拟时间为 0.375s, 不等截割深度下镐型截齿截割三向力曲线如图 1-34 所示。

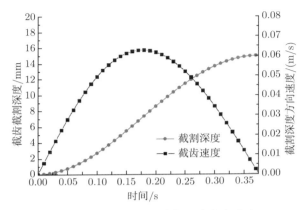

图 1-33 截齿截割深度与深度方向速度

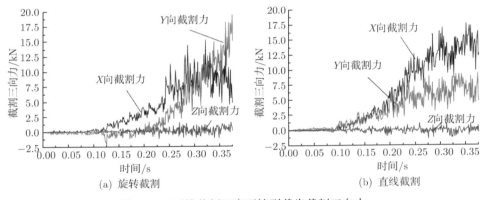

(a) 旋转截割　　　　　　　　　　　(b) 直线截割

图 1-34 不等截割深度下镐型截齿截割三向力

与等截割深度下的模型相似，直线截割模型与旋转截割模型的 X 向和 Y 向力总体波动形式不一致，不具备可比性，需将该两向力进行转化，转换后不等截割深度旋转截割截齿三向力如图 1-35 所示，转换方法同上。

对比图 1-35 中转换后的旋转截割截齿三向力和图 1-34 中的直线截割三向力可以看出：一方面，两种情况下的截割三向力形式一致，即 X 向和 Y 向截割力均随着截割深度的增大而逐渐增大，而 Z 向截割力在 0 处波动；另一方面，同样由于旋转情况下的截齿与未截割的煤岩干涉量稍大，使得其 X 向和 Y 向截割力较大，但差距也在小范围内，可认为不等截割深度下的直线与旋转截割形式具有一致性。

根据以上分析可知，无论是等截割深度还是不等截割深度情况下，直线模型与旋转模型均具备一致性，因此，可以利用直线截割模型进行截齿与煤岩互作用的力学特性研究。

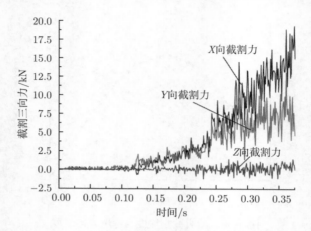

图 1-35　转换后不等截割深度旋转截割截齿三向力

参 考 文 献

[1]　鲍挺, 黄宁. 岩石破碎技术研究与发展前景 [J]. 安徽建筑,2010,(6): 110.

[2]　佘诗刚, 林鹏. 中国岩石工程若干进展与挑战 [J]. 岩石力学与工程学报, 2014, 33(3): 433–457.

[3]　赖海辉, 朱成忠, 李夕兵, 等. 机械岩石破碎学 [M]. 长沙: 中南工业大学出版社, 1991.

[4]　赵伏军, 李夕兵, 冯涛, 等. 动静载荷耦合作用下岩石破碎理论分析及试验研究 [J]. 岩石力学与工程学报, 2005, 24(8): 1315–1320.

[5]　徐小荷, 余静. 岩石破碎学 [M]. 北京: 煤炭工业出版社,1984.

[6]　屠厚泽, 高森. 岩石破碎学 [M]. 北京: 地质出版社,1990.

[7]　王人杰, 蒋荣庆, 韩军智, 等. 液动冲击回转钻探 [M]. 北京: 地质出版社,1988.

[8]　刘希圣. 钻井工艺原理 (上、中、下) [M]. 北京: 石油工业出版社,1987.

[9]　基谢列夫 A T, 克鲁西尔И H. 地质勘探井的回转冲击钻井 [M]. 韩军智, 朱栋梁, 译. 北京: 地质出版社, 1985.

[10]　李夕兵, 冯涛. 岩石地下建筑工程 [M]. 长沙: 中南工业大学出版社, 1999.

[11]　斯彼瓦克 A И, 波波夫 A H. 钻井岩石破碎学 [M]. 吴光琳, 张祖培, 译. 北京: 地质出版社, 1983.

[12]　刘广志, 周志彰, 林元雄. 中国钻探科学技术史 [M]. 北京: 地质出版社, 1998.

[13]　谢和平. 深部高应力下的资源开采与地下工程 —— 机遇与挑战 [C]//香山科学会议第 175 次学术讨论会论文集. 北京, 2002: 1–9.

[14]　古德生. 金属矿床深部开采中的科学问题 [C]//香山科学会议第 175 次学术讨论会论文集. 北京, 2002: 73–77.

[15]　古德生, 李夕兵. 用原地溶浸采矿回收西部贫矿资源的关键技术研究 [J]. 铜业工程, 2002, (2): 4–6.

[16] 李夕兵, 古德生. 深井坚硬矿岩开采中高应力的灾害控制与碎裂诱变 [C]//香山科学会议 第 175 次学术讨论会论文集. 北京，2002: 101–108.

[17] 国家自然科学基金委员会."十五" 第二批国家自然科学基金重大项目申请指南 [Z]. 2003.

[18] 徐松林, 周李姜, 黄俊宇, 等. 岩石类脆性材料动态压剪耦合特性研究 [J]. 振动与冲击, 2016, 35(10):9–23.

[19] 尤明庆, 邹友峰. 关于岩石非均质性与强度尺寸效应的讨论 [J]. 岩石力学与工程学报, 2000,19(3): 391–395.

[20] 冯增朝, 赵阳升. 岩石非均质性与冲击倾向的相关规律研究 [J]. 岩石力学与工程学报, 2003, 22(11): 1863–1865.

[21] 罗荣, 曾亚武, 曹源, 等. 岩石非均质度对其力学性能的影响研究 [J]. 岩土力学, 2012, 33(12):3788–3794.

[22] 刘晓丽, 王思敬, 王恩志, 等. 单轴压缩岩石中缺陷的演化规律及岩石强度 [J]. 岩石力学 与工程学报, 2008, 27(6): 1195–1201.

[23] Jing L. A review of techniques, advances and outstanding issues in numerical modelling for rock mechanics and rock engineering [J]. International Journal of Rock Mechanics and Mining Sciences, 2003, 40(3): 283–353.

[24] Hudson J, Harrison J, Popescu M. Engineering rock mechanics: an introduction to the principles[J]. Applied Mechanics Reviews, 2002, 55(2): 72.

[25] 陶振宇, 莫海鸿. 岩石强度准则的探讨 [J]. 科学通报, 1986, 51(2): 657–667.

[26] 费洛宁科–鲍罗第契. 力学强度理论 [M]. 北京: 人民教育出版社, 1963.

[27] O. 摩尔. 什么情况决定材料的弹性和破坏//O. 摩尔. 摩尔工程力学论文选辑 [M]. 上海: 上海科学技术出版社, 1966.

[28] Maurer W. The State Of Rock Mechanics Knowledge In Drilling[C]//Proceedings of the 8th U.S. Symposium on Rock Mechanics (USRMS). Minnesota.1966:355-395.

[29] Evans I. Basic mechanics of the point-attack picks[J]. Colliery Guardian, 1984，(5): 189–193.

[30] Paul B, Sikarskie D L. A Preliminary model for wedge penctration in brittle materials[J]. AIME Transactions, 1965,(232): 372–383.

[31] Dutta P K. A theory of percussive drill bit penetration[J]. International Journal of Rock Mechanics and Mining Science and Geomechanics Abstracts, 1972, 9(4): 543–544.

[32] 李昌熙, 沈立山, 高荣. 采煤机 [M]. 北京: 煤炭工业出版社, 1988.

[33] Evans I. A theory of the cutting force for point-attack picks[J]. Geotechnical and Geological Engineering, 1984, 2(1): 63–71.

[34] Roxborough F F, Liu Z C.Theoretical consisiderations on pick shape in rock and coal cutting[C]. Proceedings of the 6th Underground Operator Conferebce. Australia, 1995: 189–193.

[35] Goktan R M.A suggested improvement on Evans's cutting theory for conical bits[C].

Proceedings of the 4th Symposium on Mine Mechanization Automation, 1997,(1): 57–61.

[36] Rice J R. Mathematical analysis in the mechanics of fracture//Sih G C, Liebowitz H. Fracture: an advanced treatise[M]. New York: Academic Press, 1968.

[37] Sokolnikoff I S, Specht R D. Mathematical theory of elasticity[M]. New York: McGraw-Hill, 1956.

[38] Boussinesq J. Application des potentiels à l'étude de l'équilibre et du mouvement des solides élastiques, principalement au calcul des déformations et des pressions que produisent, dans ces solides, des efforts quelconques exercés sur une petite partie de leur sur[J]. Revista Internacional De Lingüística Iberoamericana, 2004, 17(4): 105–118.

[39] Love A E H. Boussinesq's problem for a rigid cone[J]. The Quarterly Journal of Mathematics, 1939, 10: 161–175.

[40] Sneddon I N. The relation between load and penetration in the axisymmetric boussinesq problem for a punch of arbitrary profile[J]. International Journal of Engineering Science, 1965, 3(1): 47–57.

[41] Chiaia B. Fracture mechanisms induced in a brittle material by a hard cutting indenter[J]. International Journal of Solids and Structures, 2001, 38(44): 7747–7768.

[42] Bao R H, Zhang L C, Yao Q Y, et al. Estimating the peak indentation force of the edge chipping of rocks using single point-attack pick[J]. Rock Mechanics and Rock Engineering, 2011, 44(3): 339–347.

[43] 刘宗平. 冲击凿岩工具及其理论基础 [M]. 北京: 地质出版社, 1987.

[44] Tandanand S, Hartman H L. Shaped drill-bit loaded statically-mining research-stress distribution beneath a wedge[J]. Mining Research, 1962, 799–831.

第 2 章　机械–水射流联合破岩理论

根据射流的工作介质与环境介质，射流可分为淹没射流和非淹没射流，当射流的工作介质和环境介质相同时，称为淹没射流；当射流的工作介质和环境介质不同时，称为非淹没射流。在机械–水射流联合破岩过程中，喷嘴喷出的高压水直接进入大气，射流的工作介质为水，环境介质为空气，属于非淹没射流，因此本章的理论研究主要针对非淹没射流。水射流与一般机械破岩的区别在于高速运动的水射流冲击靶体虽然呈现出刚性作用，但由于其具有流动性，不能用传统的压裂理论来解释岩石破碎形式。水射流破岩方式主要分为冲击破岩和水压致裂破岩。水射流冲击破岩是利用高速射流冲击岩石使其在动态载荷作用下破碎，一般只能冲击破碎抗压强度低于高压水压力的岩石；水压致裂破岩是利用岩石容易被拉伸破坏这一力学特性，将具有一定压力的水注入岩石裂缝中实现岩石的压涨破碎。本章将从水射流的产生、扩散、打击力、对靶体产生冲击波的条件和波的状态以及水楔效应等方面展开讨论，并以冲击动力学、应力波理论、流体力学以及断裂力学为基础，对水射流冲击破岩、水射流压裂破岩理论及水射流辅助破岩理论进行分析，以指导机械–水射流联合破岩理论及技术研究。

2.1　水射流基础知识

2.1.1　小孔出流基本理论

在高压水射流系统中，通常管路直径比喷嘴出口直径大很多，如果直接将管路和喷嘴小孔连接 [1]，将使喷嘴前出口处的阻力增大，而且会在此处形成负压，产生一定的真空度，使水中原有因压力而溶解的气体气化，从而对管路造成气蚀。小孔出流仿真如图 2-1 所示。

此外，漩涡区的真空度随水压力的增大而增大，当达到一定程度时，会从管路的出口吸入空气，从而破坏其满流状态。因此，可通过设计一定形状的喷嘴，使管路和喷嘴出口均匀过渡。理想情况是过渡线为流线型，但由于加工困难，因此多采用锥型收缩喷嘴，收缩角大小的确定将在下文详细介绍。这种类型喷嘴的速度系数 φ 可达到 0.98~1，比较接近理想情况。

喷嘴出口速度：

$$v = \varphi \sqrt{\frac{2p}{\rho}} \tag{2-1}$$

流量:

$$Q = \frac{1}{4}\pi d^2 v \tag{2-2}$$

连续水射流的几何特征主要是指射流的核心段长度和扩散规律 [2,3]。日本学者柳井田，采用了口径 0.75mm 的皮托管测定了射流各点压力，并使用高速摄影确定射流的结构和扩散特性。

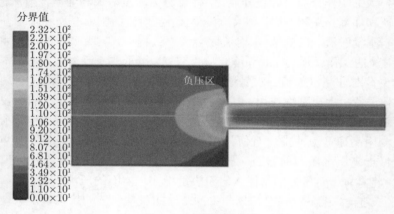

图 2-1　小孔出流仿真

图 2-2 是柳井田所测得的在不同雷诺数和不同压力条件下 (中低压) 轴心线上的动压变化曲线图，反映了射流轴心动压力 (速度) 的衰减规律。射流轴向速度开始衰减的位置 (核心段) 以及衰减规律与雷诺数有关，但衰减末期规律则和雷诺数无关，且各线趋于平行。

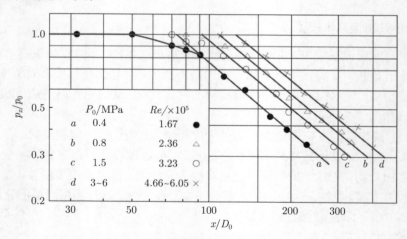

图 2-2　射流轴心线上动压变化

把图 2-2 中动压曲线作切线外推，相交于 x_c 处，定义 x_c 为初始段，可得如图 2-3 所示的水射流结构，其中包括了核心段和部分过渡段。

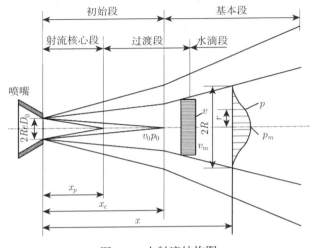

图 2-3　水射流结构图

1) 核心段

高压水射流出口速度较大，射流喷出喷嘴后吸入空气，射流中心保持高速状态，射流外围破碎为水团，高速状态下的射流面积为核心断面面积，随着喷射距离的增加，核心断面面积逐渐减小，直至完全消失。

2) 过渡段

随着喷射距离的增加，射流核心断面逐渐消失，射流从轴线向两侧逐渐扩散。随着喷射距离的增加，水团逐渐减少，在过渡段射流的轴向动压逐渐衰减，衰减规律与雷诺数有关。

3) 水滴段

水射流中的水团完全破碎为水滴，射流轴心动压继续衰减，且衰减规律与雷诺数无关[4]。由于核心段长度不易确定，利用皮托管测定射流喷出后各点压力，记录高压水射流的结构特性和扩散特性，引入初始段，当雷诺数大于 0.2×10^6，初始段长度只与喷嘴结构形式和参数相关。

图 2-4 为射流的扩散宽度随轴向距离变化图，由于射流在出口处受到湍流边界层的影响，不同水射流产生的初始段各有不同。但在基本段内，射流的扩散比较稳定，且按下述关系进行扩散：

$$d = k\sqrt{x} \tag{2-3}$$

$$\frac{d}{R_o} = k_1 \sqrt{\frac{x}{R_o}} \tag{2-4}$$

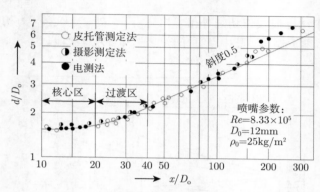

图 2-4　射流扩散宽度

对于已经测得的流量系数和轴向动压，则

$$d = D_o \left(\frac{\mu_f}{K_o} \right)^{0.5} \left(\frac{p_o}{p_x} \right)^{0.25} \tag{2-5}$$

$$K_o = \left(\frac{9.12 D_o}{x} \right)^{0.7} \tag{2-6}$$

式中，d—— 射流直径；

　　　x—— 任意靶距；

　　　R_o—— 喷嘴出口半径；

　　　D_o—— 喷嘴出口直径；

　　　k、k_1—— 与喷嘴有关系数，k 取 0.2，k_1 取 0.12~0.18；

　　　μ_f—— 喷嘴的流量系数。

2.1.2　水射流动压分布

动压是射流内单位体积的流体所携带的动能。水射流的动压由下式表示：

$$p = \frac{1}{2} \rho v^2 \tag{2-7}$$

式中，p—— 喷嘴的动压，MPa；

　　　ρ—— 射流的密度，kg/m^3；

　　　v—— 射流的速度，m/s。

由上式可知，动压受密度和速度两个参数的影响，综合体现了射流速度衰减和卷吸空气质量的变化规律。在高压水射流结构特性中，动压是最基本、最重要的参数之一，也是最容易测量的参数之一。

1. 射流在喷嘴出口处的动压

试验分析发现，在射流喷嘴的出口处，射流的动压还可以表述成如下几种形式：

$$p_{\mathrm{o}} = \frac{1}{2}\rho_{\mathrm{o}}v_{\mathrm{o}}^2 = \frac{1}{2}\rho_{\mathrm{o}}\varphi^2\frac{2p_{\mathrm{i}}}{\rho_{\mathrm{o}}} = p_{\mathrm{i}}\varphi^2 \tag{2-8}$$

式中，p_{o}—— 喷嘴出口的动压，MPa；

$\quad\quad p_{\mathrm{i}}$—— 喷嘴入口的动压，MPa；

$\quad\quad \varphi$—— 速度系数。

由上式可以看出，水在喷嘴内部流动的能量损失使得喷嘴出口动压小于喷嘴入口动压。本节将以 p_{o} 作为射流的动压尺度。

2. 射流在基本段的动压分布

试验表明，射流基本段各截面上的动压分布如图 2-5 所示，其分布规律可用下式表示：

$$\frac{p}{p_m} = f(\eta) = (1 - \eta^{1.5})^2 \tag{2-9}$$

式中，p—— 射流截面上任一点的动压，MPa；

$\quad\quad p_m$—— 射流截面轴心上的动压，MPa；

$\quad\quad \eta$—— 量纲一径向距离。

$$\eta = \frac{r}{R} \tag{2-10}$$

式中，r—— 到射流轴线径向距离，m；

$\quad\quad R$—— 该处射流扩散半径，m。

上式也可用于射流初始段内，只需把核心段边界作为计算径向距离的起点即可。

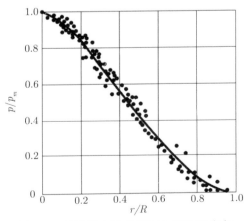

图 2-5　射流基本段各截面上的动压分布

如前所述,射流轴心上的动压在核心段内保持不变,只是越过核心段后才开始衰减。这里仅分析射流基本段内轴向动压的衰减,首先提出下面 5 个假设。

(1) 不存在水射流卷吸作用所引起的气水混合。

(2) 射流边界的静压为大气压。

(3) 喷嘴出口的射流为均匀流。

(4) 不存在影响射流的外力。

(5) 射流与外界不存在能量损耗。

通过射流动量守恒对射流轴心上的动压衰减规律进行研究,并求出初始段长度 x_c。

在喷嘴出口处和基本段内取截面,两截面的动量为 J_o 和 J_X,则

$$\begin{cases} J_o = J_X \\ J_o = \pi R_o^2 \rho_o v_o^2 \\ J_X = 2\pi \int_0^R \rho v^2 r \mathrm{d}r \end{cases} \tag{2-11}$$

由式 (2-10) 可知

$$\mathrm{d}r = R\mathrm{d}\eta \tag{2-12}$$

将式 (2-12) 代入式 (2-11),整理变形得

$$2R^2 \frac{\rho_m v_m^2}{\rho_o v_o^2} \int_0^1 \frac{\rho v^2}{\rho_m v_m^2} \eta \mathrm{d}\eta = R_o^2 \tag{2-13}$$

因为在基本段内 $R = \dfrac{k}{2}\sqrt{x}$,所以式 (2-13) 可以转化为

$$\frac{\rho_m v_m^2}{\rho_o v_o^2} = \frac{2}{k^2 x} \cdot \frac{R_o^2}{\displaystyle\int_0^1 \frac{\rho v^2}{\rho_m v_m^2} \eta \mathrm{d}\eta} \tag{2-14}$$

根据初始段到主体段的过渡条件

$$\begin{cases} x = x_p \\ v_m = v_o \end{cases} \tag{2-15}$$

由式 (2-14) 可以写为

$$R_o^2 = \frac{k^2}{2} x_p \int_0^1 f(\eta) \eta \mathrm{d}\eta \tag{2-16}$$

由此得出轴心动压随靶距的变化规律为

$$\frac{p_m}{p_o} = \frac{\rho_m v_m^2}{\rho_o v_o^2} = \frac{x_p}{x} \tag{2-17}$$

对式 (2-16) 进行积分，有

$$\int_0^1 f(\eta)\eta \mathrm{d}\eta = \int_0^1 (1-\eta^{1.5})^2 \eta \mathrm{d}\eta = \frac{9}{70} \tag{2-18}$$

将式 (2-18) 代入式 (2-16)，可得等速核长的计算公式为

$$x_p = \frac{140}{9}\left(\frac{R_o}{k}\right)^2 \approx 15.56\left(\frac{R_o}{k}\right)^2 \tag{2-19}$$

2.1.3   水射流打击力

在研究该问题时首先做两个假设。

(1) 射流在研究范围内不与空气发生能量交换作用，不卷吸空气，不发散；

(2) 在射流打击到物体表面时，物体视为刚性，忽略其弹性变形。

图 2-6(a) 与图 2-6(b) 分别为水射流冲击对称物体以及倾斜板作用力示意图。设水射流冲击前速度为 v，在上述两点假设的基础上，射流改变方向前后的动能保持不变，即速度的大小仍为 v。

$$F = \rho Q v - \rho Q v \cos\varphi = \rho Q v (1 - \cos\varphi) \tag{2-20}$$

式中，ρ—— 水的密度，$\mathrm{kg/m^3}$；

$\quad\quad Q$—— 射流的流量，$\mathrm{m^3/s}$；

$\quad\quad v$—— 水射流速度，$\mathrm{m/s}$；

$\quad\quad \varphi$—— 水射流冲击物体表面后速度方向与原来速度方向之间的夹角，$(°)$。

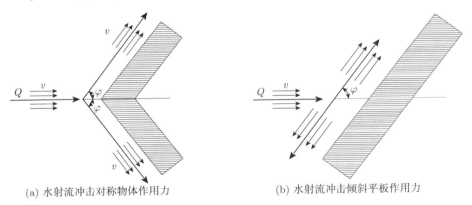

(a) 水射流冲击对称物体作用力   (b) 水射流冲击倾斜平板作用力

图 2-6   水射流冲击作用力

所以

$$F_n = \rho Q v \sin\varphi \tag{2-21}$$

在射流方向上的作用力为

$$F = F_n \rho Q v \sin\varphi = \rho Q v \sin^2\varphi \tag{2-22}$$

高压水射流从喷嘴喷出后，高速垂直冲击岩石，当水射流压力大于岩石临界压力时，岩石发生破裂；当水射流压力小于岩石临界压力时，射流冲击到岩石表面后将迅速向两边扩展。水射流垂直冲击岩石模型如图 2-7 所示。

以距高压水射流边界线 1.81 倍射流半径处为分界线，分界线以内的岩石颗粒受到向内的作用力，分界线以外的岩石颗粒受到向外的作用力。

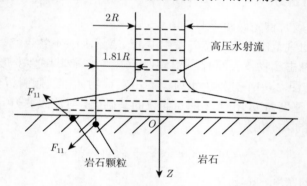

图 2-7　水射流垂直冲击岩石模型

岩石表面上的压力分布[5] 为

$$p(r_1) = p_0 e^{-(ar_1)^2} \tag{2-23}$$

式中，p_0—— 高压水射流作用在岩石表面的压力，MPa；

　　　a—— 由动量方程决定的常数，$a = \dfrac{1}{\sqrt{2}R}$，R 为射流半径；

　　　r_1—— 高压水射流在岩石表面的影响半径，mm。

上述射流对物体的作用力并不能很好地表示射流对物体的破坏作用，因为起决定作用的是单位面积上所受的作用力，所以研究水射流径向各处压力就十分必要。

在射流中心处，我们认为压力为滞止压力，即射流轴心动压，随着距轴心径向距离的增大，射流对物体的压力逐渐减小为零。设各点压力是轴心压力的函数。

$$p = p_0 f(\eta) \tag{2-24}$$

式中，$\eta = \dfrac{r}{R}$，r 为研究点到轴心的径向距离，η 为无量纲的径向距。

$f(\eta)$ 应满足以下 4 个边界条件：

$$\begin{cases} f(0) = 1 \\ f'(0) = 0 \\ f(1) = 0 \\ f'(1) = 0 \end{cases} \tag{2-25}$$

因为 $\eta \in [0,1]$，所以将 $f(\eta)$ 展开成泰勒级数，其应该是收敛的，则

$$f(\eta) = a_0 + a_1\eta + a_2\eta^2 + a_3\eta^3 + a_4\eta^4 \tag{2-26}$$

利用上述边界条件可以近似得到

$$f(\eta) = 1 - 3\eta^2 + 2\eta^3 \tag{2-27}$$

图 2-8 为射流对物体冲击力沿径向分布曲线，对曲线积分应等于射流在该处的冲击力。设该处冲击作用半径为 L，射流半径为 R，则有

$$F = \int_0^L p_0 f(\eta) 2\pi r \mathrm{d}r = \rho Q v = p_0 2\pi R^2 \tag{2-28}$$

$$L/R = \sqrt{20/3} \approx 2.6 \tag{2-29}$$

即冲击物体时作用半径大约为射流此处半径的 2.6 倍。

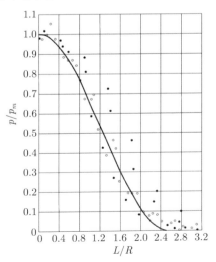

图 2-8　射流对物体冲击力沿径向分布曲线

2.1.4　水射流劈裂特性

当水射流以一定速度打击到煤或岩石上遇到煤岩界面时，大部分射流要改变原来方向而沿表面流出，由于水射流自身和煤岩表面的摩擦力，射流流入煤岩表面原有的裂纹以及各种应力波叠加后产生的表面裂纹，水射流产生的水楔作用使煤岩产生很微小的破坏，同时水射流将剥离后的物质带走。在此过程当中，衡量冲蚀效果的主要指标是水射流所产生的剪切力和水楔力。所谓冲蚀就是岩石表面这部分水的动压及其产生的滞止静压共同对岩石作用的结果，表面有裂纹的和粗糙的物体在同等条件下更容易被高压水射流破坏。现在的磨料射流能够在较低的压力条件下产生和较高纯水射流所形成的等同的破坏效果，主要是由于水射流中的磨粒以一定速度冲击到煤岩表面，产生了摩擦和碰撞，被打击物体的一部分被磨掉，同时也在被打击物体上产生裂纹，为高压水射流的冲蚀破坏提供了有利条件。

对于煤和其他可渗透岩石，水射流在冲击破碎后，能够进入颗粒间孔隙，并对颗粒施加液压力。在射流冲击后期，由于压力的衰减，射流不能进一步破碎，但只要作用在颗粒上的液压力大于颗粒之间的黏着力，被打击物就会以块的形式剥落下来。瑞典的 G. 雷宾德通过理论和试验分析，在高速水射流冲蚀岩石的过程中，作用在岩石颗粒之上的力 F 可用下式表示[6]：

$$F = \frac{V}{1-\lambda} \mathrm{grad}p \tag{2-30}$$

式中，V—— 颗粒体积；

　　　λ—— 孔隙率；

　　　p—— 射流滞止压力。

在水射流的冲击作用下，煤岩体中大量随机分布的微裂纹扩展，这些已扩展的微裂纹在射流准静态压力作用下将产生二次扩展，又称为水楔作用。由于水射流的冲击，在煤岩中将产生裂隙，裂隙形成和汇交后，水射流将进入裂隙的空间，在水楔作用下，裂隙尖端产生拉应力集中，裂隙迅速发展和扩大，致使煤岩进一步破碎。

1. 准静态作用力的衡量

当裂隙的开口尺寸大于水射流径向尺寸时，水射流垂直射入空隙。开始阶段，水射流与裂隙侧壁接触，产生应力波，当四周的应力波反射运动到底部轴心线位置时，根据弹性应力波理论，该部分水向外沿裂隙的侧壁流出。该过程持续时间极短，仅是微秒量级，所以该过程可视为动量守恒。流体流入和流出裂隙的质量是不变的，所以速度的大小并未改变，改变的只是方向。图 2-9 为水楔作用数学模型。

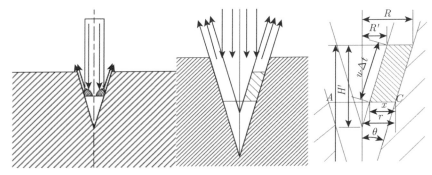

图 2-9 水楔作用数学模型

由于射流是连续的，所以不计重力加速度并在已达到稳定的情况下，单位时间内流入裂隙的流量 Q_r 应等于流出裂隙的流量 Q_c。为方便研究，人为地在流入和流出流体下面划定一条直线 AC，并认为 AC 线以下的流体处于受压静止状态，AC 线以上的中间和旁边朝两相反方向运动。

在此取 Δt 时间作为研究对象，且 $\Delta t \to 0$，在上图中阴影部分的速度可以看做是恒定的，即速度为 v，故该段长为 $v\Delta t$。

$$Q_r = v\pi r^2 \Delta t \tag{2-31}$$

$$Q_c = V_y \tag{2-32}$$

式中，V_y—— 阴影部分绕中心线旋转所得到的体积，等于其外侧母线绕中心线围成圆台体积和内侧母线绕圆台围成体积之差。

$$V_{\mathrm{d}t} = \int_{\frac{r}{\tan\theta}}^{H} \pi \left(\frac{Rh}{H}\right)^2 \mathrm{d}h = \frac{1}{3}\pi R^2 H - \frac{1}{3}\cdot\frac{\pi R^2}{H^2}\cdot\frac{r^3}{\tan^3\theta} \tag{2-33}$$

$$V_{xt} = \int_{\frac{r-x}{\tan\theta}}^{H'} \pi \left(\frac{R'h}{H'}\right)^2 \mathrm{d}h = \frac{1}{3}\pi R'^2 H' - \frac{1}{3}\cdot\frac{\pi R'^2}{H'^2}\cdot\left(\frac{r-x}{\tan\theta}\right)^3 \tag{2-34}$$

式中，$V_{\mathrm{d}t}$——AC 面以上部分外侧母线绕中心线围成的圆台体积；

V_{xt}——AC 面以上部分内侧母线绕圆台围成的体积。

$$R' = \frac{R(r-x)}{r} \tag{2-35}$$

$$H' = \frac{R'}{\tan\theta} = \frac{R(r-x)}{r\tan\theta} \tag{2-36}$$

$$R = H\tan\theta \tag{2-37}$$

$$H = v\Delta t\cos\theta + \frac{r}{\tan\theta} \tag{2-38}$$

$$V_y = V_{\mathrm{d}t} - V_{xt} = \frac{1}{3}\pi R^2 H - \frac{1}{3}\cdot\frac{\pi R^2}{H^2}\cdot\frac{r^3}{\tan^3\theta} - \frac{1}{3}\pi R'^2 H' + \frac{1}{3}\cdot\frac{\pi R'^2}{H'^2}\cdot\left(\frac{r-x}{\tan\theta}\right)^3 \tag{2-39}$$

将式 (2-35)、式 (2-36) 代入式 (2-39), 得

$$V_y = \frac{1}{3}\pi\left[R^2 H - \frac{R^2}{H^2}\frac{r^3}{\tan^3\theta} - \frac{R^3(r-x)^3}{r^3}\frac{1}{\tan\theta} + \frac{(r-x)^3}{\tan\theta}\right] \tag{2-40}$$

将式 (2-37) 代入式 (2-40), 得

$$V_y = \frac{1}{3}\pi\left[H^3\tan^2\theta - \frac{r^3}{\tan\theta} - \frac{H^3\tan^2\theta(r-x)^3}{r^3} + \frac{(r-x)^3}{\tan\theta}\right]$$

因为

$$Q_r = Q_c \tag{2-41}$$

所以有

$$H^3 r^3\tan^3\theta - r^6 - H^3\tan^3\theta(r-x)^3 + (r-x)^3 r^3 = 3v\Delta t r^5\tan\theta \tag{2-42}$$

$$x = r - \sqrt[3]{\frac{3v\Delta t r^5\tan\theta - H^3 r^3\tan^3\theta + r^6}{r^3 - H^3\tan^3\theta}} \tag{2-43}$$

将式 (2-38) 代入式 (2-43) 并化简得

$$x = r\left(1 - \sqrt[3]{1 - \frac{1}{\cos\theta}}\right) \tag{2-44}$$

根据所建模型应有

$$\theta \in \left(0, \frac{\pi}{2}\right)$$

所以

$$x > r$$

而实际上, 由于液体之间相互挤压, 这种情况是不可能发生的, 所以

$$x = r$$

　　因此, 若忽略轴线外流体受压产生的反作用力, 只考虑流体速度产生的力, 则轴心处可看作是射流产生的滞止压力, 其余部分对 AC 线下流体产生的作用力大小均相同。

$$F_1 = \rho Q v(1 + \cos\theta) = \rho v^2\pi r^2(1 + \cos\theta) \tag{2-45}$$

该力在 AC 平面上产生的压强为

$$P_1 = \rho v^2 (1 + \cos\theta) \tag{2-46}$$

液体有传递压强的特点，因此该压强将以大小不变的方式传递到岩石裂隙面上。

2. 压缩膨胀力的计算

根据准静态作用力分析内容，水射流冲击进入裂隙后会受到挤压作用，水受挤压产生的反作用力称为压缩膨胀力。现在单独考虑 AC 线以下液体由于受压而产生的压缩膨胀力。

水的压缩膨胀效应沿轴心剖面图如图 2-10 所示，并假设：

(1) AC 面为固定面。

(2) 在研究处，x 可以不受轴心另外一旁液体影响而越过轴线。

(3) 压缩波以球面的形式向外传播。

(4) 所讨论的压缩在水的可压缩范围内。

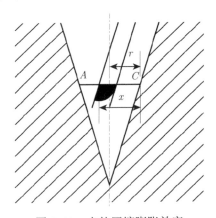

图 2-10　水的压缩膨胀效应

在图 2-10 中，黑色阴影部分代表被压缩液体体积的平面投影。被压缩液体体积为

$$V_p = \frac{4}{3}\pi(x-r)^3 + \frac{1}{3}\pi(x-r)^3\sin^2\theta\cos\theta - \pi(x-r)^3\cos\theta + \frac{1}{3}\pi(x-r)^3\cos^3\theta$$

$$= \frac{1}{3}\pi(x-r)^3(4 + \sin^2\theta\cos\theta - 3\cos\theta + \cos^3\theta) \tag{2-47}$$

水的体积弹性模量为

$$N = (2.0 \sim 2.1) \times 10^9 \text{N/m}^3$$

由于水受压而产生的力为

$$\Delta F = N \frac{V_p}{V}$$

式中，V_p—— 水被压缩的体积，m^3；

　　　V—— 水未被压缩的体积，m^3。

AC 线以下的裂隙视为圆锥形，其体积记为 V_z：

$$V_z = \frac{\pi r^3}{3 \tan \theta}$$

$$V = V_p + V_z$$

$$F_2 = K \cdot \frac{\pi(x-r)^3(4\tan\theta + \sin^3\theta - 3\sin\theta + \cos^2\theta\sin\theta)}{\pi(x-r)^3(4\tan\theta + \sin^3\theta - 3\sin\theta + \cos^2\theta\sin\theta) + \pi r^3} \tag{2-48}$$

裂隙的表面积为

$$S = \frac{\pi r^2}{\sin\theta}\sqrt{1 - \pi^2\sin^2\theta} \tag{2-49}$$

该力在裂隙表面产生的压强应为 $P_2 = \dfrac{F_2}{S}$，即

$$P_2 = \frac{(x-r)^3(4\tan\theta + \sin^3\theta - 3\sin\theta + \cos^2\theta\sin\theta)\sin\theta}{[\pi(x-r)^3(4\tan\theta + \sin^3\theta - 3\sin\theta + \cos^2\theta\sin\theta) + \pi r^3]r^2\sqrt{1 - \pi^2\sin^2\theta}} \tag{2-50}$$

裂隙表面所受压强应该是式 (2-46)、式 (2-50) 所计算的两压强之和：

$$P = P_1 + P_2 \tag{2-51}$$

在不考虑水在裂隙中的湍流能量损失和力的传递损失时，粗略认为 P 就是裂隙上承受的内应力 σ。

2.1.5　水射流冲击波

水射流冲击到靶体时将产生冲击波，如图 2-11 所示，喷嘴直径为 D，喷嘴到岩体距离 (靶距) 为 L。当水射流以速度 V 撞击煤岩表面，将在煤岩表面产生一扰动，该扰动反射部分进入射流中，设射流和煤岩中的波的状态分别为 P_f'、V_f'、P_t 和 V_t。因为水射流打击到煤岩体表面后两者紧密接触，所以接触面上水的质点扰动和煤岩质点扰动情况相同，即

$$P_f' = P_t \tag{2-52}$$

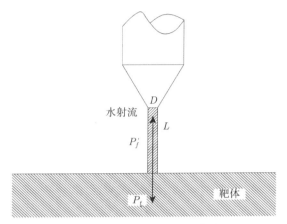

图 2-11 水射流冲击波模型

水射流撞击面的合成速度为 $V + V_f'$，且 $V + V_f' = V_t$。

$$P_f' = -m_s V_f' = P_t = m_y V_t = m_b \left(V - \frac{P_f'}{m_s} \right) = m_b \left(V - \frac{P_t}{m_s} \right) \tag{2-53}$$

式中，m_s—— 水射流水柱的波阻。

$$m_s = \rho \frac{\pi D^2}{4} a \tag{2-54}$$

式中，a—— 水中波速，m/s，机械纵波在水中传播速度为 1500m/s；

m_y—— 煤岩的波阻，由于煤岩体面积很大，这里 m_y 取为无穷大。

由上式计算可得

$$P_f' = P_t = \frac{m_s m_y}{m_s + m_y} V \approx m_s V \tag{2-55}$$

$$V_t = \frac{P_t}{m_t} \approx 0 \tag{2-56}$$

以上过程仅发生在水射流入射到岩石表面的瞬间，当连续射流持续打击煤岩时，准静态力起作用。

对于长为 L 的脉冲射流，反射波运动到该段射流上端后，再次反射回来，作为入射波，一部分透射到煤岩体中，另一部分再次反射回水柱内，直到该段水射流完全沿煤岩表面流走，打击力反射波–时间图如图 2-12 所示。这是因为波在水中的传播速度远高于水射流水柱运动速度 (30MPa 条件下，水射流的速度约为 240m/s；若要使水射流速度达到 1500m/s，理论上水的压力要增加到 1125MPa，在目前技术条件下无法实现)。

　　当大小为 $m_s V$ 的反射波 P_f' 逆行到该段射流末端时，按自由端反射情况处理，由式 (2-17) 可知，波会以 $-P_f'$ 的形式再次被反射回来；当到达煤岩表面时，根据式 (2-14) 和式 (2-16)，有 $-2P_f'$ 作为透射波进入煤岩体，有 P_f' 的波作为反射波再次反射逆行。

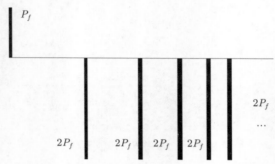

图 2-12　脉冲射流对靶体打击力反射波–时间图

　　第一次透射波产生的力为压应力 P_f'，以后每次由经反射波再透射的波为拉应力，其值为 $2P_f'$。将第一次产生冲击波作为零时刻计时，以后每次波的时间间隔依次记为 t_1, t_2, t_3, $\cdots$, t_n。

$$\begin{cases} t_1 = \dfrac{a-V}{a+V} \cdot \dfrac{L}{a} \\[2mm] t_2 = \left(\dfrac{a-V}{a+V}\right)^2 \dfrac{L}{a} \\[2mm] t_3 = \left(\dfrac{a-V}{a+V}\right)^3 \dfrac{L}{a} \\[1mm] \quad\vdots \\[1mm] t_n = \left(\dfrac{a-V}{a+V}\right)^n \dfrac{L}{a} \end{cases} \tag{2-57}$$

　　如果高压泵产生的压力按 30MPa 计算，则水射流的速度约为 240m/s，波的传播速度为 1500m/s，脉冲射流水柱长为 20cm，则 $t_1 \approx 9.65 \times 10^{-5}$s，即 96.5μs。可知波的作用时间非常短，在实际应用中只要合理地选择高压泵的压力、脉冲射流的流量、频率以及喷嘴的直径，便能使所产生应力波的打击力和冲击频率及岩石的破碎性匹配。由于本书没有涉及脉冲射流的研究，因此在此对脉冲射流破岩理论不做过多的讨论。

　　在冲击作用下，煤岩内部的应力波分布十分复杂。煤岩等脆性材料的抗拉强度远小于抗压强度，压缩波在自由面处反射成拉伸波，很多拉伸波叠加起来后将产生很大的拉应力，两相对运动的拉伸波常成为撕裂煤岩的主要原因。横波传播速度较慢，在破岩过程中，通常是纵波起主导作用，所以在大多数情况下，为研究方便常把横波这一次要因素略去。

2.2 水射流破岩理论研究

2.2.1 高压水射流破岩理论

由于在不同条件、不同物体时高压水射流冲击破坏形成的结果大不相同，并且高速冲击下难以观察微观物体破坏状态，因此目前大部分高压水射流冲击破岩理论处于假说阶段。其中，普遍认可的是拉伸-水楔破岩以及密实核-劈拉破岩两种理论，这两种理论相对较好地解释了水射流高速冲击下的一些宏观情况。

1. 拉伸-水楔破岩理论

拉伸-水楔破岩理论将水射流冲击力简化为施加在弹性岩体上的集中力，当冲击力所形成的拉应力以及剪切应力高于岩体本身的抗拉、抗剪强度时，岩石内部开始形成裂缝，裂缝交汇形成网状裂缝，水射流继续冲击进入网状裂缝中，导致裂缝快速扩展，岩体块体迅速剥落，从而形成水射流圆柱或者漏斗状破碎坑，其模型如图 2-13 所示。该理论结合宏观冲击破碎坑形成现象以及岩体存在裂隙的天然特性，通过断裂力学并假设裂缝的分布、演变形式，对水射流冲击破岩机理进行了研究分析。但该理论并没有确定裂缝出现的方位，只是定性说明岩体受冲击破坏形成的应力场特性。例如根据弹性半空间集中力理论，拉伸应力与剪切应力的最大值不出现在冲击点上，因此水射流进入裂缝与裂缝发生位置存在矛盾，所以该理论并不十分完善。

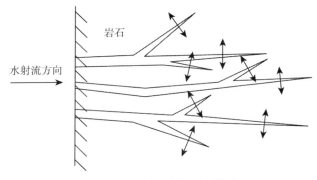

图 2-13 拉伸-水楔破岩模型

2. 密实核-劈拉破岩理论

密实核-劈拉破岩理论将水射流简化成刚体，相当于具有速度的刚体侵入半无限弹性岩体，随着冲击过程的进行，水射流刚体冲击形成的剪切应力以及拉伸应力大于岩石的抗剪强度以及抗拉强度时，岩体受到冲击，在一定范围形成剪切裂纹以及拉伸裂纹。当水射流继续冲击破岩时，剪切裂纹扩展，并连接到射流冲击点周围，从而形成细岩粉构成的球状密实核。当密实核受到射流刚体继续挤压冲击时，密实核积蓄的能量膨胀并切入岩石，从而导致岩体表面产生径向裂纹，并且密实核粉体将会切入径向裂纹，从而沿较小阻力方向切开岩石，完成一次跃进式岩石破碎。

　　该理论根据岩石强度特性的不同对射流破岩的影响进行了较好的分析研究，并通过密实核能量状态的改变对射流破岩部分宏观现象进行了较好的解释，但是该理论只是运用了静态理论来分析研究射流动态冲击过程，并没有考虑射流实际动态冲击岩体两者的互作用耦合关系，以及静动态过程中岩石表现的不同力学特性，因此采用静态理论来分析射流动态冲击过程存在较大的不足，故该理论对射流破岩研究只具有指导意义。

2.2.2　水射流冲击破岩力学分析

　　水射流冲击无断裂、裂隙岩石时，在岩石内部产生的应力场十分复杂。把岩石视作半空间弹性体，水射流冲击点下方某一位置处出现最大剪应力，水射流与岩石接触面边界出现拉伸应力。由于岩石类准脆性材料的抗拉和抗剪能力要远小于它的抗压能力，尽管水射流冲击岩石产生的压应力可能未达到岩石的极限抗压强度，但岩石内部的拉伸应力或剪切应力已经大于岩石的抗拉强度或抗剪强度而导致岩石破坏。

　　宏观上连续的高速水射流不断冲击岩石产生宏观破坏，微观上水射流冲击岩体使其内部出现损伤和裂纹，可以将连续的高速水射流视作由很多液滴连续组成。假设水射流中的水滴到达被冲击岩体表面时为圆柱状，水射流冲击破坏岩石主要包括三个阶段：水射流压缩岩石产生"水锤压力"；"水锤压力"导致岩石破坏；在岩石接触区域形成高速的激波脱体射流时，"水锤压力"急剧减小。图 2-14 为水射流冲击破坏岩石过程中的形态变化，图中阴影部分为压缩状态的水射流。

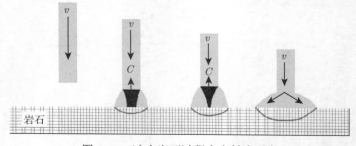

图 2-14　冲击岩石过程中水射流形态

考虑到被冲击固体弹性变形对"水锤压力"的影响，Field[7]系统地讨论了液滴冲击固体这一问题，液滴中心处"水锤压力"的表达式：

$$P_c = \frac{\rho_w v C_w \rho_r C_r}{\rho_w C_w + \rho_r C_r} \tag{2-58}$$

式中，P_c——水射流冲击岩石产生的"水锤压力"，当冲击对象为理想刚体时等于 $\rho_w v C_w$，MPa；

v——水射流冲击速度，m/s；

ρ_w、ρ_r——水射流和岩石的密度，kg/m^3；

C_w、C_r——冲击波在水和岩石介质中的速度，m/s。

1964 年，Bowden[7]等给出了水射流冲击固体时"水锤压力"作用半径。

$$r_c = \frac{r_w v}{C_w} \tag{2-59}$$

式中，r_w——水射流半径，mm；

r_c——"水锤压力"作用半径，mm。

试验和理论都已经证实，接触边缘水射流脱体时的压力在一定程度上均大于"水锤压力"，且一般约等于"水锤压力"的 3 倍，水射流压缩状态持续时间：

$$t_c = \frac{3r_w v}{2C_w^2} \tag{2-60}$$

当水射流与岩石接触边界的高速脱体射流形成后，水射流中心轴处"水锤压力"急剧下降至伯努利滞止压力。

$$P_B = \frac{\rho_w v^2}{2} \tag{2-61}$$

根据式 (2-58)~ 式 (2-60)，为了得到水射流冲击理想刚体或固体产生的"水锤压力"及压缩状态持续时间，需要计算冲击波在水和固体中的传播速度。1969 年，Heymann[8]给出了冲击波速度的近似计算方法。

$$C = v_s + k_w v \tag{2-62}$$

式中，C——冲击波在介质中的速度，m/s；

v_s——介质中的声速，m/s，水中的声速约为 1500m/s；

k_w——常数，一般对于高速冲击的水射流可取 2。

以上分析了水射流冲击岩石过程中水射流作用在固体上的"水锤压力""滞止压力"及压缩状态持续时间，但仍不足以确定岩石破坏与否及破坏程度等。由于水射流冲击岩石形成"水锤压力"的时间为微秒量级，且水射流冲击载荷下岩石破坏时间极短, 因此可以将水射流冲击破岩过程视作岩体在与 "水锤压力" 接触区域内受到幅值为 "水锤压力" 的脉冲载荷作用。为了得到岩石在水射流冲击作用下的内部应力分布, 对水射流冲击岩石过程作如下假设。

(1) 岩体视作半无限弹性体, 忽略微观孔隙和裂纹对水射流冲击破岩的影响;

(2) 冲击载荷在接触面产生的压力近似等于 "水锤压力", 且均匀分布于以接触区域为半径的球体表面。

根据假设 (2), 水射流对岩体表面的冲击载荷与半球表面受到的压应力相等。

$$\pi r_c^2 P_c = \int_0^{\pi/2} 2\pi r_c^2 P_s \sin\gamma \cos\gamma \mathrm{d}\gamma \tag{2-63}$$

式中, P_s—— 初始时刻半球表面应力, 由上式可得 $P_s = P_c$, MPa。

通过以上分析可知, 岩石受水射流的冲击载荷可以等效为接触瞬间半球体表面受到大小等于 "水锤压力" 的压应力, 且应力波从半球体表面向半无限大岩体内传播, 水射流冲击破岩示意图如图 2-15 所示。

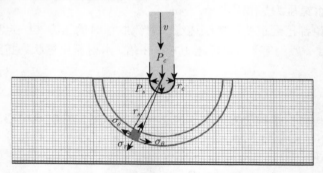

图 2-15　水射流冲击破岩示意图

假设水射流冲击点周围岩石单元的位移规律及变形对称, 则岩石在水射流冲击载荷下的变形可视作平面问题处理。因此, 在水射流冲击载荷作用下岩石单元仅作径向位移, 用 u 表示, 则边界条件和初始条件分别为

$$r_s = r_c, \quad t \geqslant 0, \quad \sigma_r = -P_s(t) \tag{2-64}$$

$$r_s \geqslant r_c, \quad t \leqslant 0, \quad u(r_s,t) = \dot{u}(r_s,t) = 0 \tag{2-65}$$

式中, $P_s(t)$——t 时刻半球体表面压力, MPa;

r_s—— 应力波到达位置距球心的距离, mm;

σ_r—— 岩石单元的径向应力, MPa;

$\dot{u}(r_s,t)$—— 径向位移对时间的偏导数, mm/s。

水射流冲击岩石产生的应力波与冲击波类似，忽略水射流冲击破岩过程中的静力学作用，则不同位置岩石单元的径向位移[9]：

$$u(r_s, t) \approx \frac{1}{c_r} \left(\frac{\partial [v]}{\partial t'} \right)_{r_c} \frac{r_s^2 - r_c^2}{r_s} \tag{2-66}$$

式中，$[v]$——$u(r_s, t)$ 中的时间变量 t 换成 $t' = t - (\gamma_s - \gamma_c)/c_\gamma$；

c_r——弹性纵波在岩石中的传播速度，可由下式计算：

$$c_r = \sqrt{\frac{(1-\mu)E}{\rho_r(1+\mu)(1-2\mu)}} \tag{2-67}$$

在弹性限度范围内，岩体中由水射流冲击波产生的动应力可以根据胡克定律确定。以 σ_r 表示水射流冲击波产生的径向动应力，以 σ_θ 表示水射流冲击波产生的切向动应力：

$$\begin{cases} \sigma_r = \dfrac{E}{(1+\mu)(1-2\mu)} [(1-\mu)\varepsilon_r + \mu\varepsilon_\theta] \\ \sigma_\theta = \dfrac{E}{(1+\mu)(1-2\mu)} [\mu\varepsilon_r + (1-\mu)\varepsilon_\theta] \end{cases} \tag{2-68}$$

式中，ε_r——径向应变，$\varepsilon_r = \partial u/\partial r_s$；

ε_θ——切向应变，$\varepsilon_\theta = u/r_s$。

联立式 (2-66)~ 式 (2-68)，可得

$$\begin{cases} \sigma_r = \dfrac{E}{c_r(1+\mu)(1-2\mu)} \left(\dfrac{\partial [v]}{\partial t'} \right)_{r_c} \left[1 + (1-2\mu)\dfrac{r_c^2}{r_s^2} \right] \\ \sigma_\theta = \dfrac{E}{c_r(1+\mu)(1-2\mu)} \left(\dfrac{\partial [v]}{\partial t'} \right)_{r_c} \left[1 - (1-2\mu)\dfrac{r_c^2}{r_s^2} \right] \end{cases} \tag{2-69}$$

根据式 (2-64)，当 $r_c = r_s$ 时，半球体表面的径向应力为 P_s，则

$$\left(\frac{\partial [v]}{\partial t'} \right)_{r_c} = \frac{P_s c_r(1+\mu)(1-2\mu)}{2E(1-\mu)} \tag{2-70}$$

将式 (2-70) 代入式 (2-69)，则式 (2-69) 可以改写为

$$\begin{cases} \sigma_r = \dfrac{P_s}{2(1-\mu)} \left[1 + (1-2\mu)\dfrac{r_c^2}{r_s^2} \right] \\ \sigma_\theta = \dfrac{P_s}{2(1-\mu)} \left[1 - (1-2\mu)\dfrac{r_c^2}{r_s^2} \right] \end{cases} \tag{2-71}$$

由上式可见, 岩体内的动态应力大小取决于半球体表面初始时刻受到的径向应力, 而径向应力大小与水射流的冲击速度、水锤压力作用区域半径等因素有关。此外, 岩体内部单元的动态剪应力:

$$\tau_c = \frac{\sigma_r - \sigma_\theta}{2} = \frac{P_s(1-2\mu)}{2(1-\mu)}\frac{r_c^2}{r_s^2} \tag{2-72}$$

由于应力波破岩的瞬时性, 假设岩石破坏均由水射流冲击接触岩石时产生的水锤压力导致, 且忽略应力波在岩体内叠加对岩石破坏的影响。因此, 岩体由水射流冲击载荷引起的破坏范围可以根据岩石破坏准则确定。微观上, 岩石可以承受很大的抗压强度, 因此可以假设岩石在冲击载荷下的粉碎破坏由剪切应力达到岩石的动态抗剪强度 $[\tau_c]$ 确定。根据材料的最大剪应力强度理论, 岩体在水射流冲击载荷下的破坏条件:

$$[\tau_r] = \tau_c \tag{2-73}$$

由于冲击波在固体中的传播速度与固体的密度、声速等多种因素有关, 至今仍然没有合适的理论计算方法。冲击波在岩石中传播速度远大于其在水射流中传播速度, 且岩石密度大于水射流密度, 故冲击载荷采用水射流冲击理想刚体产生的 "水锤压力" 近似。联立式 (2-59)、式 (2-63)、式 (2-72) 以及式 (2-73) 可得岩石在水射流冲击载荷下的粉碎区半径。

$$r_D = \frac{r_w v}{C_w}\sqrt{\frac{\rho_w v C_w(1-2\mu)}{2[\tau_r](1-\mu)}} \tag{2-74}$$

事实上, 岩石在破碎时吸收了大量的能量, 即水射流冲击岩石形成的压力波随着传播距离的增加而迅速衰减。相应地, 冲击波引起的动应力也迅速降低, 其大小远小于式 (2-71) 和式 (2-72) 的计算结果。考虑到岩石在水射流冲击载荷作用下形成的粉碎区具有局部效应, 即粉碎区的范围很小, 因此可以近似采用式 (2-74) 分析水射流冲击载荷下岩石的粉碎区范围。根据岩石动力学特性, 岩石在水射流冲击载荷下应变率与单轴抗压强度测试时的应变率有明显差异, 导致岩石的弹性模量、密度、强度等参数均不同, 且应变率越大, 这些参数的差异越大。文献 [10] 指出岩石动态抗压、抗剪以及抗拉强度与准静态抗压、抗剪以及抗拉强度近似呈一定的倍数关系。

以动态抗剪强度为 192MPa 的岩石为冲击破碎对象, 岩石在不同水射流直径和冲击速度条件下粉碎区的范围如图 2-16(a) 所示, 可见岩石在水射流动态载荷作用下形成的粉碎区大小随水射流直径和冲击速度的增大而增大。当水射流半径为 4mm 时, 不同岩石抗剪强度和水射流冲击速度条件下粉碎区大小如图 2-16(b) 所示, 可见岩石粉碎区大小随抗剪强度的增大而减小, 但随着水射流冲击速度的增大而增大。此外，由于"水锤压力"作用区域半径小于水射流半径，当水射流半径达到 4mm 时，抗剪强度为 50MPa 的岩石在速度为 1000m/s 水射流冲击载荷作用下形成的粉碎区半径仅约为 6mm，说明水射流冲击载荷作用下岩石粉碎区形成具有明显的局部效应。

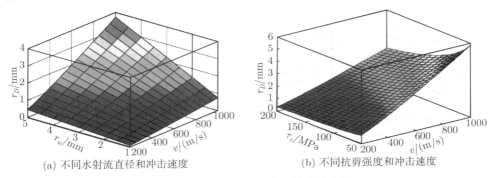

(a) 不同水射流直径和冲击速度   (b) 不同抗剪强度和冲击速度

图 2-16　水射流冲击下岩石粉碎区范围

假设岩石的损伤破坏范围由岩石动态拉伸强度 $[\sigma]$ 确定，考虑到水射流冲击载荷下岩石拉伸失效范围大于粉碎区范围，因此需要考虑应力波在岩石传播过程中的衰减特性，即基于弹性波理论得到的岩石内部应力表达式 (2-71) 已不适用于分析水射流冲击载荷下岩石的损伤破坏范围。根据应力波在岩石中的传播特性，岩石中应力波随传播距离的衰减规律[11]：

$$\sigma_r = P_s \left(\frac{r_c}{r_s} \right)^{\alpha_r} \tag{2-75}$$

式中，α_r—— 压缩波衰减指数，对于应力波，前苏联学者给出的应力波衰减指数为

$$\alpha_r = 2 - \frac{\mu}{1-\mu}$$

对于应力波，圆弧状应力波的径向应力与切向应力存在以下关系：

$$\sigma_\theta = \frac{\mu}{1-\mu}\sigma_r = \frac{\mu P_s}{1-\mu} \left(\frac{r_c}{r_s} \right)^{\alpha_r} \tag{2-76}$$

根据最大拉应力强度理论，岩石在水射流冲击载荷下的破坏强度条件：

$$[\sigma] = \sigma_\theta \tag{2-77}$$

联立式 (2-59)、式 (2-75)～ 式 (2-77) 可得岩石在最大拉应力强度条件下的损伤范围。

$$r_d = \frac{r_w v}{C_w} \left[\frac{\mu \rho_w v C_w}{(1-\mu)[\sigma]} \right]^{\frac{1-\mu}{2-3\mu}} \tag{2-78}$$

图 2-17 为在不同冲击速度条件下利用半径为 4mm 的水射流冲击岩石产生的切向应力，可见由于应力波随传播距离的增大而呈指数衰减，应力波波面的切向应力也随着传播距离的增大而迅速衰减，且岩石由于水射流冲击产生的周向应力随冲击速度的增大而增大。当水射流半径为 4mm 时，不同抗拉强度和水射流冲击速度条件下岩石损伤区范围如图 2-18 所示，可见岩石损伤区范围随抗拉强度的增大而减小，但随着水射流冲击速度的增大而增大，损伤范围大小对水射流辅助机械刀具破岩设计具有指导作用。事实上，岩石在水射流冲击载荷下的拉伸失效与粉碎区的形成机理不同，不仅水射流冲击岩石产生的 "水锤压力" 能够造成岩石拉伸失效，甚至水射流在岩石表面的 "滞止压力" 也能造成岩石拉伸失效。此外，在 "水锤压力" 降至 "滞止压力" 过程中，压力急剧下降会导致压缩应力波在边界或岩石节理、层理位置被反射，而形成的径向应力继续拉伸破坏岩石，因此实际上水射流冲击载荷作用下岩石的损伤范围大于式 (2-50) 计算结果。

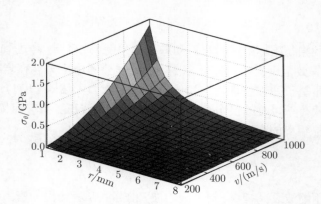

图 2-17 水射流冲击下岩石切向应力

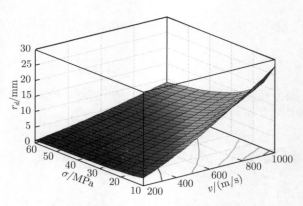

图 2-18 水射流冲击下岩石损伤范围

2.2.3 水射流致裂破岩力学分析

水射流破岩过程中,水楔和劈拉破岩实际上都是利用水射流致裂破碎岩石的原理,即将一定压力的水注入到岩石裂缝中使其产生压涨破坏。由于水射流致裂破岩的能力与注入裂缝中水射流压力、流量、岩石渗流特性等有关,因此需要分析水射流在裂缝中的流体力学特性,以及水射流流动过程中对岩石的力学作用。水压致裂破岩是利用岩石容易拉伸断裂的特性,水力压裂法在石油、天然气开采、瓦斯抽放等领域已得到广泛的应用。因此本书以相关领域水力压裂理论为基础分析水射流致裂破岩过程,对水射流致裂破岩的模型做如下假设。

(1) 岩石为均质的连续弹性体,各向同性,且忽略岩石的围岩应力。

(2) 岩石在水射流作用下破裂时,裂缝的垂直剖面始终为椭圆形,裂缝为狭长形,且裂纹表面形状近似为半圆。

(3) 裂缝中的流体为层流,仅沿着裂缝方向做一维流动,且忽略裂缝前端水射流的表面张力。

(4) 岩石裂缝在水射流作用下破坏为 I 型断裂,即 $K_{\mathrm{I}} = K_{\mathrm{IC}}$ 时裂纹扩展。

(5) 忽略水射流在岩石中渗流特性对岩石破裂的影响。

水射流致裂破岩的力学模型如图 2-19 所示,q 为水射流注入裂缝的流量,w_C 为裂缝的 $\frac{1}{2}$ 宽度,p 为裂缝中的水射流的静压力,l_C 为裂缝的长度。

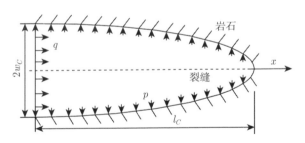

图 2-19 水射流致裂破岩示意图

假设水射流对岩石裂缝壁面作用均布压力,Sneddon[12] 给出了裂缝上下表面距离和裂缝长度、内部压力等参数之间的关系:

$$w_C = \frac{4(1 - \mu^2)pl_C}{\pi E}\left[1 - (\frac{x}{l_C})^2\right]^{\frac{1}{2}} \tag{2-79}$$

对于水射流注入裂缝后某一时刻,裂纹上表面和下表面包围的体积:

$$V = 4\pi\int_0^{l_C} xw_C(x)\mathrm{d}x = \frac{16(1 - \mu^2)pl_C^3}{3E} \tag{2-80}$$

假设在水射流连续注入岩石裂缝时，裂缝内部的水压力维持在一个临界值且用于使裂缝沿着 x 方向扩展。Griffth[13,14] 提出能量法用于研究裂纹扩展，认为原始裂纹在外载荷作用下扩展需要增加自由表面，临界状态裂纹扩展释放的应变能足够提供新裂纹表面所消耗的能量时，裂纹发生扩展。因此，裂缝在水射流压裂作用下扩展时，岩石表面能与裂缝长度、内部压力等参数之间关系 [15]：

$$G_s = \frac{p}{2l_C} \int_0^{l_C} x \frac{\mathrm{d}w_C}{\mathrm{d}l_C} \mathrm{d}x = \frac{2(1-\mu^2)p^2 l_C}{\pi E} \tag{2-81}$$

联立式 (2-80) 和式 (2-81) 可得裂缝内压力 p 和裂缝长度 l_C 关于 V 的表达式：

$$l_C = \left[\frac{18}{64\pi G_s} \left(\frac{E}{1-\mu^2} \right) \right]^{\frac{1}{5}} V^{\frac{2}{5}} = \left[\frac{18}{64\pi G_s} \left(\frac{E}{1-\mu^2} \right) \right]^{\frac{1}{5}} (qt)^{\frac{2}{5}} \tag{2-82}$$

$$p = \frac{3}{8} \left[\left(\frac{256\pi G_s}{18} \right)^3 \left(\frac{E}{1-\mu^2} \right)^2 \right]^{\frac{1}{5}} V^{-\frac{1}{5}} = \frac{3}{8} \left[\left(\frac{256\pi G_s}{18} \right)^3 \left(\frac{E}{1-\mu^2} \right)^2 \right]^{\frac{1}{5}} (qt)^{-\frac{1}{5}}$$

$$\tag{2-83}$$

式中，G_s——岩石断裂表面能，其与 I 型断裂韧性有关，$G_s = K_{IC}^2/[E/(1-\mu^2)]$；

　　　　q—— 注入裂缝的流量，L/min；

　　　　t—— 水射流注入时间，s。

根据式 (2-80)~ 式 (2-83) 可知，当裂缝稳定扩展时，裂缝内的压力与裂缝长度主要与岩石力学性质、注入裂缝内水射流的体积有关。以岩石弹性模量 30GPa、泊松比 0.2、I 型断裂韧性 $1.0\mathrm{MPa \cdot m^{1/2}}$ 为例，定性分析流量对水射流压裂破岩行为的影响。图 2-20(a) 为不同流量水射流注入裂缝条件下，裂缝在 0.5s 时刻的形状，可见裂缝宽度和长度均随注入裂缝流量的增大而增大，由此可见流量越大，水射流压涨破岩能力越强。值得说明的是，图 2-20(a) 中裂缝在 0.5s 时刻的长度均超过 0.5m，这是由式 (2-80) 假设注入裂缝中水的体积等于裂缝上下表面所包围的体积造成的。实际上，由于滤失、泄漏等问题的存在，水射流致裂破岩产生的裂纹长度远小于式 (2-82) 的理论计算结果，但可以定性分析水射流致裂破岩过程。图 2-20(b) 为不同流量水射流注入裂缝条件下，裂缝内压力随水射流注入时间的变化规律，可见裂缝内压力随水射流注入时间的增大而减小，这主要是由于裂缝内压力和长度的变化由岩石断裂表面能控制，根据式 (2-81) 可知裂缝长度越大，裂缝内压力越小。当裂缝在水力作用下稳定扩展时，裂缝内的水压力很小，表明水压致裂破岩过程对水射流的压力要求较低，因此实现水射流辅助压裂破岩的关键是机械刀具能够对岩石作用形成一定长度的裂缝，以及有效地将水射流注入到裂缝中。

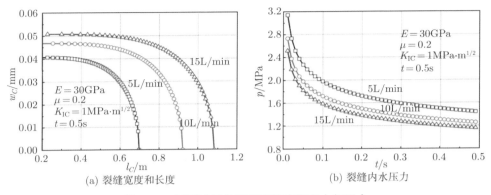

图 2-20 不同流量作用下裂缝形状和内部压力

以岩石弹性模量 30GPa、泊松比 0.2、注入流量 10L/min 为例，定性分析岩石断裂韧性对水射流压裂破岩行为的影响。图 2-21(a) 为不同断裂韧性岩石在水射流压裂作用下的裂纹形状，可见岩石断裂韧性越大，水射流压裂岩石形成的裂缝长度越小而宽度越大，其主要是由于岩石断裂韧性越大，裂纹扩展形成新裂纹面需要消耗的能量越多，从而导致裂纹在宽度方向的位移较大。图 2-21(b) 为不同断裂韧性岩石在水射流压裂作用时内部水压力随时间的变化规律，可见断裂韧性大的岩石在水射流压裂作用下扩展需要更高的水压力，这就说明当利用水力压裂断裂韧性极高的岩石时，高压水发生装置应能维持在足够高的工作压力，且能够使注入裂缝中的水射流具有一定的压力而不泄漏。

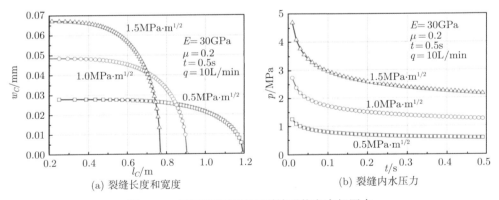

图 2-21 不同断裂韧性下裂缝形状和内部压力

2.3 高压水射流破岩仿真研究

机械刀具–水射流联合破岩是机械刀具和高压水射流破碎岩石技术的融合，机械刀具及高压水射流破岩技术的研究是机械刀具–水射流联合破岩技术有效实施的前提。由于受到岩石不透明、破坏过程瞬时性等因素限制，水射流破岩的机理仍然不十分清楚，且机械刀具–水射流联合破岩方式有多种，如水射流集成于机械刀具内部、水射流前置或后置于机械刀具等，因此难以形成统一的水射流辅助机械刀具破岩理论学说。随着计算机科学技术的发展，数值方法可以实现对工程、物理问题乃至自然界各类问题的研究。水射流冲击破岩机理研究是确定机械刀具–水射流联合破岩形式的基础，研究水射流冲击破岩过程及其影响因素可以为机械–水射流联合破岩提供依据。鉴于此，本节对水射流冲击破岩过程进行数值模拟，并研究相关因素对水射流冲击破岩性能的影响，为机械刀具–水射流联合破岩提供指导。由于水射流冲击破岩过程中存在大变形和高度非线性流固耦合问题，采用光滑粒子流 (smoothed particle hydrodynamics，SPH) 和有限单元法 (finite element method，FEM) 耦合实现水射流冲击破岩过程的数值模拟。

2.3.1   光滑粒子流法理论

高压水射流冲击损伤破岩过程中，高速射流出现高压和大变形问题，采用传统的拉格朗日法模拟水射流容易出现网格畸变而导致计算终止。采用欧拉–拉格朗日耦合算法虽然可以避免网格的畸变，但其需要消耗更高的计算成本。SPH 算法是近年发展起来的一种无网格算法，属于拉格朗日算法范畴，它是用粒子单元代替有限元网格，并基于空间函数和核函数将方程离散。SPH/FEM 耦合算法可以很好地模拟不连续、大变形等问题，还可以克服传统有限元以及欧拉法存在的网格畸变、计算耗时以及资源占用过多等问题 [16]。

为了建立水射流破岩模型，岩体模型采用 FEM，射流模型采用 SPH 粒子法，将射流离散成 SPH 粒子，取初始时刻粒子 α 的坐标为 x_i，在 t 时刻质点移动到另一位置，粒子 α 的坐标变为 x_j，它是初始坐标的函数，即物体运动 Lagrange 描述为 $x_j = x_j(x_i, t)$。在流体动力学中，SPH 方法求解流体力学问题时主要采用如下方程来描述流体的运动和状态。

1. 光滑粒子流法基本方程

与有限单元法相比，光滑粒子流法采用离散的粒子单元，且光滑长度内粒子代替有限元法中的节点，每个粒子周围光滑长度内的粒子数量和分布不确定。对于任意连续光滑场函数 f，用 $f(x)$ 来近似某一点的场函数值，$f(x)$ 可表述为 [17]

$$f(x) \approx \int_{\Omega} f(x')W_s(x - x', h_s)\mathrm{d}x' \tag{2-84}$$

式中，W_s—— 光滑核函数，目前最常用的光滑核函数是三次 B 样条曲线；

h_s—— 粒子单元的光滑长度，mm；

x、x'—— 空间不同位置点的向量。

以式 (2-84) 为基础，利用散度定理即可得到场函数的空间导数，进而离散化可得

$$\nabla f(x_i) \approx -\sum_{j=1}^{N_s} \frac{m_j}{\rho_j} f(x_j) \nabla W_s(x_i - x_j, h_s) \qquad (2\text{-}85)$$

式中，m_j—— 第 j 个粒子的质量，kg；

ρ_j—— 第 j 个粒子的密度，kg/m^3；

N_s—— 光滑长度范围内的粒子数量。

通过上述过程的处理，即可用光滑核函数的场函数来近似光滑场函数的空间导数项，进而实现基本方程的离散，光滑粒子流法离散后的 Navier-Stocks 方程：

$$\frac{\mathrm{d}\rho_i}{\mathrm{d}t} = \sum_{j=1}^{N_s} m_j v_{ij}^\beta \frac{\partial (W_s)_{ij}}{\partial x_i^\beta} \qquad (2\text{-}86)$$

$$\frac{\mathrm{d}v_i^\alpha}{\mathrm{d}t} = \sum_{j=1}^{N_s} m_j \left(\frac{\sigma_i^{\alpha\beta}}{\rho_i^2} + \frac{\sigma_j^{\alpha\beta}}{\rho_j^2} \right) \frac{\partial (W_s)_{ij}}{\partial x_i^\beta} \qquad (2\text{-}87)$$

$$\frac{\mathrm{d}e_i}{\mathrm{d}t} = \frac{1}{2} \sum_{j=1}^{N_s} m_j \left(\frac{p_i}{\rho_i^2} + \frac{p_j}{\rho_j^2} \right) v_{ij}^\beta \frac{\partial (W_s)_{ij}}{\partial x_i^\beta} + \frac{\mu_i}{2\rho_i} \varepsilon_i^{\alpha\beta} \varepsilon_j^{\alpha\beta} \qquad (2\text{-}88)$$

式中，x_i^β—— 第 i 个粒子在 β 方向的坐标；

$\sigma_i^{\alpha\beta}$、$\varepsilon_i^{\alpha\beta}$—— 第 i 个粒子处的应力、应变张量，α 和 β 为使用的逆变指标；

μ_i—— 流体黏性系数，Pa·s；

v_{ij}^β—— 两个粒子之间的相对速度在 β 方向的分量，m/s，$v_{ij}^\beta = v_i^\beta - v_j^\beta$。

2. 耦合边界处理

在水射流冲击破岩过程中，固体介质 (岩石) 的变形比液体介质 (水) 小得多。此外，由于光滑粒子单元过多会导致计算机消耗的内存过大、计算时间过长，故岩石介质的应力、应变等状态参数通过有限元法来求解。由于岩石内孔隙流体与岩石耦合作用对岩石损伤破坏的影响很小 [18]，忽略不计，因此利用节点-面接触算法定义水射流与岩石界面之间的耦合：光滑粒子视作节点单元，控制参数为节点编号、质量以及空间位置，其定义为从面；有限元法描述的岩石介质部分定义为主面。水射流和岩石的应力、应变等状态参数同时求解，通过节点-面接触算法实现力的传递，且水射流与岩石之间满足滑移条件：

$$v = U \qquad (2\text{-}89)$$

式中，v——射流和岩石接触面光滑粒子速度，m/s；

　　　U——射流和岩石接触区域固体单元的速度，m/s。

2.3.2　水射流冲击破岩数值模拟

　　水射流冲击破岩是水射流辅助机械刀具破岩的一个部分，研究水射流冲击破岩机理和影响因素，可以为机械–水射流联合破岩提供依据。因此，本节采用光滑粒子流和有限单元耦合方法，研究水射流冲击载荷作用下岩石破碎机理以及水射流冲击速度、岩石边界条件、围压等因素对岩石破碎效果的影响，为水射流辅助机械刀具破岩及水射流截割头设计提供依据。

　　1. 数值模型建立

　　1) 光滑粒子流/有限元耦合方法

　　光滑粒子流和有限元耦合方法的流程如图 2-22 所示，左侧部分为光滑粒子流法的计算过程，右侧部分为有限单元法的计算过程。光滑粒子流和有限元采用节点–面接触算法 [19]，水射流作为从动部分由光滑粒子定义，岩石作为主动部分由有限元单元定义。

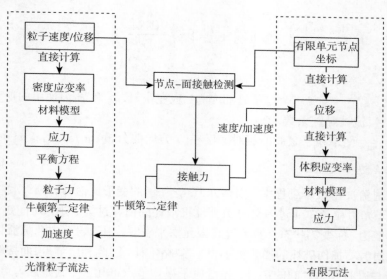

图 2-22　光滑粒子流/有限元耦合方法

　　2) 水射流状态方程

　　在水射流冲击破岩过程中，由于水射流存在高压和大变形问题，本书利用多项式状态方程描述水的力学特性，状态方程可表述为

$$p = \begin{cases} A_1\chi + A_2\chi^2 + A_3\chi^3 + (B_0 + B_1\chi)\rho_w e & \chi \geqslant 0 \\ T_1\chi + T_2\chi^2 + B_0\rho_w e & \chi \leqslant 0 \end{cases} \qquad (2\text{-}90)$$

式中，χ—— 水压缩比，$\chi \geqslant 0$ 为压缩状态，反之为膨胀状态；

A_1、A_2、A_3、T_1、T_2、B_0、B_1—— 水介质材料常数；

e—— 水的内能。

对于本书数值模型，水射流状态方程参数如表 2-1 所示。

表 2-1　水射流状态方程参数

$\rho_w/(\text{kg/m}^3)$	A_1/GPa	A_2/GPa	A_3/GPa	T_1/GPa	T_2/GPa	B_0	B_1
1000	2.2	9.54	14.6	2.2	0	0.28	0.28

3) 岩石状态方程和失效准则

岩石在水射流动态载荷下的压力或变形相对较小，它们的变化对热力学熵的影响很小则可以忽略，压力变化可以认为仅与岩石单元密度或体积变化有关。因此，采用适合处理小变形或小压力动力学问题的线性状态方程来描述岩石的力学特性 [20]：

$$P_R = K_r\mu = K_r(\rho_r/\rho_0 - 1) \qquad (2\text{-}91)$$

式中，P_R—— 岩石压力，MPa；

K_r—— 岩石体积弹性模量，GPa；

ρ_0—— 岩石参考密度，kg/m^3；

ρ_r—— 岩石的密度，kg/m^3。

为研究岩石在动态载荷下破坏机理，采用改进最大主应力失效准则确定岩石材料的失效行为，单元的最大拉伸主应力或剪切主应力大于岩石动态抗拉强度或抗剪强度时失效。对于平面力学问题，最大主应力失效准则可表示为

$$\sigma_1(\sigma_2) \geqslant [\sigma] \quad \text{或} \quad \tau_{12} \geqslant [\tau_c] \qquad (2\text{-}92)$$

式中，σ_1、σ_2—— 单元的最大主应力，MPa；

σ—— 岩石的动态极限抗拉强度，MPa；

τ_{12}—— 单元最大剪切主应力，MPa；

τ_c—— 岩体内部单元的动态剪应力，MPa。

众所周知，岩石材料动态强度随应变率的增大而增大，利用霍普金森压杆和巴西圆盘试件可以测量材料动态拉伸强度与加载速率之间的关系，进而可以得到材料动态拉伸强度与应变率之间的关系。通常来说，脆性材料准静态拉伸强度约为抗压强度的 1/8~1/5，而岩石动态强度与准静态强度近似成一定的倍数关系，岩石的动态抗剪强度与动态抗拉强度也近似成一定的倍数关系。到目前为止，未有相关文

献研究砂岩的动态抗拉强度、抗剪强度与应变率之间的关系。鉴于此，依据岩石动态强度与准静态强度之间的一般规律，对不同岩石力学性质参数条件下水射流冲击载荷下砂岩破坏过程进行数值模拟，对比数值模拟和试验破坏形态以获得砂岩在水射流冲击载荷下的力学性质参数，如表 2-2 所示。

表 2-2　砂岩力学性质参数

K_r/GPa	ρ_0/(kg/m³)	$[\sigma]$/MPa	$[\tau_c]$/MPa	μ
58.9	3160	57	192	0.22

4) 几何模型及边界条件

岩石在水射流冲击载荷作用下破坏的几何模型如图 2-23 所示。水射流在平面内简化为矩形状水束 (2mm×20mm)，粒子单元光滑长度为 0.25mm，共生成 640 个光滑粒子单元。岩石在平面内也简化为矩形 (50mm×30mm)，采用边长为 0.25mm 的四边形单元划分网格，共划分出 24 000 个网格单元。岩石的底面施加自由面边界，侧面施加非反射边界，在本节水射流冲击载荷下岩石破坏过程数值分析中，除特别说明外，均采用此几何模型及边界条件。自由面边界指应力波经过界面时会发生反射，而非反射边界指应力波经过界面时不发生反射，用于模拟应力波在无限大介质中的传播。

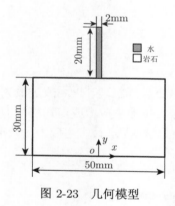

图 2-23　几何模型

2. 水射流冲击破岩机理模拟分析

1) 岩石破坏过程

为了分析岩石在水射流动态载荷作用下的破坏过程和机制，设定岩石底面为自由边界，侧面为非反射边界，水射流冲击速度为 800m/s。在水射流冲击载荷作用下，点 1(0, 29mm) 处岩石承受高强度的压应力，达到 1.49GPa，该点的压应力变化如图 2-24 所示。冲击初期的高强度压应力直接导致冲击点处高密度剪切应力场的形成，压应力变化复杂是该点受到水射流冲击载荷、应力波传播扰动以及压缩能释放等多种因素的影响。

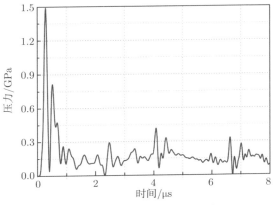

图 2-24 点 1 处单元压力变化

　　岩石失效状态随冲击载荷作用时间的变化如图 2-25 所示。水射流冲击点附近处的岩石在高密度剪切应力场作用下被强烈挤压形成粉碎区，如图 2-25(a) 所示。同时许多放射性裂纹在粉碎区周围萌生形成裂纹萌生区，3.1μs 时粉碎区周围萌生的裂纹开始扩展形成裂纹扩展区域，如图 2-25(b) 所示。注意到岩石内部形成垂直于岩石表面的中心裂纹 (放射性裂纹)，且放射性裂纹基本沿水射流冲击方向对称，其是由数值模型中岩石为连续介质且各向同性引起的，但该现象不影响岩石破坏行为和机理的研究。在 6.2μs 时刻，由于岩石底面为自由面边界，导致应力波在界面反射造成岩石底面附近出现层状裂纹，如图 2-25(c) 所示，同时放射性裂纹得到进一步扩展而接近岩石的侧面。在 20μs 时，由于应力波的传播、反射以及叠加，岩石底部出现大量的层状裂纹，如图 2-25(d) 所示，且该区域放射性裂纹和层状裂纹出现交替萌生、扩展。

　　值得注意的是，水射流冲击岩石初期 (0.12μs) 破碎坑 (粉碎区) 深度为 4.2mm，在 20μs 时破碎坑深度仅增加了 0.2mm，说明岩石破碎坑的形成过程极其短暂。虽然破碎坑深度随水射流作用时间变化不明显，但破碎坑宽度随水射流冲击时间明显增大，这主要是由水射流持续冲击岩壁造成的返回流对破碎坑壁的挤压和剪切 (冲蚀破坏) 引起的。此外，应力波在自由边界反射造成了岩石层状裂纹的萌生与扩展，而层状裂纹的出现与水射流冲击载荷的大小、应力波在岩石内部衰减特性以及岩石体积、力学性质等因素有关，例如体积较大的岩石在一定冲击载荷下可能不会出现层状裂纹。对比岩石在水射流冲击载荷下的数值模拟和试验破坏形态 (图 2-25(e)，图 2-25(f))[21]，可见岩石上部和下部破坏形态非常吻合，则 SPH/FEM 耦合数值模型可以很好地再现岩石在水射流冲击载荷作用下的破坏过程。

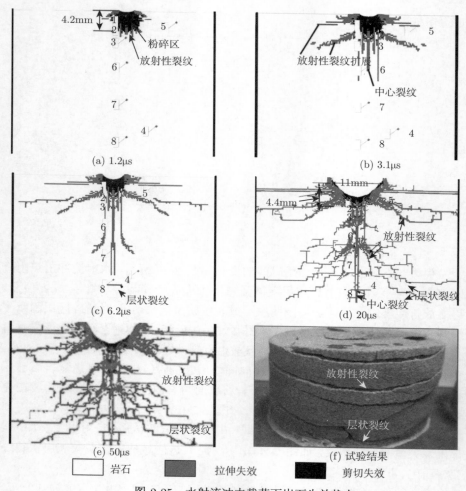

图 2-25　水射流冲击载荷下岩石失效状态

2) 粉碎区形成机理

为分析岩石在水射流冲击载荷下粉碎区的形成机理,对粉碎区域内点 2(0, 27mm) 处单元的应力状态随时间变化过程记录如图 2-26 所示。

由于该单元与水射流冲击载荷作用点存在一定的距离,应力波在 0.15μs 时到达点 2 处,随后单元 x、y 方向的应力逐渐增大,且均呈压缩状态,但由于水射流初期载荷垂直作用于岩石表面,导致 y 方向压缩应力增大速度远大于 x 方向的压缩应力。在 0.36μs 时最大剪切主应力 τ_{12} 为 196MPa,大于岩石的动态剪切强度 $[\tau_c]([\tau_c]=192\text{MPa})$,在完成下一个计算时间步长时 (0.365μs),点 2 处的岩石单元失效。由于最大主应力准则是建立在剪应力为 0 的基础上,该时刻单元剪应力 τ_{xy} 降为 0，因此单元失效后 x、y 方向的应力变化曲线重合，同时由于剪应力降为 0 而导致压缩应力在一定时间内迅速增大。

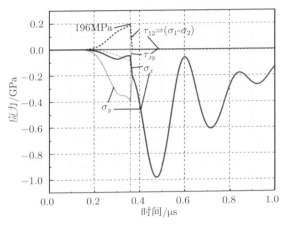

图 2-26　点 2 处单元应力变化

　　值得说明的是，图 2-25 中粉碎区域单元失效均由最大剪切主应力达到岩石动态剪切强度引起，虽然每个单元失效之前的应力变化过程不尽相同，但单元失效行为类似，因此不再对粉碎区域其他位置单元失效行为进行赘述。模拟过程中，点 2 处单元失效在剪切主应力达到 196MPa 时判定而非理论上的 192MPa，这是由数值模型的时间步长引起的。当模拟时间步长设为无穷小时，可以避免出现该现象，但为提高数值分析的效率，模型仍然采用根据网格单元计算出的时间步长，以下分析过程中出现的类似现象将不再赘述。

　　3) 裂纹形成

　　在图 2-25 中，用单元的失效近似模拟岩石在水射流冲击载荷作用下裂纹萌生和扩展等，以点 3(0, 25mm) 处单元为对象研究裂纹的形成 (点 3 位于裂纹萌生区且放射性裂纹扩展经过该点)，它的应力随时间变化过程记录如图 2-27 所示。y 方向应力 σ_y 在失效之前为负值，呈现压缩状态，因而在点 3 处萌生、扩展形成的裂纹类型为放射性裂纹。最大主应力 σ_1 在压缩和拉伸状态交替变化 2 次后，在 1.4μs 时最大拉伸主应力 σ_1 达到 60.3MPa，大于岩石的动态抗拉强度 $[\sigma]([\sigma] = 57$ MPa)，在完成下一个计算时间步长后单元失效，且 $\tau_{xy} = \tau_{12} = 0$，$\sigma_x = \sigma_y = \sigma_1 = \sigma_2$，而最大主应力 σ_1 出现正负交替现象是由动态应力波作用和单元应变能释放引起的。在点 3 处单元失效时刻，虽然单元失效是最大拉伸主应力大于岩石动态抗拉强度引起的，但此时最大剪切主应力 τ_{12} 为 177.9MPa，与岩石动态剪切强度 $[\tau_c]([\tau_c]=192$MPa) 相近，说明点 3 处毗邻单元失效，介于拉伸失效和剪切失效之间，也证实了图 2-25 中放射性裂纹在该位置萌生。

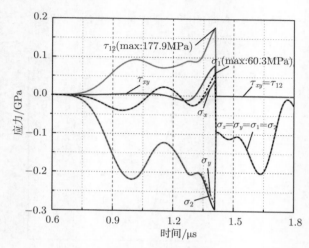

图 2-27　点 3 处单元应力变化

　　由于数值模型中底面施加了自由面边界约束导致岩石底面出现层状裂纹，为分析层状裂纹形成机理，对点 4(6mm, 7mm) 处单元的应力随时间变化过程记录如图 2-28 所示。3.5μs 时应力波到达点 4，单元在应力波作用下呈压缩状态。由于该单元距离自由面边界较近，0.75μs 后单元第一次受到自由面边界反射应力波的作用，反射应力波循环作用下，单元在 6.42μs 时最大拉伸主应力 σ_1 达到 57.7MPa，大于岩石的动态拉伸强度，点 4 处单元拉伸失效，单元剪应力、主剪切应力都降为 0，各向正应力相等。值得注意的是，应力变化过程中单元 x、y 方向的应力都由压缩状态变为拉伸状态，且波动明显，说明该位置附近单元应力状态比较复杂，在动

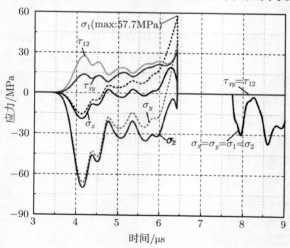

图 2-28　点 4 处单元应力变化

态应力波和自由面发射的应力波共同作用下裂纹可能沿 x 或 y 方向扩展，这也证实了图 2-28 中放射性裂纹和层状裂纹交叉萌生、扩展的现象。

从图 2-25 中可见，岩石表面和底面附近均出现了横向裂纹，从以上分析可知，底面附近的横向裂纹是由应力波在自由面反射造成的。为分析岩石表面附近横向裂纹形成机理，对点 5(10mm, 28mm) 处单元的应力随时间变化记录如图 2-29 所示。由于单元的剪切应力变化很小，单元应力与最大主应力变化过程基本重合，x 方向应力和最大压缩主应力在单元失效之前都为负值，单元在 3μs 时最大拉伸主应力 σ_1 和 y 方向应力分别达到 58.25MPa 和 58.23MPa，均大于岩石动态拉伸强度，裂纹沿着 y 方向开裂且沿着 x 方向扩展。表面上看，点 4 和点 5 处裂纹失效形式相同，但从图 2-29 中可见点 4 处单元失效比点 5 处单元滞后 3.4μs，而自由面反射应力波对点 4 处单元作用先于点 5 处单元，表面层状裂纹的形成证实水射流冲击固体时对其表面材料具有撕裂作用。因此，点 5 处的裂纹性质是放射性裂纹而不是应力波反射造成的层状裂纹。

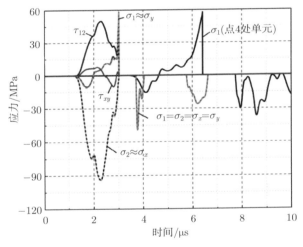

图 2-29　点 5 处单元应力变化

4) 应力波传播和衰减特性

为分析水射流冲击岩石过程中形成的应力波在岩石中的传播和衰减特性，对不同位置点 (图 2-25) 的压力变化过程记录如图 2-30 所示。

在 $t = 0.285μs$ 时，水射流冲击岩石初期点 1 处单元压应力高达 1.49GPa，但由于应力波在岩石中传播伴随着能量的耗散，1.35μs 后在点 3 处单元压应力峰值降为 202MPa，当应力波到达点 6 处单元时压应力峰值已降为 65.2MPa，可见应力波在岩石介质中传播急剧衰减。当应力波峰值小于岩石的动态抗剪强度时，不再具有挤压粉碎岩石 (剪切失效) 的能力，只能造成岩石裂纹萌生和扩展，形成裂隙区。从水射流冲击岩石初期的高压应力降至岩石动态抗剪强度时仅约 $1.35\mu s$，可见应力波对岩石各点单元作用都是急剧加载、卸载过程，说明水射流冲击破岩是一个局部加载、卸载过程，可以为水射流冲击破岩初期破碎坑的形成提供理论依据。

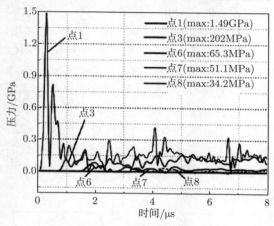

图 2-30　不同位置点压力变化

3. 影响破岩过程因素分析

岩石在水射流冲击载荷下破坏过程受到很多因素的影响，如边界条件、水射流速度和直径、围岩应力以及岩石结构面等。在 SPH/FEM 耦合数值模型基础上，对岩石在水射流冲击载荷下破坏的影响因素进行数值分析。

1) 边界条件

分别在岩石底面设定自由面边界和非反射边界，对岩石在水射流冲击载荷下的破坏过程进行数值模拟，图 2-31 为水射流冲击 $20\mu s$ 时不同边界条件下的岩石破坏状态。

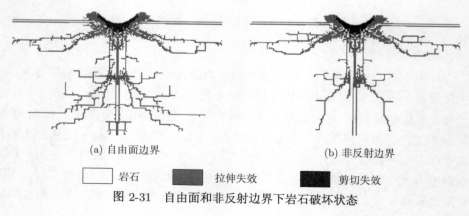

图 2-31　自由面和非反射边界下岩石破坏状态

根据应力波在自由面和非反射边界的传播特性,自由面边界可以造成岩石底面附近出现层状裂纹,非反射边界条件下岩石底部附近在 20μs 时未出现层状裂纹,其是由应力波穿过该界面向无限远处传播而不再反射造成的。由于受到自由面边界反射应力波作用,岩石中下部裂纹萌生和扩展情况比底面为非反射边界要好,说明自由面边界的存在可以显著地提高水射流冲击破岩的能力。然而,如上文提及的层状裂纹出现与岩石体积大小和射流冲击速度等因素有关,由于分析体积大小对岩石层状裂纹形成的影响需要耗费大量的计算资源,因此以下分析不同水射流冲击速度下岩石破坏形态间接说明了岩石体积对层裂现象的影响。

2) 冲击速度

水射流冲击速度决定冲击能量的大小,对岩石的破坏有直接的影响。在水射流冲击速度分别为 300m/s、500m/s 以及 800m/s 的条件下,岩石在冲击时间为 20μs 时的破坏状态分别如图 2-32(a)、图 2-32(b) 以及图 2-25(d) 所示。从数值模拟结果可见,岩石破坏程度随水射流冲击速度的增大而增大。当水射流冲击速度为 300m/s 时,冲击岩石产生的应力波强度较弱,传播到自由面反射后已难以造成岩石拉伸失效,岩石破坏区域主要集中在水射流冲击点处。当水射流冲击速度为 500m/s 时,冲击岩石产生的应力波在自由面反射后形成的拉伸应力比岩石动态拉伸强度稍大,故岩石底面附近出现些许层状裂纹。当水射流冲击速度高达 800m/s 时,由于冲击能量巨大,应力波在自由面反射造成岩石底面出现层状裂纹,导致岩石的破坏程度较高。

因此,水射流速度较低时只能造成岩石表面的冲蚀破坏,只有水射流冲击速度达到一定值时才能导致岩石的体积破坏。当采用水射流冲击破岩机理辅助机械刀具破岩时,需要水射流具有一定的冲击速度,且需要使岩石位于水射流冲击的有效"靶距"范围内,才能够使岩石发生体积破坏以提高机械破岩能力。

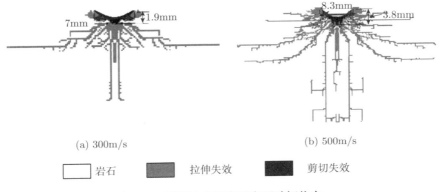

(a) 300m/s   (b) 500m/s

□ 岩石   ▨ 拉伸失效   ■ 剪切失效

图 2-32 不同冲击速度下岩石破坏状态

3) 围岩应力

深部岩土工程中，围岩应力对岩石在动态冲击载荷下的破碎行为和裂纹萌生、扩展有很大影响。为避免自由面反射应力波对数值分析结果产生影响，在岩石侧面施加围岩应力，而底面设定为非反射边界。

数值分析过程中，在岩石左右两个侧面分别预先加载四种不同的围岩应力，为10MPa、20MPa、40MPa 和 60MPa。不同围岩应力情况下，在水射流冲击时间 20μs 时岩石破坏状态如图 2-33 所示。在 10MPa 和 20MPa 围岩应力条件下裂纹可以扩展至岩石底面，而在 40MPa 和 60MPa 围岩应力条件下裂纹未能扩展至岩石底面，这是由于围岩应力对垂直于射流冲击方向的拉伸应力具有抑制作用，且围岩应力越大，抑制作用越明显。围岩应力 40MPa 时裂纹长度为 17.1mm(图 2-33(c))，而围岩应力为 60MPa 时裂纹长度为 15.1mm(图 2-33(d))，说明围岩应力不仅抑制垂直于水射流冲击方向的拉伸应力，同时也抑制围岩应力加载方向裂纹的扩张能力。由于应力波传播受到围岩应力的抑制作用，应力波和围岩应力场在射流冲击点处产生集中应力区，导致围岩应力越大，射流冲击点附近岩石拉伸裂纹密度越大，破坏也越严重。此外，围岩应力还抑制了水射流冲击载荷下裂纹向岩石内部扩展的能力，围岩应力越大，抑制作用越明显。围岩应力为 40MPa 时裂纹与底面的距离为 9mm，而围岩应力为 60MPa 时裂纹与底面的距离为 13mm。当采用水射流冲击破岩机制辅助机械刀具破岩时，水射流损伤岩石深度对辅助破岩效果有重要的影响，

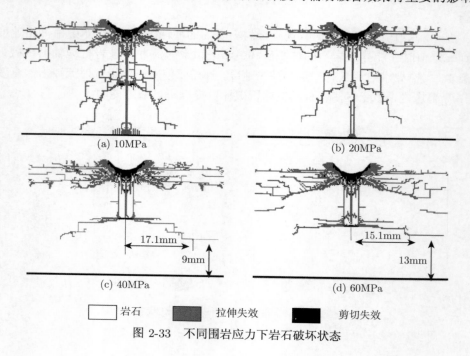

(a) 10MPa   (b) 20MPa

(c) 40MPa   (d) 60MPa

岩石   拉伸失效   剪切失效

图 2-33   不同围岩应力下岩石破坏状态

因此水射流截割头设计时还需要考虑围岩应力对水射流冲击破岩能力的影响。

4) 结构面

岩石结构面的间距往往大小不同，而且结构面与水射流冲击方向也不一致，因而本书分析结构面与水射流冲击载荷相对位置对岩石破坏和裂纹萌生、扩展的影响。填充宽度为 0.5mm 沙子模拟结构面作用，结构面与水射流冲击点间距分别取 10mm、15mm 以及 20mm，结构面与水射流速度方向夹角分别为 30° 和 60°。为避免自由面反射应力波对数值分析结果产生影响，岩石侧面和底面均设定为非反射边界。不同结构面情况下，岩石在水射流冲击时间为 20μs 时的破坏状态如图 2-34 所示。

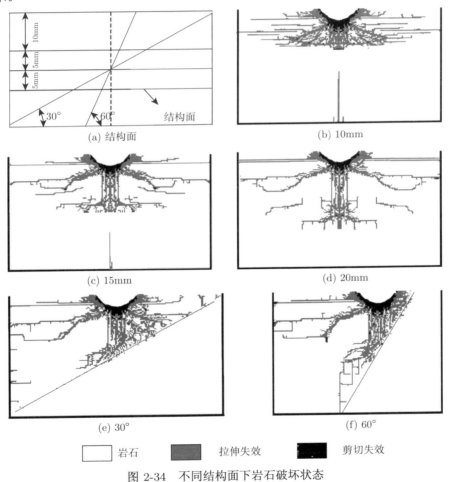

(a) 结构面

(b) 10mm

(c) 15mm

(d) 20mm

(e) 30°

(f) 60°

☐ 岩石　　▨ 拉伸失效　　■ 剪切失效

图 2-34　不同结构面下岩石破坏状态

结构面类似于自由面而使应力波在界面处产生反射，穿过结构面的应力波能量大大衰弱，仅造成结构面外侧的岩石少量破坏失效，压缩应力波在结构面反射转变为拉伸应力波，造成结构面内侧岩石形成大量的层状裂纹，且结构面与射流冲击点距离越小，层状裂纹密度越大。应力波在结构面反射造成的层状裂纹沿结构面方向扩展延伸，且结构面与水射流速度方向夹角越小，层状裂纹扩展深度越大。根据岩石破碎比能耗定义 [22]，水射流冲击能量一定条件下，破碎岩石的体积越大，效果越好。结构面与射流冲击点间距为 10mm 时岩石过度破碎导致水射流冲击破岩比能耗很高，间距为 20mm 时结构面内侧岩石未能有效破碎，而间距为 15mm 时结构面内侧岩石基本破碎且块度适中，故在本书模拟条件下，水射流冲击结构面间距大约为 15mm 时，岩石破碎效果较好。由此可见，水射流冲击或辅助机械刀具破碎具有明显层理特征的岩石时，水射流参数的选择对提高岩石破碎效果具有重要意义。

2.4   机械–水射流联合破岩理论研究

水射流辅助机械破岩旨在利用水射流压涨破岩以提高机械破岩能力和降低刀具切削力等，因此本节主要在水射流以及机械刀具破岩研究结果基础上，对岩石在机械刀具切削和水射流压涨共同作用下的力学问题进行研究。

2.4.1   机械刀具–水射流联合破岩机理

采用水射流压裂岩石机理辅助机械刀具破岩方式主要有两种：一种是将水射流水平布置在刀具的后方或水射流直接朝向机械刀具合金头，如图 2-35(a) 和图 2-35(b) 所示，使水射流能够直接注入由机械刀具诱发的裂缝中，并利用水射流对岩石的压涨作用促进岩石破碎；另一种是将水射流的喷嘴集成在机械刀具合金头中，如图 2-35(c) 所示，使水射流能够直接注入由机械刀具挤压岩石形成的裂缝中，这种刀具也常称为 "水力截齿" 或 "水射流截齿"。能够使水射流直接进入刀具诱发的裂缝中，且刀具运动参数的改变不会明显降低水射流对岩石的破坏作用，将是水射流辅助机械刀具破岩的最佳方式。

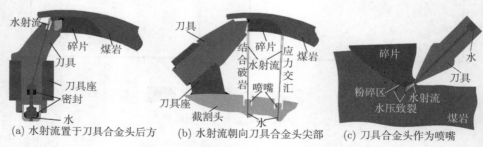

(a) 水射流置于刀具合金头后方   (b) 水射流朝向刀具合金头尖部   (c) 刀具合金头作为喷嘴

图 2-35   水射流辅助机械刀具破岩方式

理论上，图 2-35 中的三种水射流辅助机械刀具方式均可以将水射流注入裂缝中，而且三种方式破岩机理也类似。鉴于此，本书以第三种水射流辅助机械刀具为例说明破岩机理。

(1) 水射流直接注入由机械刀具诱发的裂缝中，其在最小限度内避免水射流与岩石碰撞时的能量损失，能量利用率较高；

(2) 当机械刀具致使岩石裂缝形成后，水射流注入裂缝对岩石产生压涨和拉伸作用而使裂缝扩展，裂缝扩展至自由面时，水射流还可以冲走破碎后的岩石碎片而降低刀具的受力；

(3) 由于喷嘴和合金头采用一体式结构，不论机械刀具的切削厚度如何变化，水射流均能够直接注入机械刀具诱发的裂缝中；

(4) 由于水射流与机械刀具合金头尖部作用岩石的位置相同，而水射流的速度远远大于机械刀具的切削速度，因此水射流还起到对岩石进行冲击损伤、破坏的作用，在一定程度上降低了机械刀具切削破岩的难度。

2.4.2 机械刀具–水射流联合破岩力学分析

由于本节旨在研究岩石在机械刀具挤压和水射流压涨共同作用下破坏的力学行为，因此结合本章前两节研究内容对此过程的力学问题做如下假设：

(1) 岩石在水射流辅助机械刀具作用下断裂过程近似为准静态过程；

(2) 岩石由水射流辅助机械刀具产生的裂纹视为理想裂纹，裂纹的尺寸远小于岩体的尺寸，忽略尺寸效应对岩石断裂破坏的影响；

(3) 水射流作用在裂缝上下表面的压力为均布压力，且不考虑水在裂缝中的流动行为；

(4) 岩石在水射流和机械刀具作用下完全张开断裂，裂纹尖端强度因子达到岩石 I 型断裂韧性或尖端张拉应力达到岩石抗拉强度时裂纹扩展；

(5) 机械刀具对岩石的作用等效为一个竖直向上的拉力。

基于以上假设，水射流辅助机械刀具破岩示意图如图 2-36(a) 所示，平面内岩石受到竖直向上的拉力 G，且裂纹面上下承受均布压力 p，裂纹在竖直方向拉力和水压力共同作用下扩展。图 2-36(b) 为其中机械刀具破岩模型的简化，为更好地说明水射流注入裂缝对岩石力学行为的影响，将机械刀具挤压岩石作用等效为竖直向上的拉力。图 2-36(c) 为其中水射流致裂破岩的简化模型，将水射流对裂缝表面的压力视作均布压力。

由于线弹性断裂力学建立在弹性力学理论的基础上，所以当裂纹受几种载荷联合作用时，其裂纹尖端应力场可以通过对每种载荷作用下的应力场作线性叠加求解，即应力强度因子具有相加性。如图 2-36 所示，岩石受到的竖直向上拉力和

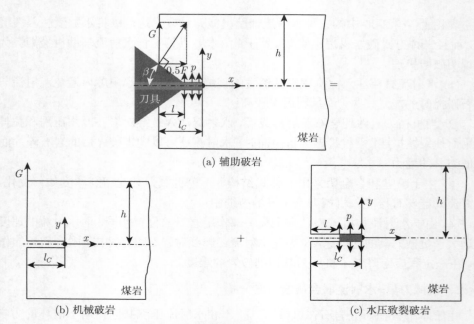

(a) 辅助破岩

(b) 机械破岩

(c) 水压致裂破岩

图 2-36   水射流辅助机械刀具破岩示意图

裂纹表面受到的均布水压力，可以等效为机械刀具破岩模型和水射流致裂破岩模型的叠加。根据假设，岩石的断裂扩展由 I 型强度因子确定，由断裂力学可知，裂纹尖端处应力：

$$
\begin{cases}
\sigma_x = \dfrac{K_{\mathrm{I}}}{\sqrt{2\pi r}} \cos\dfrac{\theta}{2}\left(1 - \sin\dfrac{\theta}{2}\sin\dfrac{3\theta}{2}\right) \\[3mm]
\sigma_y = \dfrac{K_{\mathrm{I}}}{\sqrt{2\pi r}} \cos\dfrac{\theta}{2}\left(1 + \sin\dfrac{\theta}{2}\sin\dfrac{3\theta}{2}\right) \\[3mm]
\sigma_{xy} = \dfrac{K_{\mathrm{I}}}{\sqrt{2\pi r}} \cos\dfrac{\theta}{2}\sin\dfrac{\theta}{2}\cos\dfrac{3\theta}{2}
\end{cases}
\tag{2-93}
$$

对于机械刀具–水射流联合破岩力学问题，由裂纹扩展条件可知，当裂纹的尖端强度因子达到岩石的 I 型断裂韧性时，裂纹开始扩展，应用叠加原理可得裂纹尖端在机械刀具和水射流共同作用下的强度因子。

$$
K_{\mathrm{I}} = K_{\mathrm{IP}} + K_{\mathrm{IW}}
\tag{2-94}
$$

式中，K_{IP}—— 机械刀具作用岩石裂纹产生的尖端强度因子，$\mathrm{MPa \cdot m^{1/2}}$；

K_{IW}—— 水射流作用岩石裂纹产生的尖端强度因子，$\mathrm{MPa \cdot m^{1/2}}$。

相类似，裂纹尖端 y 方向应力等于机械刀具和水射流作用在裂纹尖端产生的

y 方向合应力。

$$\sigma_{y\mathrm{T}} = \sigma_{y\mathrm{P}} + \sigma_{y\mathrm{W}} \tag{2-95}$$

式中，$\sigma_{y\mathrm{T}}$—— 机械刀具和水射流共同作用下裂纹尖端的 y 方向应力，MPa；

$\sigma_{y\mathrm{P}}$—— 机械刀具作用下裂纹尖端的 y 方向应力，MPa；

$\sigma_{y\mathrm{W}}$—— 水射流作用下裂纹尖端的 y 方向应力，MPa。

根据裂纹扩展条件，结合式 (2-94) 和式 (2-95) 可得水射流辅助机械刀具破岩时刀具切削力降低百分比。

$$\eta = \begin{cases} \dfrac{K_{\mathrm{I}\mathrm{C}} - K_{\mathrm{I}\mathrm{P}}}{K_{\mathrm{I}\mathrm{C}}} \times 100\% = \dfrac{K_{\mathrm{I}\mathrm{W}}}{K_{\mathrm{I}\mathrm{C}}} \times 100\% & \text{（断裂力学准则）} \\[3mm] \dfrac{B_{TS} - \sigma_{y\mathrm{P}}}{B_{TS}} \times 100\% = \dfrac{\sigma_{y\mathrm{W}}}{B_{TS}} \times 100\% & \text{（拉应力破坏准则）} \end{cases} \tag{2-96}$$

式中，B_{TS}—— 岩石的抗拉强度，MPa。

根据断裂力学理论，图 2-36(c) 中的 I 型断裂强度因子：

$$K_{\mathrm{I}\mathrm{W}} = \frac{2}{\pi} \cos^{-1}\left(\frac{l}{l_C}\right) p\sqrt{\pi l_C} \tag{2-97}$$

将式 (2-97) 代入式 (2-96)，得水射流辅助机械刀具破岩时刀具切削力减少百分比。

$$\eta = \frac{K_{\mathrm{I}\mathrm{W}}}{K_{\mathrm{I}\mathrm{C}}} \times 100\% = \frac{2}{\pi K_{\mathrm{I}\mathrm{C}}} \cos^{-1}\left(\frac{l}{l_C}\right) p\sqrt{\pi l_C} \times 100\% \tag{2-98}$$

将式 (1-31) 和式 (2-97) 应用于式 (2-94)，可得水射流辅助机械刀具作用下岩石裂纹的 I 型强度因子。

$$K_{\mathrm{I}} = \frac{\sqrt{6}Gl_C}{\sqrt{1 - v^2}h^{\frac{3}{2}}} + \frac{2}{\pi} \cos^{-1}\left(\frac{l}{l_C}\right) p\sqrt{\pi l_C} \tag{2-99}$$

根据裂纹扩展条件，改写式 (2-99)，结合式 (1-32) 可得机械刀具挤压岩石过程中受到的水平作用力。

$$F = \frac{2\left[K_{\mathrm{I}\mathrm{C}} - \dfrac{2}{\pi} \cos^{-1}\left(\dfrac{l}{l_C}\right) p\sqrt{\pi l_C}\right] \sqrt{1 - v^2}h^{\frac{3}{2}} \tan\beta}{\sqrt{6}l_C} \tag{2-100}$$

根据式 (2-98)，可见机械刀具–水射流联合破岩时，刀具切削力降低百分比由岩石的 I 型断裂韧性、裂缝内水射流的压力、裂纹长度以及水压作用长度等因素决定。根据式 (2-74) 和式 (2-78)，虽然可以得到岩石粉碎区和损伤范围与水射流直径、冲击速度以及岩石性质之间的定性关系，但水射流冲击岩石产生的裂纹长度以及水射流在裂缝中的流动状态求解均存在一定的困难,即式 (2-100) 中刀具穿透岩石距离 l 与裂纹长度 l_C 难以求解。为了分析机械刀具–水射流联合破岩的效果,假设水射流冲击岩石能够在冲击方向产生一定长度的裂纹,且水射流产生的压力可以均布于裂纹表面。根据相关文献试验结果可见,岩石在机械刀具作用下断裂时,刀具穿透岩石的距离很小[23]。以机械刀具穿透岩石距离为 2mm,岩石 I 型断裂韧性为 $2\mathrm{MPa \cdot m^{1/2}}$ 为例,不同水压下机械刀具–水射流联合破岩的切削力降低百分比随裂纹长度的变化规律如图 2-37 所示。

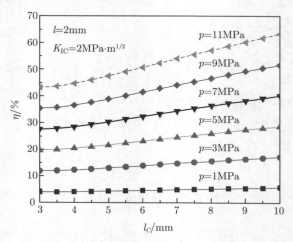

图 2-37   不同水压下切削力降低百分比

根据图 2-37 可见,采用机械刀具联合水压致裂破岩可以明显降低机械刀具的切削力,且裂缝中的水压越大,机械刀具切削力降低越显著。理论上,当裂缝中水压达到 10MPa 时,机械刀具切削断裂韧性为 $2\mathrm{MPa \cdot m^{1/2}}$ 的岩石时,切削力可降低 50% 以上。实际上由于水射流难以完全注入裂缝且保证不泄漏,因此裂缝表面受到的水压力小于理想情况,因此机械刀具切削力降低百分比也小于式 (2-98) 的计算结果。式 (2-100) 描述了岩石裂纹在水射流压涨作用下机械刀具切削力的变化情况,由于机械刀具切削力峰值是由岩石的弹性变形和裂纹扩展阶段共同决定[24-28],因此,机械刀具–水射流联合破岩时,切削力下降的前提应是水射流冲击或刀具作用形成一定长度的裂缝。

参 考 文 献

[1] 许瑞, 杜长龙, 周浩, 等. 基于 Fluent 的喷嘴型腔对射流影响的模拟仿真[J]. 矿山机械,2010,(19): 23–27.

[2] 崔谟慎, 孙家骏. 高压水射流技术 [M]. 北京:煤炭工业出版社,1993.

[3] 王瑞和. 高压水射流破岩机理研究 [M]. 北京：石油大学出版社,2002.

[4] 陈启成, 李宝玉, 李意民. 水射流在掘进工作面的应用研究 [J]. 煤炭科技,2003,(1): 3–4.

[5] 李晓红, 卢义玉, 向文英. 水射流理论及在矿业工程中的应用 [M]. 重庆: 重庆大学出版社，2007.

[6] 夏永军, 文光才, 孙东玲. 高压水射流对煤的冲蚀机理研究 [J]. 矿业安全与环保, 2006, 33(s1): 4–6.

[7] Field J E. ELSI conference: invited lecture :Liquid impact:theory, experiment, applications[J]. Wear，1999,233: 1–12.

[8] Heymann F J. High speed impact between a liquid drop and a solid surface[J]. Journal of Applied Physics，1969,40(13):5113–5122.

[9] 吴立, 张天锡. 爆破冲击波特性的理论分析 [J]. 爆破, 1992, (4)：8–13.

[10] 朱哲明, 李元鑫, 周志荣, 等. 爆炸荷载下缺陷岩体的动态响应 [J]. 岩石力学与工程学报，2011，30(6): 1157–1167.

[11] 崔新壮, 李卫民, 段祝平, 等. 爆炸应力波在各向同性损伤岩石中的衰减规律研究 [J]. 爆炸与冲击, 2001, 21(1)：76–80.

[12] Sneddon I N. The distribution of stress in the neighborhood of a crack in an elastic solid[J]. Proceedings of the Royal Society A，1946，187(1009)：229–260.

[13] 切列帕诺夫. 脆性断裂力学 [M]. 黄克智, 译. 北京：科学出版社，1990.

[14] 谢和平, 陈忠辉. 岩石力学 [M]. 北京：科学出版社，2004.

[15] Mathias S A, Reeuwijk M V. Hydraulic fracture propagation with 3-D Leak-off[J]. Transport in Porous Media，2009，80(3)：499–518.

[16] Limido J, Espinosa C, Salaün M, et al. SPH method applied to high speed cutting modelling[J]. International Journal of Mechanical Sciences，2007，49(7)：898–908.

[17] 马利. 无网格法及液体射流高速碰撞与侵彻模拟 [D]. 杭州: 浙江大学，2007.

[18] 倪红坚, 王瑞和, 葛洪魁. 高压水射流破岩的数值模拟分析 [J]. 岩石力学与工程学报, 2004, 23(4): 550–554.

[19] 张志春, 强洪夫, 高巍然. 光滑粒子流体动力学: 有限元法接触算法研究 [J]. 高压物理学报, 2011, 25(2): 97–103.

[20] 卢义玉, 张赛, 刘勇, 等. 脉冲水射流破岩过程中的应力波效应分析 [J]. 中国矿业大学学报，2013，35(4): 519–525.

[21] Sengun N, Altindag R. Prediction of specific energy of carbonate rock in industrial stones cutting process[J]. Arabian Journal of Geosciences, 2013, 6(4): 1183–1190.

[22] Aamodt B, Bergan P G. On the principle of superposition for stress intensity factors[J]. Engineering Fracture Mechanics, 1976, 8(2)：437–440.

[23] Bao R H, Zhang L C, Yao Q Y, et al. Estimating the peak indentation force of the edge chipping of rocks using single point-attack pick[J]. Rock Mechanics and Rock Engineering, 2011, 44(3): 339–347.

[24] 江红祥. 高压水射流截割头破岩性能及动力学研究 [D]. 徐州: 中国矿业大学，2015.

[25] Liu S Y, Jiang H X, Gao K D. Simulation of coal mechanical characteristics with discrete element method[J]. Advanced Materials Research，2013，671：117–121.

[26] Jiang H X, Du C L, Liu S Y, et al. Numerical simulation of rock fragmentation under the impact load of water jet[J]. Shock and Vibration, 2014(1)：118–124.

[27] Jiang H X, Liu S Y, Du C L, et al. Numerical simulation of rock fragmentation process by roadheader pick[J].Journal of Vibroengineering, 2013,15(4)：1807–1817.

[28] Jiang H X, Du C L, Liu S Y, et al. Theoretical modeling of rock breakage by hydraulic and mechanical tool[J]. Mathematical Problems in Engineering，2014, (4): 1–10.

第3章　机械–水射流联合破岩试验台

掘进机是煤矿井下巷道、铁路与公路隧道工程施工的关键设备之一，其破岩能力、效率、截割比能耗、粉尘量以及可靠性等各项性能指标均与其截割机构有着直接联系。截割机构承担煤岩的破碎、喷雾降尘等功能，消耗功率占掘进机总装机功率的 70% 以上，其结构设计、参数选择合理与否直接决定掘进机整机的工作性能和使用寿命。水射流联合破岩机构融合机械和水射流破岩技术，旨在提高掘进机的破岩效率和能力，因此截割机构–水射流系统性能对掘进机高效破岩有着重要的影响。到目前为止，国内外对截割机构–水射流联合破岩技术的研究仍滞留在将高压水引入机械破岩机构上，对影响截割机构–水射流联合破岩性能的因素研究很少。从煤岩截割理论角度分析，截割机构破岩过程中所受到的载荷是截割机构设计的依据，根据载荷大小确定其截割电机功率，进而对截割机构结构参数和截齿布置等进行研究。但受到煤矿井下实际工况的限制，截割载荷的现场测试存在很大困难，而进行地面整机试验存在成本高、周期长等问题，一般科研单位在资金和人力上都难以支持。鉴于此，为开展截齿–水射流、截割机构–水射流联合破岩性能和载荷特性的研究，借鉴以往煤岩截割试验台，建立了截齿–水射流、截割机构–水射流联合破岩试验台，为进行截齿–水射流配置形式以及截割机构–水射流破岩性能研究提供试验条件。此外，在分析机械破碎岩石相似条件的基础上，采用水泥、石膏及河沙为材料进行模拟煤岩的配置研究，以用于煤岩联合截割试验。

3.1　截齿–水射流联合破岩试验台

截齿–水射流联合破岩试验台主要由试验台机架、机械系统、液压系统、高压水系统、测试系统和电气系统等部分组成，试验台模型如图 3-1 所示。该试验台直线截割速度为 0~10m/min，岩石推进速度以及夹紧油缸速度为 0~5m/min，试验台长、宽均为 2.5m；截割装置推进油缸液压控制系统电机功率为 22kW，岩石推进以及夹紧油缸液压控制系统电机功率为 5.5kW；岩石材料由天然岩石制备而成，其规格为 580mm×400mm×200mm；压力传感器测量范围为 0~10MPa，位移传感器测量范围为 0~3m，水泵压力范围为 0~80MPa，截齿截割深度为 0~20mm，液压系统额定工作压力为 16MPa。

图 3-1   截齿–水射流破岩试验台

3.1.1   机械系统

试验台机械系统主要包括试验台底架、截割装置、岩石推进装置、岩石夹紧装置和截齿–水射流系统等，如图 3-2 所示 [1]。

图 3-2   截齿–水射流破岩试验台结构图

1. 岩石推进油缸；2. 试验台侧板；3. 岩石推进装置；4. 岩石试样；5. 截割装置推进导轨；6. 截齿–水射流系统；7. 截割装置；8. 截割装置推进油缸；9. 试验台后板；10. 试验台底架；11. 岩石夹紧装置；12. 岩石推进导轨；13. 试验台前板

截齿–水射流系统通过螺栓固定安装在截割装置上，截割装置、岩石推进装置和岩石夹紧装置均由液压系统提供动力，通过液压缸推动进行往复直线运动。在试验过程中，将岩石试样放置于岩石推进装置中，通过增减垫板调节截割深度，岩石推进油缸推动岩石试样至指定位置，岩石夹紧装置夹紧岩石试样，保证截割过程的稳定性，截割装置水力截齿进行直线截割。在试验结束后，截割装置反向运动进行卸载，岩石夹紧装置反向运动松开岩石，岩石推进装置调节岩石试样位置，准备进行下一次试验。

3.1.2 液压系统

液压系统主要包括截割装置液压系统、岩石推进装置液压系统及岩石夹紧装置液压系统。截割装置液压系统如图 3-3(a) 所示，为截齿直线运动提供动力，电机带动液压泵，高压油通过电磁阀以控制截割装置推进油缸的前进与后退，完成截齿截割岩石动作，截齿的截割速度主要由节流阀控制。

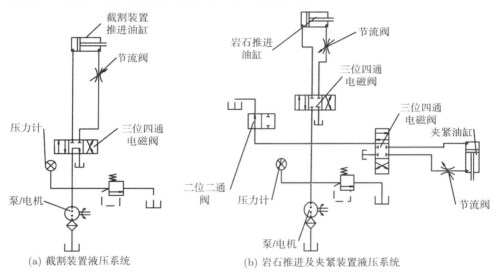

(a) 截割装置液压系统   (b) 岩石推进及夹紧装置液压系统

图 3-3 液压系统原理

岩石推进机构、夹紧机构运动的液压系统如图 3-3(b) 所示，电机带动液压泵工作，高压油经过两个三位四通电磁阀分别控制岩石推进油缸和夹紧油缸，实现岩石推进和夹紧动作，两者同样通过节流阀调节推进速度。

3.1.3 高压水系统

高压水系统主要包括水箱、高压泵、溢流阀、电机、电磁阀、节流阀等，高压水系统原理如图 3-4 所示。高压泵为 3SP40–A 型高精度试验用高压柱塞泵，其装机总功率为 18.5kW，最高出口压力为 80MPa，流量为 12L/min。溢流阀主要用来调节高压水射流压力，同时为高压水系统的安全工作提供保障；高压泵出口的高压水通过高压软管连接至水射流辅助喷嘴，提供高压水。

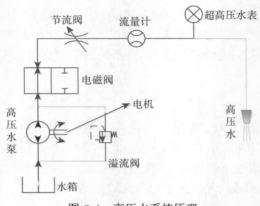

图 3-4　高压水系统原理

3.1.4　测试系统

　　试验台测试过程如图 3-5 所示，测试系统主要包括传感器、数据采集卡和计算机。

图 3-5　测试过程

　　传感器是进行截齿–水射流破岩性能试验的关键器件，根据试验目的和要求，本试验台采用的传感器主要包括油压传感器、水压传感器、位移传感器、拉压力传感器、加速度传感器等。

　　油压传感器通过三通接头安装在截割装置推进油缸的进油口，用来测量推进油缸的油压，进而计算截齿受力；水压传感器通过三通接头安装在高压泵的出口，用来测量高压水压力；位移传感器安装在截割装置上，用来测量截齿运动位移，从而获取截齿的截割速度；拉压力传感器安装在试验台前板上，用于测量自控水力截齿关闭过程摩擦阻力试验和开启特性试验；加速度传感器安装在自控水力截齿底部，与截齿一起运动，通过加速度的变化来判断自控水力截齿的开启状况，用于动态响应试验。

3.1.5　不同配置方式截齿–水射流系统的研制

　　为了研究截齿与水射流在何种配置方式下具有最佳破岩性能，研制了五种不同配置方式的截齿–水射流组合体，考虑水射流入射角度、水射流压力、水射流与截齿齿尖距离、截割深度等参数，五种水射流–截齿不同配置方式的结构形式分别为截齿–中心射流、截齿–前置式射流、截齿–侧置式射流、截齿–后置式射流、自控水力截齿。

1. 截齿-中心射流

截齿-中心射流结构如图 3-6 所示。

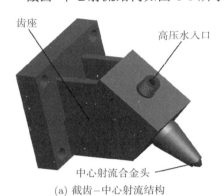

(a) 截齿-中心射流结构

(b) 截齿-中心射流内部流道剖面图

图 3-6 截齿-中心射流

从图 3-6 可以看出，该配置方式是在截齿上进行改进设计的，主要目的是利用水射流的水楔作用，其内部结构如图 3-6(b) 所示，考虑截割岩石受力较大，将齿柄、高压水管连接口直接焊接在齿座上，并在国内外学者的研究成果基础上，对合金头进行了改进设计，其结构如图 3-7 所示。

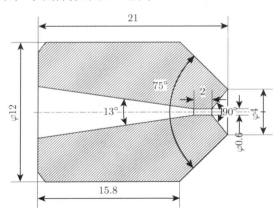

图 3-7 合金头剖面图 (单位: mm)

根据相关研究学者对喷嘴最佳收缩角的研究结果，指出喷嘴前方存在圆柱段具有更好的水射流喷射效果，并且圆柱段长度一般为喷孔孔径的 2~4 倍，合金头圆柱段长度设计为 2mm，合金头喷嘴的收缩角度设计为 13°。由于合金喷嘴直接截割岩石并喷水，喷嘴出口直接接触岩石容易堵塞，所以喷嘴出口处收缩，整个合金头头部设计成喇叭口形状，防止喷嘴出口直接接触岩石，从而保护喷嘴并防止堵塞。

2. 截齿-前置式射流

截齿-前置式射流是喷嘴与截齿分开布置，水射流喷射点前置于截齿截割点，其结构形式如图 3-8 所示。

从图 3-8 可以看出，截齿-前置式射流组合体主要由截齿、喷嘴固定架、调节槽、喷嘴固定螺杆组成，喷嘴固定架焊接在齿座上，并且喷嘴固定架上开有 5mm 的调节槽。喷嘴焊接在喷嘴固定螺杆上，喷嘴固定螺杆两端设有螺纹，安装在调节槽上，两端可以采用弹性垫圈加螺母夹紧固定喷嘴，并且喷嘴固定螺杆沿调节槽旋转可以调节喷嘴角度，喷嘴固定螺杆左右移动可以调节齿尖与射流冲击点距离等，其与喷嘴配合的实际试验如图 3-9 所示。

(a) 截齿和喷嘴固定架

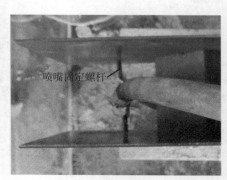
(b) 喷嘴固定螺杆

图 3-8　截齿-前置式射流结构

图 3-9　截齿-前置式射流组合结构

3. 截齿–侧置式射流

截齿–侧置式射流是喷嘴与截齿分开布置，水射流喷射点侧置于截齿截割点，其结构形式如图 3-10 所示。从图中可以看出，截齿–侧置式射流与截齿–前置式射流基本组成一样，只不过喷嘴固定架从截齿正前方改变到截齿侧面。主要由截齿、喷嘴固定架、调节槽、喷嘴固定螺杆组成，喷嘴固定架焊接在齿座上，其工作原理跟截齿–前置式射流相同。

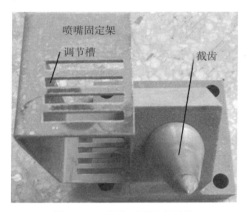

图 3-10　截齿–侧置式射流

4. 截齿–后置式射流

截齿–后置式射流是喷嘴与截齿分开布置，水射流喷射点后置于截齿截割点，其结构形式如图 3-11 所示。截齿–后置式射流的齿座底部开有一个小凹槽，凹槽四周开有四个螺纹孔。工作时，将喷嘴固定杆安装在凹槽里面，采用螺栓以及两块同样开有孔的长方形钢板固定住喷嘴以及调节杆，喷嘴与喷嘴固定杆焊接，喷嘴通过螺纹连接高压管路。

图 3-11　截齿–后置式射流

5. 自控水力截齿

自控水力截齿系统主要由齿座、齿柄、阀套、合金头、弹性挡圈、O 形密封圈等部分组成，分别对各零件进行具体结构设计，齿座结构如图 3-12 所示。

齿座内部分别开设三阶圆柱孔，圆柱孔轴线与齿座底面的夹角为 45°。第一阶圆柱孔与阀套配合，第三阶圆柱孔与齿柄配合，由于在自控水力截齿工作过程中配合表面产生相对运动，所以保证第一阶圆柱孔和第三阶圆柱孔的同轴度为 $\varphi0.02\text{mm}$，粗糙度为 $0.8\mu\text{m}$。第一阶圆柱孔开设有挡圈沟槽，用于安放弹簧挡圈，第二阶圆柱孔径向开设有进水孔，第三阶圆柱孔底部开设有泄漏孔。为便于自控水力截齿系统的安装，对圆柱孔端面进行倒角处理。齿柄结构如图 3-13 所示。

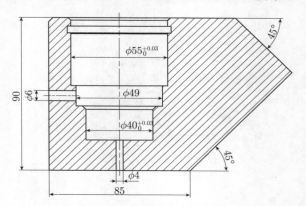

图 3-12   齿座结构图 (单位: mm)

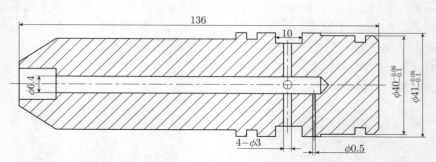

图 3-13   齿柄图纸结构图 (单位: mm)

齿柄沿径向开设四个直径为 3mm 的径向通孔，径向通孔在齿柄的圆周方向均匀分布，齿柄内腔开设直径为 6.4mm 的中心流道。齿柄环形面小径为 40mm，大径分别为 40.2mm、40.4mm、40.6mm、40.8mm 和 41mm，并保证环形面小径、大径圆柱段的同轴度为 $\varphi0.02\text{mm}$。齿柄密封沟槽深度为 3mm，宽度为 4.7mm。

合金头结构如图 3-14 所示，合金头的长度为 33mm，直径为 18mm，喷嘴出口直径为 0.6mm，喷嘴圆柱段长度为 2mm，喷嘴收缩角为 13°，喷嘴扩散角为 90°。由于内流道存在圆锥形过渡，故采用模具成型方法，在成型过后应用金刚砂对内流道反复研磨，以避免高压水射流冲击作用下产生的流线扰动、压力波动、空穴现象等问题。阀套结构如图 3-15 所示。

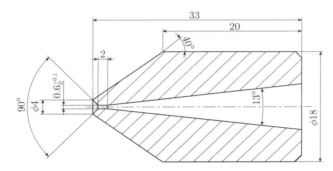

图 3-14　合金头结构图 (单位: mm)

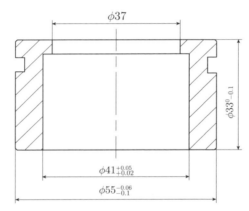

图 3-15　阀套结构图 (单位: mm)

自控水力截齿在工作过程中，齿柄与阀套产生相对运动，所以对阀套内表面进行精加工，保证表面粗糙度为 0.8μm，以减小摩擦阻力。阀套各个端面相对圆柱外表面的垂直度为 0.02mm，保证自控水力截齿工作过程的稳定性。

自控水力截齿系统如图 3-16 所示。底座和齿座进行焊接连接，应保证齿座孔轴线和底座成 45° 角，底座设有四个螺栓通孔，用来将自控水力截齿系统固定在试验台上。齿座进水孔焊接 M20 管接头，采用耐压 80MPa 的超高压软管，其一端与高压泵出口连接，另一端与齿座进水孔管接头连接。由于截齿工作环境恶劣，合金头所受载荷较大，所以齿柄与合金头采用铜焊进行焊接，保证合金头的焊接强度，并可以在较高的温度下正常工作。

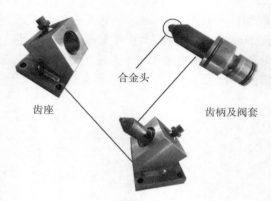

图 3-16　自控水力截齿系统

3.2　截割机构–水射流联合破岩试验台

截割机构–水射流联合破岩试验台 (图 3-17) 主要包括传动系统、高压水发生系统、高压水旋转密封装置以及测试系统等，是在煤岩截割试验台基础上建立的。传动系统用于实现截割机构的旋转和钻进以模拟井下掘进机的工作过程，并为截割机构提供旋转和钻进煤岩的动力。高压水发生系统通过柱塞泵将水经过加压，使水压力达到几十兆帕以上，经水力截齿或喷嘴转换为高速的水射流，实现水射流辅

图 3-17　截割机构–水射流联合破岩试验台

1. 控制操作台；2. 变频滤波器；3. 变频器；4. 信号采集器；5. 高压水发生系统；6. 主传动系统；7. 辅助
传动系统；8. 模拟岩壁；9. 岩壁固定支架；10. 水射流截割机构

助截割机构破岩。高压水旋转密封装置可以实现截割机构转动情况下供水，是实现机械旋转截割和水射流冲击融合破岩的纽带。测试系统用于动态记录水射流–截割机构破岩过程中的截割扭矩、推进载荷及进给位移等状态参数，为截割机构–高压水射流联合破岩性能研究提供试验数据。

3.2.1 传动系统

截割机构–水射流联合破岩试验台传动系统[2] 如图 3-18 所示，主要包括两部分：为截割机构提供旋转扭矩的机械传动系统，称之为主传动；为截割机构提供推进阻力的液压—机械传动系统，称之为辅助传动。

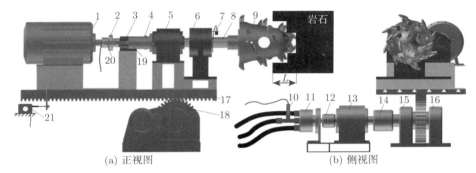

(a) 正视图　　　　　　　(b) 侧视图

图 3-18　截割机构–水射流联合破岩试验台传动系统

1. 截割电机；2. 联轴器Ⅰ；3. 动态扭矩传感器；4. 联轴器Ⅱ；5. 减速器Ⅰ；6. 轴承座Ⅰ；7. 电涡流传感器；8. 输出轴；9. 截割机构；10. 油压力传感器；11. 液压马达；12. 联轴器Ⅲ；13. 减速器Ⅱ；14. 联轴器Ⅳ；15. 轴承座Ⅱ；16. 轴承座Ⅲ；17. 移动平台；18. 驱动轮；19. 旋转密封装置；20. 水压力传感器；21. 拉线式传感器

1. 主传动系统

图 3-18 中，部件 1～6 及 8～9 为主传动系统，用来实现掘进机截割机构旋转截割煤岩，截割机构转速由变频器调节。由于变频调速时频率变化将导致截割电机输出功率下降，在主传动系统中布置传动比为 8 的减速器 (该减速器的输出轴既与高压水旋转密封轴连接，又与截割机构连接，且输出轴中心通孔引入高压水)，以使截割机构获得较大的截割扭矩。截割扭矩是评判截割机构破岩能力的重要参数，因此在电机和减速器之间安装动态扭矩传感器以测量截割机构扭矩和转速。为保证截割电机在不同转速范围内具有良好的力矩特性和过载能力，截割电机采用额定转速为 1460r/min、功率为 22kW 以及转子为 4 极的变频调速三相异步电动机。根据上述分析，截割电机在变频调速下可以实现截割机构转速范围为 0～150r/min，满足掘进机截割煤岩的最大转速要求。

2. 辅助传动系统

图 3-18 中，部件 11~18 为截割机构–水射流破岩试验台的辅助传动系统，用于模拟井下掘进机截割机构的钻进工况。截割机构的钻进运动由液压驱动：电机带动双液压泵工作，高压油经三位四通阀带动液压马达旋转，液压马达经减速器驱动齿轮–齿条机构，使固定在平移导轨上的主传动整体实现直线进给运动。该液压传动系统原理如图 3-19 所示。

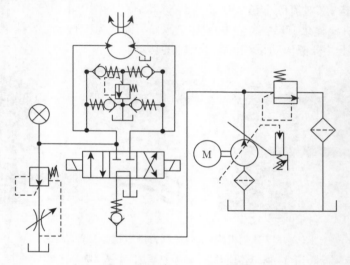

图 3-19　液压传动系统原理图

由于本试验台目的在于研究截割机构–水射流联合破岩能力，试验过程中使用的模拟煤岩强度较高，为避免截割强度较高的煤岩时试验台因超过负载极限而出现损坏的现象，试验台钻进液压回路为变量泵–定量马达组成的恒功率系统，液压马达输出轴的旋转速度由变量泵调节，液压泵的油路压力和流量由恒功率变量系统控制而相互补偿。当截割煤岩的强度发生变化时，推进阻力和钻进速度相互协调，以避免试验台破坏和保证试验安全性。辅助传动系统中，移动平台速度的调节范围为 0~10m/min，该推进速度范围可以满足掘进机截割机构钻进破岩的要求。

3.2.2　高压水发生系统

高压水发生系统的出口压力等级是设计水射流工艺系统的主要参数，直接决定工艺系统的经济技术是否合理，且对发生装置的技术复杂性有很大的影响。根据高压水发生系统出口压力等级对水射流应用进行分类，如表 3-1 所示。低压水射流发生系统主机大多为离心泵，其工作原理是利用叶轮和水作高速旋转运动，水在离心力作用下被甩向叶轮外缘，经蜗形泵壳的流道流入水泵的压水管路，一般离心泵产生的最高水压力不高于 1.6MPa，但流量可以高达 7000L/min。高压水射流发生系统主机大多为柱塞泵，其工作原理是利用柱塞在缸体中的往复运动来改变工作腔容积以实现吸入、排出介质，具有容积效率高、运转平稳、流量均匀性好、噪声低以及工作压力高等优点。超高压水射流发生系统主机大多为增压器，其工作原理是低压水或液压油对活塞作用，使活塞的高压塞杆将高压缸内的水推出。假如不考虑活塞运动过程中的摩擦耗能，低压腔内水或油压与活塞截面面积的乘积等于高压腔内水压与柱塞杆截面面积的乘积，活塞截面面积与柱塞杆截面面积之比即为增压器的增压比，增压器可以产生高达 400MPa 的超高压水，但超高压水发生系统流量一般不高于 5L/min。

根据掘进机喷雾系统在工作面的使用情况，当喷雾系统的流量高于 60L/min 时，掘进工作面将形成大量积水，直接导致巷道掘进无法正常施工。此外，由于采取将水射流注入由截齿产生的裂缝中实现水射流辅助压裂破岩，要求高压水发生系统出口压力不低于煤岩体的抗拉强度。根据离心泵、柱塞泵以及增压器形成高压水的特点，截割机构–水射流破岩试验台中高压水发生系统采用 3SP80 高压往复泵，压力和流量分别可达 50MPa 和 55L/min，该系统如图 3-20 所示。

表 3-1   水射流压力等级

压力等级	压力范围/MPa	泵类型	用途
低压	0.5~35	离心泵、柱塞泵	消防、喷泉、喷灌
高压	35~200	柱塞泵、增压器	清洗、煤层开采、辅助掘进
超高压	200~700	增压器、水炮	高精度切割

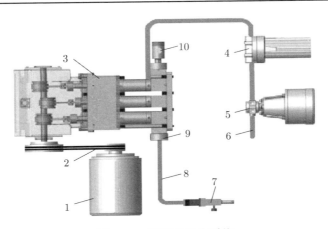

图 3-20   高压水发生系统

1. 电机；2. 带传功；3. 往复式柱塞泵；4. 过滤器；5. 吸水泵；6. 进水管；7. 截止阀；8. 出水管；

9. 防震压力表；10. 溢流阀

3.2.3　高压水旋转密封装置

高压水射流截割机构利用截齿和水射流破岩，该过程中不可避免地涉及高压水旋转密封问题。虽然高压水旋转密封装置不属于截割机构破岩的研究范畴，但可靠的高压水旋转密封装置是有效实施截割机构–水射流破岩的前提。因此，需设计一种密封压力高、寿命长、可靠性高的旋转密封装置。

1. 内喷雾系统密封装置分析

掘进机内喷雾系统涉及一定压力水 (不高于 3MPa) 的旋转密封问题，而水射流也具有喷雾灭尘作用，因此以喷雾系统密封结构为基础设计高压水射流密封装置。以某型号掘进机内喷雾系统的旋转密封结构为例进行分析，如图 3-21 所示。旋转密封结构置于掘进机截割臂内部，主要由进水套、动密封 O 形圈以及截割轴等组成。从图中可见，掘进机内喷雾系统的旋转密封主要由 O 形圈完成，该密封结构仅为单级密封且没有自动补偿装置。

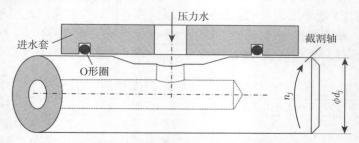

图 3-21　内喷雾系统旋转密封结构

根据煤矿安全规程，掘进机在井下作业过程中必须配合使用内、外喷雾系统，但在掘进机实际工作过程中一般关闭内喷雾系统，其主要原因：内喷雾系统水压力小，容易造成喷嘴堵塞；由于截割轴旋转密封段直径 (一般大于 100mm) 较大，O 形圈与截割轴接触面滑移速率较高，导致密封圈寿命很短；密封圈安装在截割部内部极难更换；旋转密封失效后，水泄漏至截割部传动系统容易引起机械故障。因此，为实施高压水辅助截割机构破岩，需设计一种密封压力高、可靠性高、寿命长，且便于更换的旋转密封装置。

2. 高压旋转密封装置设计

针对掘进机内喷雾系统旋转密封存在的问题，对高压水的密封结构和安装方式进行改进，其结构主要包括壳体、旋转轴、四级密封导套以及动、静密封圈等 [3]，如图 3-22 所示。该装置安装在截割机构–水射流破岩试验台减速器输出轴的后端 (图 3-18)。

将高压水旋转密封装置安装于截割臂外部便于更换，高压水入水口和出水口位于同一轴线，减小了管路压力损失。旋转密封轴与截割轴同步低速转动，密封轴直径较小，降低了接触面的滑移速率，大大延长了旋转密封件寿命，具体密封条件如下。

(1) 旋转密封轴直径：$\phi25$mm；

(2) 密封轴转速：与截割机构转速一致，一般为 50～100r/min；

(3) 密封介质：过滤水；

(4) 介质压力：40～60MPa。

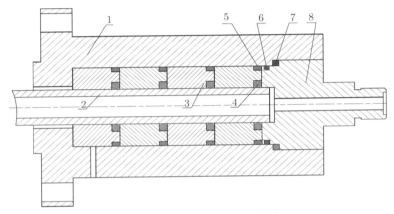

图 3-22 高压水旋转密封装置

1. 壳体；2. 旋转轴；3. 密封导套；4. 动密封圈；5. 静密封圈 1；6. 静密封圈 2；7. 静密封圈 3；8. 入水口

与介质的静压密封技术不同，介质的旋转密封技术不可避免涉及密封材料的磨损和寿命问题，到目前为止仍未有较好的方法解决高压水旋转密封问题。因此，所设计的高压水旋转密封装置仅针对高压水射流截割机构工作状况，尽可能降低密封材料的磨损率和延长密封装置的使用寿命。材料磨损率与主要因素的关系可利用 Archard 材料磨损模型进行描述。

$$\dot{q} = \frac{K_w}{H_m} P_n A \dot{\gamma} \tag{3-1}$$

式中，$\dot{q}$—— 单位时间内材料的丢失体积，即材料磨损率，mm^3/s；

K_w—— 材料的无量纲磨损系数；

H_m—— 材料的硬度，GPa；

P_n—— 接触面的法向压力，GPa；

A—— 接触面面积，mm^2；

$\dot{\gamma}$—— 接触面的滑移速率，对于高压旋转密封而言即为旋转轴线速度，mm/s。

根据材料磨损模型，橡胶材料密封件使用寿命不仅与材料自身的属性有关，还与密封件的工作状况有关。在截割转速不变的情况下，所设计密封装置的旋转轴线速度比目前掘进机内喷雾系统的密封线速度降低了 4~5 倍。对于单级旋转密封而言，高压旋转密封装置的使用寿命可以延长 4~5 倍，而采用 4 组串联动密封设计大大提高了旋转密封装置的使用寿命，为高压水射流截割机构高效破岩提供了技术保障。

3. 测试系统

根据截割机构设计理论，水射流截割机构破岩性能主要由截割扭矩、钻进力、截割比能耗等参数评价，因此需要对截割机构破岩过程中扭矩、液压马达入口油压、钻进位移等参量进行测量记录，以研究水射流截割机构破岩性能。鉴于此，根据水射流截割机构破岩性能及动力学研究中所需要测量的参量，完成了相应检测硬件选型和采集系统设计，搭建了试验台信号测试和采集系统，如图 3-23 所示。

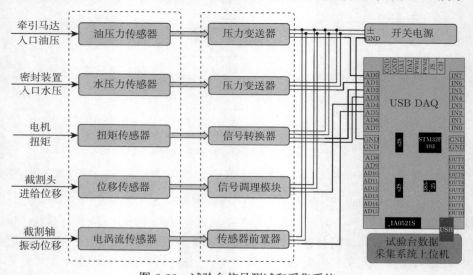

图 3-23　试验台信号测试和采集系统

1) 性能指标与检测方法

(1) 截割扭矩测试

截割扭矩是评判掘进机截割机构截割能力的重要参数之一，根据截割机构–水射流破岩试验台主传动方式，截割扭矩可表述为

$$T_R = k_T V_T R_T \eta_R \tag{3-2}$$

式中，T_R—— 截割扭矩，N·m；

　　　k_T—— 扭矩转换系数，k_T=40N·m/V；

　　　V_T—— 扭矩传感器所测值，V；

R_T——主传动系统中减速器传动比，$R_T=8$；

η_R——主传动系统传动效率，$\eta_R=0.95$。

扭矩测量时，若将传感器安装在减速器输出轴与轴承座之间，将导致高压水密封环节增多而造成密封可靠性降低。鉴于此，试验台设计时在截割电机和减速器之间安装一个动态扭矩传感器用于测量截割扭矩，减少高压水管路中的密封环节，以可靠地将高压水引入至截割机构。

(2) 截割机构钻进力和钻进速度测试

在井下巷道施工工程中，掘进机钻进力和进给速度直接决定掘进机破岩效率，且钻进力也常用来评价截割机构的钻进能力，因此需要对移动平台的速度和驱动力进行测量。采用普通的拉压力传感器难以测量齿轮-齿条传动的接触力，故测量驱动齿轮的扭矩以间接计算试验台的钻进力，即测量液压马达的入口和出口油压。根据液压马达的能量转换原理和截割机构-水射流破岩试验台传动方式，试验台钻进力：

$$F_q = \frac{\eta_m V_m R_r (P_{mr} - P_{mc})}{2\pi R_g} \tag{3-3}$$

式中，F_q——钻进移动平台受力，N；

η_m——液压和机械传动效率，η_m 近似取 0.94；

V_m——液压马达的排量，$V_m=0.5\text{L/r}$；

R_r——钻进减速器传动比，$R_r=16$；

P_{mr}——液压马达入口油压，MPa；

P_{mc}——液压马达出口油压，MPa，P_{mc} 近似取 0；

R_g——齿轮-齿条机构中心距离，$R_g=100\text{mm}$。

根据式 (3-3) 可见，在马达机械效率、排量、减速器传动比以及驱动轮半径确定的情况下，需要测量液压马达入口和出口油压以计算试验台钻进力。油压力的测量采用压阻式压力传感器，它将电阻膜片粘贴在固定基体上，当基体受到油压力而发生应力变化时，膜片的电阻值发生相应的改变而使其两端电压发生变化，测量该电压值转化得到油压力大小。

对于物体线速度的测量，可以通过测量物体的位移或加速度转换获得，即对运动物体位移进行微分或对物体加速度进行积分。考虑到截割机构-水射流破岩试验台的传动方式，测量移动平台加速度进行积分难以准确地得到截割机构钻进速度，因此，试验台采用拉线式传感器测量移动平台位移，然后对位移进行微分获得截割机构钻进速度。

2) 数据采集系统设计

根据截割机构破岩性能参数指标，分析了截割机构扭矩和转速、液压马达入口和出口油压、截割机构进给位移等参数的测量方法，设计了相应参量的检测系统。

检测系统仅通过测量电路将机械变量转换为电压或电流信号，因此需要设计相应的采集系统，记录各种传感器输出的电压或电流信号变化。

(1) 采集系统显示界面设计

为研究不同试验条件对截割机构破岩性能的影响，需要对截割扭矩、移动平台推进位移、液压马达入口和出口油压等参数进行测量。为保证采集信号的正确和可靠性，这些参数有必要在计算机屏幕实时显示且能够保存以供分析使用。Labview作为著名的虚拟仪器开发平台，能够提供简明、直观、易用、模块化的图形编程方式，实现了"软件"和"仪器"的集成化。试验台数据采集系统人机交互界面如图 3-24 所示。根据试验台测试参数，人机交互界面上设计了 6 个波形图显示窗口 (其中 1 个为预留口)，动态显示试验过程中截割扭矩、马达入口油压、平台位移及截割轴的振动位移等参数。

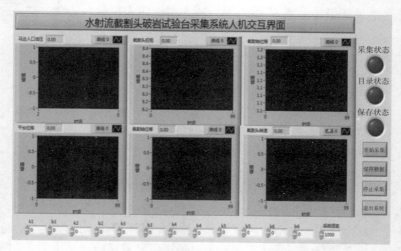

图 3-24　数据采集系统的人机交互界面

数据采集系统使用流程如下：

① 根据测量精度需要设置信号采样频率 (系统默认为 1000Hz)，根据不同传感器的量程分别设置信号缩放和偏移系数；

② 运行采集系统，执行"开始采集"命令时提示数据保存对话框，完成该步骤后 1"采集状态"和"目录状态"按钮高亮显示，且采集系统开始将传感器采集的模拟信号实时显示在人机交互界面；

③ 截割机构开始破岩时运行"保存数据"按钮，"保存状态"按钮高亮显示，同时系统将采集传感器信号并保存到相应的数据文件中；

④ 截割机构破岩完成时运行"停止采集"按钮，此时停止数据采集和保存，且所有状态按钮灰色显示；

⑤ 运行"退出系统"按钮,数据采集系统停止工作,完成一次信号数据采集和保存。进行下一次试验数据采集时可重复以上步骤。

(2) 数据采集系统程序设计

程序设计是数据采集系统的核心部分之一。由于截割机构破岩过程中需要同时测量多个参数,基于 Labview 虚拟仪器和动态链接库技术编制多通道数据采集程序框图,如图 3-25 所示。在信号采集之前,首先需要利用 "Call Library Function Node" 实现对多通道连续采样动态链接库的调用,配置截割机构扭矩、马达入口油压、平台位移及截割轴径向位移等通道。多通道信号数据连续采集,将通道 1 模拟信号采集为第 1 个数据,将通道 2 模拟信号采集为第 2 个数据,直至采集完最后通道的模拟信号,然后以此循环直至数据采集完成。由于多通道信号连续采集的信号为一维数据,需要利用 "Decimate 1D Array" 模块将采集的一维数组拆分为截割扭矩、马达入口油压、平台位移及截割轴径向位移等多个数组保存。

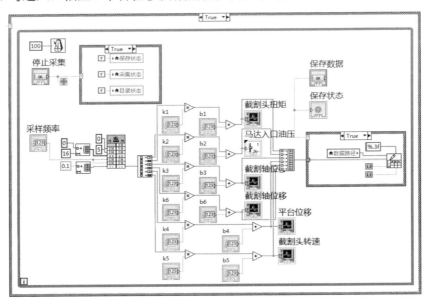

图 3-25　多通道数据采集程序框图

3.3　模拟煤岩制备

模拟试验在科学技术研究中,特别是在采矿工程技术中有着重要的作用。由于井下巷道施工过程受到多种因素的影响,工作环境极其恶劣,许多问题难以通过理论方法解决。受到井下工作条件的限制,现场实测的数据难以满足科学研究的需要, 井上实施原型试验需要耗费大量的资金和人力, 从而使相似材料模型法成为研究采矿工程的重要手段, 如巷道掘进、煤炭开采等。相似材料模型试验能否反映真实的采矿工程取决于相似材料的特性, 相似材料力学特性参数与原型的相似性直接决定相似材料模型试验研究结果能否反映原型的自身规律。考虑到截割机构–水射流破岩试验台的截割功率限制, 以及获取大块天然煤岩存在的困难, 本节对模拟岩石机械破碎的相似条件进行分析, 以水泥、石膏和河沙为骨料制备模拟煤岩, 对不同材料配比的模拟煤岩力学特性进行测试。

3.3.1   模拟煤岩相似条件

采掘机械截割煤岩过程中, 尽管不同破岩机构的破岩机理和过程有一定的差异, 但煤岩都是由于受到截齿截割或冲击力作用在短暂的时间内完成破碎, 因此可以近似认为煤岩从受到外载荷到破坏主要处于弹性范围内。对于模拟巷道掘进机截割破碎岩石, 主要包括力学相似、应力相似、变形相似及破坏相似条件 [4,5]。

1) 力学相似条件

根据地下工程中常见脆塑性岩石 (砂岩、石灰岩和页岩等) 的破碎特性, 它们在破碎前应力–应变关系基本符合线弹性变化规律。因此, 在模拟煤岩制备时优先选用线弹性相似材料制作试验模型。

2) 应力相似条件

在岩石的机械破碎过程中, 岩体的体积力相对其受到的外载荷很小, 因此可以忽略岩体体积力对机械破岩的影响。根据弹性力学的基本方程和破岩时的边界条件, 可以得到模拟机械破碎岩石的应力相似条件。

$$\alpha_\sigma/\alpha_l = C; \ \alpha_\varepsilon \alpha_E/\alpha_\sigma = 1; \ \alpha_\mu = 1; \ \alpha_{xm} = \alpha_{ym} = \alpha_{zm} \tag{3-4}$$

式中, α_σ—— 应力相似常数;

$\quad\quad \alpha_l$—— 几何相似常数;

$\quad\quad \alpha_\varepsilon$—— 应变相似常数;

$\quad\quad \alpha_E$—— 弹性模量相似常数;

$\quad\quad \alpha_\mu$—— 泊松比相似常数;

$\quad\quad \alpha_{xm}$——x方向的面力相似常数, 面力指截齿作用在岩体的力, α_{ym}、α_{zm}类似。

3) 变形相似条件

根据相似原理, 模拟煤岩与原型变形相似应满足下列条件:

$$\alpha_\sigma = \alpha_E = \alpha_{xm} = \alpha_{ym} = \alpha_{zm}\alpha_\mu = 1 \tag{3-5}$$

4) 破坏相似条件

对于掘进机截割机构破岩，岩体在其作用下出现压缩、剪切或拉伸破坏形式，且往往剪切失效在煤岩破坏中占据主导作用，因而以剪切破坏强度理论分析煤岩破坏相似条件。采矿工程中常见的中硬岩石力学破坏特性一般符合剪切破坏强度理论中的摩尔-库仑破坏准则。由于摩尔-库仑破坏准则涉及岩石性质参数众多，如抗拉强度、抗压强度和抗剪强度、黏聚力及内摩擦角等，难以实现模拟煤岩材料的这些参数与原型完全相似。鉴于此，简化模拟煤岩破坏相似条件，即相似材料模型与原型的摩尔包络线相似即可，则煤岩的破坏相似条件：

$$\left(\frac{R_{CS}}{B_{TS}}\right)_p = \left(\frac{R_{CS}}{B_{TS}}\right)_m \quad \alpha_c = \alpha_\sigma, \alpha_\varphi = 1 \tag{3-6}$$

式中，α_c—— 黏聚力相似常数；

$\quad\quad \alpha_\varphi$—— 内摩擦角相似常数；

$\quad\quad p$、m—— 原型和模型。

3.3.2 模拟煤岩配比研究

在煤岩机械破碎过程和机理分析的基础上，建立了模拟煤岩破碎相似条件，但在制备相似材料过程中需要选择合理的相似参数，它既能较全面地反映原型的机械力学特性，且不会给相似材料制备带来难以克服的困难。因此，以下将对模拟煤岩相似材料的选材、配比等方面进行分析研究，以制备与真实煤岩力学特性相近的模拟煤岩，用于截割机构破岩性能试验。

1. 模拟煤岩原材料

相似原材料不仅需要满足地质力学模型试验的相似原理，一般还需满足以下几项要求：

(1) 相似材料的主要力学性质应与煤岩的力学特性相似，如模拟煤岩破坏时要求相似材料的抗压、抗拉破坏特性相似于煤岩；

(2) 具有良好的力学稳定性，对时间、温度及湿度等外界条件的敏感性弱；

(3) 改变原材料配比，可以改变制备材料的某些性质以满足相似条件要求；

(4) 容易成型，制作方便，凝固时间短，且对人体无毒害作用。

2. 模拟煤岩制备

对于煤岩破碎的相似试验，要求相似模型材料的结构和破坏特征与原型材料相似。掘进工作面常见的页岩、砂岩和灰岩绝大多数由骨料和胶结物构成，它们的结构、力学特性与水泥和石膏类似，因此模拟煤岩制备的原材料主要包括以下几种：

(1) 42.5# 普通硅酸盐水泥；

(2) 乙级建筑用石膏粉；

(3) 模数为 2.7 的河沙 (中沙)。

模拟煤岩制备过程如下：

(1) 利用电子台秤按配比质量称取水泥、石膏和河沙；

(2) 将水泥、石膏和河沙倒入搅拌机，搅拌 3~5min；

(3) 将适量水倒入搅拌机搅拌 5min，根据需要可加入适量的减水剂 (冬季需加防冻剂)；

(4) 将搅拌好的水泥、石膏、河沙和水的混合料倒入模具中，击打模具四周使混合料压实；

(5) 由于截割机构–水射流破岩试验要求模拟煤岩具有较高的强度，因此选择在春夏季节制备模拟煤岩，3 个月后取芯测试模拟煤岩的力学性质。根据不同原材料的质量百分比，制备 4 组不同质量配比 (河沙、水泥、石膏质量比分别为 5:2.5:2.5、5:3:2、5:3.5:1.5、5:4:1) 的模拟煤岩，每组模拟煤岩钻取 3 个测试试样，煤岩测试试样如图 3-26 所示。

图 3-26　模拟煤岩试样

3. 模拟煤岩力学特性测试

为研究模拟煤岩试样和真实煤岩破坏特征的相似性，对真实煤岩和模拟煤岩的力学特性进行测试分析。根据工程岩体试验方法标准 (GB/T50266—1999)，钻取高度为 100mm、直径为 50mm 的真实煤岩和模拟煤岩试样。在图 3-27 所示的 SANS 电子万能试验机上进行试样的单轴压缩和巴西圆盘试验，在煤岩压缩试验过程中可以动态记录应力–应变曲线、弹性模量及泊松比等。图 3-28 为拉伸破坏的模拟煤岩试样，图 3-29 为模拟煤岩的压缩破坏形态。

图 3-27 SANS 试验机

图 3-28 拉伸破坏的模拟试样

图 3-29 压缩破坏的模拟试样

图 3-30 为天然煤岩和模拟煤岩单轴压缩试验的应力-应变曲线，对比分析天然

煤岩和模拟煤岩的破坏过程可见，由水泥、石膏及河沙为相似原材料制备的模拟煤岩破坏历程与砂岩基本类似。

 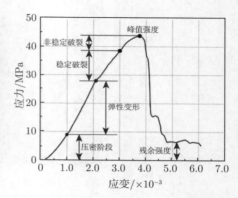

(a) 天然岩石及其均值应力–应变图

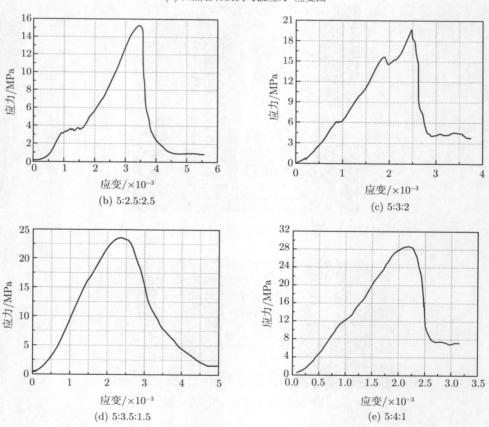

(b) 5:2.5:2.5

(c) 5:3:2

(d) 5:3.5:1.5

(e) 5:4:1

图 3-30　天然岩石与模拟岩石单轴压缩应力–应变曲线

从图 3-30(a) 可以看出,煤岩破坏主要包括 6 个过程:

(1) 非线性压密阶段,煤岩在外载荷作用下内部的微裂隙被压密闭合;

(2) 线弹性阶段,该阶段应力与应变基本呈线性关系,煤岩试件刚度为常数,且试件体积出现膨胀;

(3) 稳定破裂阶段,弹性变形阶段后岩石内的原生裂纹、裂隙等内部缺陷因应力集中或裂隙面相互错动使裂纹扩展,此阶段延续至能量释放的临界点;

(4) 非稳定破裂阶段,随着载荷的增加,煤岩变形非线性增大;

(5) 应变软化阶段,当煤岩达到峰值抗压载荷后,载荷随变形的增大而减小,大量原生裂纹和新萌生裂纹扩展、交汇导致试件完全破坏;

(6) 残余强度阶段,岩石压缩破坏后具有相对峰值强度很小的残余强度,且随着变形增大,残余强度不再降低。

因此,利用水泥、石膏及河沙为原材料制备人工煤岩,可以很好地模拟岩石的力学特性及破坏特征。

利用 SANS 电子万能试验机对不同配比人工煤岩进行抗拉强度测试,获取其应力–应变曲线,并根据煤岩力学性质的测试方法,可知模拟煤岩的密度 ρ_r、弹性模量 E、抗压强度 R_{CS}、抗拉强度 B_{TS} 及泊松比 μ 等参数,统计结果如表 3-2 所示。

表 3-2 模拟煤岩的力学性质

配比	$\rho_r/(\text{kg/m}^3)$	E/GPa	R_{CS}/MPa	B_{TS}/MPa	μ
5:2.5:2.5	2387	3.5±0.1	15.2±0.2	1.2±0.03	0.23
5:3:2	2436	6.1±0.1	19.7±0.3	2.1±0.04	0.19
5:3.5:1.5	2472	9.5±0.2	23.6±0.3	2.5±0.06	0.22
5:4:1	2548	13.3±0.5	28.4±0.4	2.7±0.10	0.21

为了分析模拟煤岩与真实岩石之间的相似性,给出巷道施工工程中较为常见岩石的力学性质如表 3-3 所示。

表 3-3 巷道掘进中常见煤岩的力学性质

类型	$\rho_r/(\text{kg/m}^3)$	E/GPa	R_{CS}/MPa	B_{TS}/MPa	μ
砂泥岩	2650	30.0	58.0±3.0	5.3±0.2	0.21
砂岩	2670	33.3	87.0±4.0	8.3±0.3	0.25

虽然根据煤岩单轴压缩应力–应变曲线证实模拟煤岩与真实煤岩具有类似的压缩破坏特征,但相关研究文献表明,煤岩抗压和抗拉强度都对煤岩机械破碎特性有很大的影响,因此仅仅在煤岩压缩破坏特征上相似不足以满足相似模型试验的要求。鉴于此,分析模拟煤岩抗压与抗拉强度比值与巷道中常见岩石的相似性,根据

表 3-2 和表 3-3 可见，抗压与抗拉强度比值都约等于 10，满足煤岩破坏的相似条件关系：$(R_{CS}/B_{TS})_p = (R_{CS}/B_{TS})_m$，$\alpha_\sigma$ 可以根据 α_E 来确定，例如制备砂泥岩的相似模拟材料，若取河沙、水泥及石膏的质量百分比为 5:4:1，则

$$\alpha_\sigma = \alpha_E = \frac{30}{13.3} \approx 2.26 \tag{3-7}$$

由式 (3-7) 可见，配比为 5:4:1 的相似模拟材料可近似模拟抗压强度为 64.2MPa、抗拉强度为 6.1MPa 的砂泥岩截割破坏。

参 考 文 献

[1] 陈俊锋. 高压水射流–截齿联合配置方式及破岩性能研究 [D]. 徐州: 中国矿业大学, 2014.

[2] 江红祥. 高压水射流截割头破岩性能及动力学研究 [D]. 徐州: 中国矿业大学, 2015.

[3] 刘送永, 崔新霞, 刘增辉, 等. 采掘装备截割机构辅助高压水射流多点密封装置: 中国, 103195423A[P]. 2013-07-10.

[4] 刘送永. 采煤机滚筒截割性能及截割系统动力学研究 [D]. 徐州: 中国矿业大学, 2009.

[5] 顾大钊. 模拟岩石机械破碎的相似材料的选择及其配比 [J]. 中国矿业学院学报, 1988, (3): 33–37.

第4章 机械刀具−水射流联合破岩

由于目前截齿破岩过程仍存在很多问题：掘进机截割机构不能有效地截割硬岩，仅能在抗压强度低、磨砺性小的岩层内使用；截齿破岩是一种粉碎性的破碎过程，能耗大且产生大量的粉尘，在高瓦斯的矿井中，截齿破岩易产生火花引起瓦斯爆炸，安全可靠性差；截齿高速切割岩石，由于摩擦生热，高温使得截齿硬质合金头的金相组织发生变化，使截齿迅速丧失破岩能力。因此，为提高掘进机截割头的钻进性能和截割性能，在掌握截齿破岩系统动力学性能和运动规律的基础上，本章对机械刀具−水射流联合破岩进行研究，以期解决坚硬岩石难以截割问题，提高综掘机械化程度，并最终实现煤炭资源的高效开采。

4.1 机械刀具−水射流联合破岩概述

在破岩过程中，截齿与水射流同时作用于岩石表面，利用截齿破岩产生裂纹，水射流冲击使产生的裂纹扩展，在两者共同作用下，使岩体产生区域破碎，这种岩石破碎的方法称为联合破碎法。

目前研究中，截齿与喷嘴的布置方式主要分为四种[1]。这四种方式研究较多的是截齿−前置式射流和截齿−后置式射流 (图 4-1、图 4-2)，而几乎很少分析研究截齿−中心射流和截齿−侧置式射流 (图 4-3、图 4-4)。

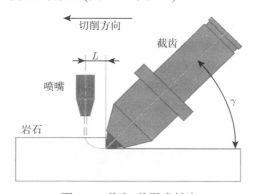

图 4-1 截齿−前置式射流

不同截齿与水射流配置方式联合破岩的机理不同，因此对截齿与水射流联合破岩机理进行研究，指出最佳的配置方式，为截齿与水射流联合破岩进行分析研究提供参考依据。

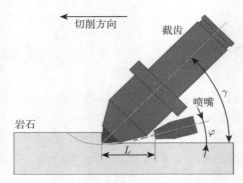

图 4-2　截齿–后置式射流

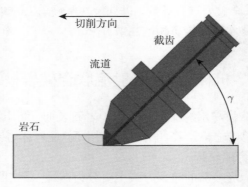

图 4-3　截齿–中心射流

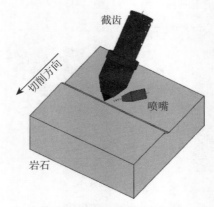

图 4-4　截齿–侧置式射流

4.2 无水射流截齿工作角度对截割性能的影响

在当前直线截割试验台进行直线截割试验,验证 ANSYS/LS-DYNA 数值模拟截齿破岩的准确性,利用验证的数值模拟方法对单齿钻进破岩进行仿真,根据单齿钻进破岩结果修正截齿力学模型。

4.2.1 仿真模型结构参数

在安装参数一定的情况下,截齿形状参数或几何参数不同,其表现的截割特性有一定的差异,但已有研究表明:截齿安装参数对于不同类型的镐形截齿具有相似的影响规律,所以仿真采用同一种截齿结构,研究其不同安装参数对其截割性能的影响规律,所选用的镐形截齿形状和几何参数如图 4-5 所示。

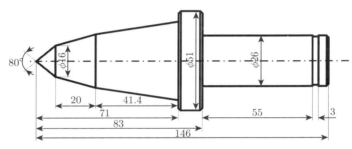

图 4-5   镐形截齿结构 (单位: mm)

4.2.2 截齿直线破岩的仿真模型建立

为了获得直线截割破岩过程中截齿的受力情况和岩石的应力分布规律,采用 ANSYS/LS-DYNA 动力学分析软件对截齿截割破落岩石进行数值分析。

利用 ANSYS 建立单齿截割岩石的数值模型,所建立的岩石为长方体,岩石与截齿都采用单点高斯积分算法的 SOLID164 实体单元,它支持所有许可的非线性特性。岩石采用映射网格划分,网格尺寸控制在 3mm,形状不规则的截齿采用映射网格分段划分。网格划分后的有限元模型如图 4-6 所示。

图 4-6   有限元网格模型

4.2.3　截齿工作角度对截割性能影响的数值分析

1. 研究方案制定

单齿直线破岩性能的影响参数主要包括仰角、倾斜角和截深，考虑因素如表 4-1 所示。

表 4-1　考虑因素

因素 A	因素 B	因素 C
仰角 $\gamma/(°)$	倾斜角 $\beta/(°)$	截割深度 h/mm

在进行相关仿真及试验研究前，需要根据实际条件选取各因素的研究水平，然后将各因素水平的结果进行分析和对比，找出各因素对截割性能的影响规律和各因素的影响显著性。

为研究仰角 γ、倾斜角 β 和截割深度 h 对截割性能的影响，比较不同工况条件下截齿受力的大小。根据当前掘进机截割头实际工况和安装要求，仰角 γ 取值为 40°、45°、50° 和 55°，倾斜角 β 取值为 15°、30°、45° 和 60°，截齿截割深度取值为 4mm、8mm、12mm 和 16mm，单齿直线破岩的各因素水平的制订情况如表 4-2 所示。

表 4-2　各因素的水平

因素	水平 1	水平 2	水平 3	水平 4
A	40°	45°	50°	55°
B	15°	30°	45°	60°
C	4mm	8mm	12mm	16mm

单齿直线破岩为三因素四水平问题，可选用 $L16(4^5)$ 正交试验进行研究。由于研究中各因素之间相互独立、互不影响，所以此研究在进行正交设计时并不考虑因素之间的交互作用。该研究的最终安排方案如表 4-3 所示。

表 4-3　研究方案的安排

试验号	仰角 $\gamma/(°)$	倾斜角 $\beta/(°)$	截割深度 h/mm
1	50	30	4
2	40	30	16
3	55	30	12
4	40	15	4
5	45	15	12
6	40	60	12
7	50	15	16

续表

试验号	仰角 $\gamma/(°)$	倾斜角 $\beta/(°)$	截割深度 h/mm
8	45	30	8
9	55	60	16
10	40	45	8
11	50	60	8
12	55	15	8
13	45	60	4
14	50	45	12
15	45	45	16
16	55	45	4

2. 截齿直线破岩动态过程分析

当仰角为 40°、倾斜角为 30°、截深为 16mm 时，单齿直线破岩仿真数值模拟过程如图 4-7 所示，岩脊效果如图 4-8 所示，截齿受力如图 4-9 所示。由图 4-7 和图 4-8 可以看出，截齿刚开始与岩石接触时，由于截齿与岩石作用面较小，岩石崩落较大一块；当截齿正常截割岩石时，岩石受到截齿的挤压作用，从而形成岩挤效果[2]。当岩石单元达到自身的失效准则时，岩石单元发生破坏失效。

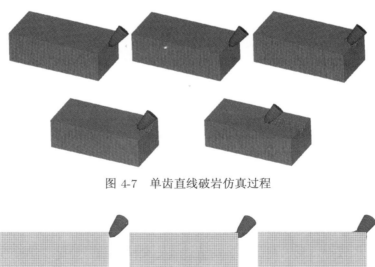

图 4-7 单齿直线破岩仿真过程

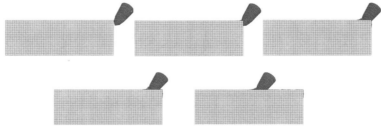

图 4-8 截割过程中岩挤效果

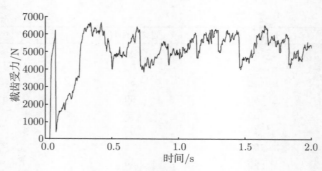

图 4-9　试验 2 仿真截齿受力

由图 4-9 可以看出，截割破岩过程是接触压碎与小块及大块岩石崩落不断交替的过程。当截齿刚开始接触岩石时，由于截齿与岩石作用面较小，岩石崩落较大一块。随着截齿运动，在接触处产生较大的作用力，当其接触应力达到极限值时，岩石局部产生挤压变形，少数岩石单元失效，并形成岩挤效果，截齿受力不断增大并伴随小幅度下降；在截齿通过时，岩挤部分沿前刃面进一步变形失效，从而挤压范围不断扩大，截齿受力进一步增大，截齿与岩挤的接触面积增大到大块岩屑失效为止，因而截齿受力有较大幅度的降低。随着截齿截割岩石，这个过程一直交替发生。

3. 影响因素分析

截齿受力均为正值，由于各崩落单元随机地连续发生，截齿受力随机波动。截齿受力均值反映了截割过程中截齿的受力大小，采用正常截割状态下截齿受力均值指标对截割性能进行量化评定，基于正交试验所得的仿真结果如表 4-4 所示。

表 4-4　正交试验截齿受力均值

试验号	1	2	3	4	5	6	7	8
试截齿受力均值/N	913.71	5547.7	4525.57	849.21	3897.5	4700.15	5998.7	2472.0

试验号	9	10	11	12	13	14	15	16
试截齿受力均值/N	6378.7	2532.8	2629.05	2568.44	1206.37	4413.57	6163.12	1275.58

根据数值模拟得到的截齿受力均值进行正交试验结果分析。分析的目的是为了解决以下两个问题：第一，分析各因素对截齿受力的影响规律；第二，将各因素的影响效果量化，横向分析比较各因素影响效果的显著性，以区分主要因素与次要因素。结合 L16(4^5) 正交试验表和仿真结果，采用表 4-5 进行计算分析。

根据表 4-5，可得截齿受力的正交试验结果分析如表 4-6 所示。k_i 为对应的在水平 i 下的指标的平均值，R 为极差。

表 4-5　截齿受力分析计算用表

试验号	因素 A	因素 B	因素 C	试验值	平方
1	3	2	1	Y_1	Y_1^2
2	1	2	4	Y_2	Y_2^2
3	4	2	3	Y_3	Y_3^2
4	1	1	1	Y_4	Y_4^2
5	2	1	3	Y_5	Y_5^2
6	1	4	3	Y_6	Y_6^2
7	3	1	4	Y_7	Y_7^2
8	2	2	2	Y_8	Y_8^2
9	4	4	4	Y_9	Y_9^2
10	1	3	2	Y_{10}	Y_{10}^2
11	3	4	2	Y_{11}	Y_{11}^2
12	4	1	2	Y_{12}	Y_{12}^2
13	2	4	1	Y_{13}	Y_{13}^2
14	3	3	3	Y_{14}	Y_{14}^2
15	2	3	4	Y_{15}	Y_{15}^2
16	4	3	1	Y_{16}	Y_{16}^2
K_1	K_1^A	K_1^B	K_1^C	K	W
K_2	K_2^A	K_2^B	K_2^C		
K_3	K_3^A	K_3^B	K_3^C		
U	U_A	U_B	U_C	P	
Q	Q_A	Q_B	Q_C		

注：K_i^j 是影响因素 j 在水平 i 下的指标之和，$K = \sum_{i=1}^{9} Y_i$；$P = \dfrac{1}{9} K^2$；$W = \sum_{i=1}^{9} Y_i^2$；$U_A = \dfrac{1}{3} \sum_{i=1}^{3} \left(K_i^A \right)^2$；$U_B = \dfrac{1}{3} \sum_{i=1}^{3} \left(K_i^B \right)^2$；$U_C = \dfrac{1}{3} \sum_{i=1}^{3} \left(K_i^C \right)^2$；$Q_A = U_A - P$；$Q_B = U_B - P$；$Q_C = U_C - P$。

　　正交试验结果分析分为两种方法：一种为直观分析法，或称为极差分析法；另一种为方差分析法，或称为统计分析法。前者简单实用，而后者分析精度高。根据表 4-6 的分析计算结果，以因素水平为横坐标，同水平下指标的平均值为纵坐标，得出各因素与截齿受力的关系趋势如图 4-10 所示。

　　由图 4-10 可知，截齿受力随着仰角的增加而增大；随着倾斜角的增大而增大；随着截割深度的增加而增大。截割深度对截齿受力影响较大，仰角对截齿受力影响较小。

　　为了定量分析各因素对截齿受力影响的显著性，需要进行方差分析，方差分析表如表 4-7 所示。

表 4-6   直线破岩截齿受力的正交试验结果分析   (单位：N)

计算参数	截齿受力分析		
	因素 A	因素 B	因素 C
K_1	13 629.81	13 314.21	4 224.86
K_2	13 739.35	13 458.98	10 202.24
K_3	13 955.03	14 385.02	17 537.15
K_4	14 748.26	14 914.24	24 088.19
k_1	3 407.45	3 328.55	1 056.215
k_2	3 434.84	3 364.75	2 550.56
k_3	3 488.76	3 596.26	4 384.29
k_4	3 687.07	3 728.56	6 022.05

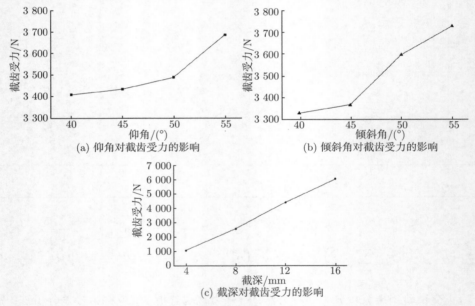

(a) 仰角对截齿受力的影响   (b) 倾斜角对截齿受力的影响

(c) 截深对截齿受力的影响

图 4-10   因素水平与截齿受力关系趋势

表 4-7   方差分析表

来源	离差	自由度	均方离差	F 值
因素 A	Q_A	2	S_A^2	F_A
因素 B	Q_B	2	S_B^2	F_B
因素 C	Q_C	2	S_C^2	F_C
误差	Q_E	2	S_E^2	
总和	Q_T	8		

注：$Q_T = W - P$，$Q_E = Q_T - (Q_A + Q_B + Q_C)$，$S_A^2 = Q_A/2$，$S_B^2 = Q_B/2$，$S_C^2 = Q_C/2$，$S_E^2 = Q_E/2$，$F_A = S_A^2/S_E^2$，$F_B = S_B^2/S_E^2$，$F_C = S_C^2/S_E^2$。

通过计算表 4-7 的各项参数，从而可以得到单齿直线破岩的各因素对截齿受力影响的显著性，表 4-8 为截齿受力指标的因素影响显著性结果。

表 4-8   各因素对单齿直线破岩下截齿受力影响的显著性

来源	离差	自由度	均方离差	F 值	显著性
因素 A	191 394.29	3	63 798.1	1.539	无明显影响
因素 B	436 441.36	3	145 480.45	3.51	有影响
因素 C	55 966 856.16	3	18 655 618.72	450.1	影响很显著
误差	248 686.43	6	41 447.74		
总和	253 350 752.57	14			

由表 4-8 可知，单齿直线破岩的各因素影响规律为：截深对截齿受力影响较为显著，倾斜角影响次之，仰角对截齿受力无明显影响。因此在截深一定的情况下，可以通过调整截齿倾斜角度以减小截齿受力。

4.2.4   截齿工作角度对截割性能影响的试验分析

1. 试验目的及方法

为了获得直线截割岩石过程中截齿的受力情况，本试验建立在单齿直线破岩试验台基础上，采用表 4-3 正交试验方法，通过改变截齿的工作角度，观测不同工作角度下截齿的破岩过程和受力情况，并验证单齿直线破岩数值仿真结果的准确性。

在进行单齿直线破岩试验时，岩样的性质对试验结果的准确性有显著影响。由于天然岩石的材料非均质且获得成本较高，所以根据对截割效果有决定意义的岩石特性参数配制均质岩样，可以排除岩样性质不一对试验结果的影响，从而排除一些次要因素的干扰，简化问题。由于配制材料的成分越多，配比选择越困难，所以采用水泥、沙子、石膏配制岩样[3]，质量配比为 425# 水泥:沙子:石膏 =1:4.6:0.3，所使用的沙粒粒径不大于 4mm，成形后在自然环境下养护 30d。

随着测试系统 (图 4-11) 的加载，试件产生压缩变形，直至发生剪切滑移破坏，其破碎效果如图 4-12 所示。试验的测试量为试件的应力–应变曲线、抗压强度、弹性模量和泊松比。所测得 4 组岩样试件的压力–位移曲线如图 4-13 所示，各试件的压力峰值分别为 $F_1 = 15.437$kN、$F_2 = 16.185$kN、$F_3 = 18.71$kN、$F_4 = 15.877$kN。由于试件 3 的误差较大，所以岩样的平均压力峰值为试件 1、试件 2 和试件 4 的平均值，岩样的平均压力峰值为 $\bar{F} = 15.833$kN。

试件的抗压强度计算公式为

$$\sigma_y = \frac{\bar{F}}{\frac{1}{4}\pi d'^2} \tag{4-1}$$

式中，$\bar{F}$——岩样的平均压力峰值，N；

$\qquad d'$——圆柱试件的直径，m。

根据式 (4-1) 可以得到，岩样的平均抗压强度为 8.75MPa。测定的其他参数值为：密度为 2500kg/m^3，弹性模量为 1.06GPa，泊松比为 0.22。

图 4-11　测试系统

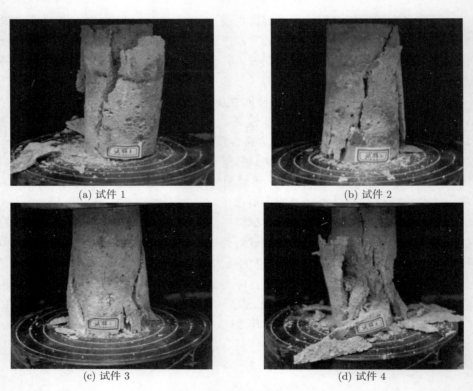

(a) 试件 1　　　　　　　　　　　　　　　　(b) 试件 2

(c) 试件 3　　　　　　　　　　　　　　　　(d) 试件 4

图 4-12　破碎圆柱试件

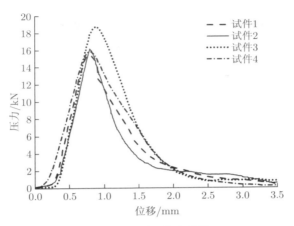

图 4-13　压力–位移曲线

2. 试验及结果分析

为了研究单齿直线破岩的各因素对截齿受力的影响，在试验中截齿尺寸、结构不变，通过改变截齿座的形状进而实现截齿工作角度的变化[4]。试验截齿座如图 4-14 所示。

图 4-14　试验截齿座

通过单齿直线破岩试验，可获得正交试验各编号的截齿受力曲线，如图 4-15 所示。

当仰角为 40°、倾斜角为 30°、截深为 16mm 时，截齿直线破岩试验效果如图 4-16 所示，单齿直线破岩试验得到的破碎坑及截槽分别如图 4-17、图 4-18 所示，截齿受力曲线如图 4-15(b) 所示。

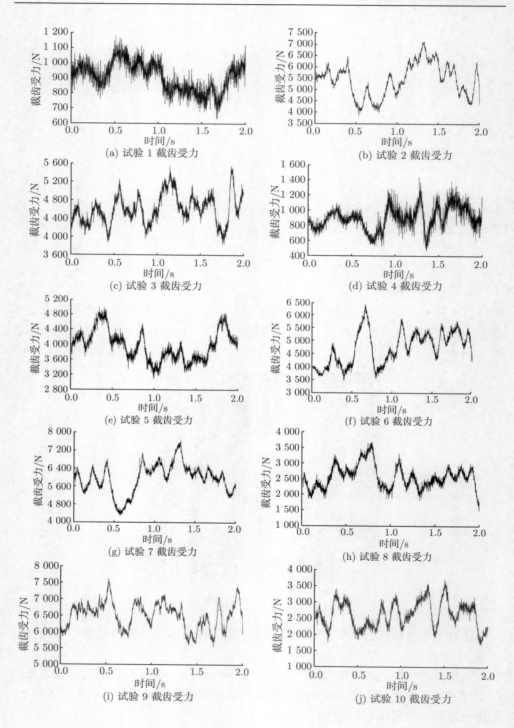

(a) 试验 1 截齿受力

(b) 试验 2 截齿受力

(c) 试验 3 截齿受力

(d) 试验 4 截齿受力

(e) 试验 5 截齿受力

(f) 试验 6 截齿受力

(g) 试验 7 截齿受力

(h) 试验 8 截齿受力

(i) 试验 9 截齿受力

(j) 试验 10 截齿受力

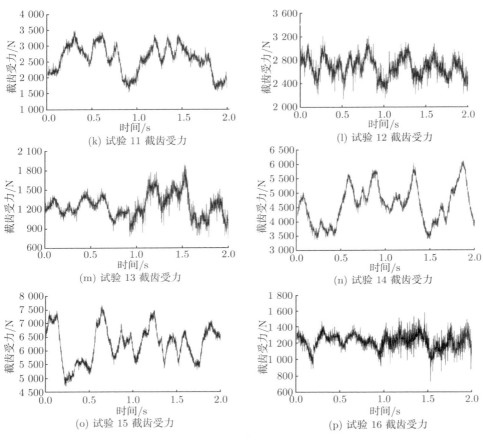

图 4-15 试验截齿受力曲线

(a) 截齿破岩效果

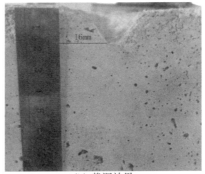

(b) 截深效果

图 4-16 试验 2 截齿直线破岩试验效果

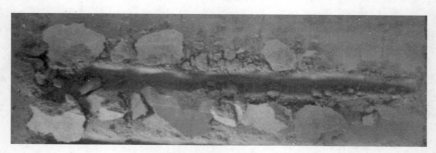

图 4-17　试验 2 截齿直线破岩所成破碎坑

图 4-18　试验 2 截齿直线破岩所成截槽

　　对单齿直线破岩试验过程中截齿受力进行时域指标统计，可得截齿受力的试验均值及误差如表 4-9 所示。以试验实测的截齿受力为标准，计算出截齿受力仿真数值的误差。各编号的截齿受力仿真数值误差在 1.01%～4.32% 浮动，均小于 5%。这验证了单齿直线破岩数值模拟符合客观情况，同时证明该仿真方法具有较高的精度。

表 4-9　正交试验截齿受力均值及误差

试验号	1	2	3	4	5	6	7	8
仿真值/N	913.71	5547.7	4525.57	849.21	3897.56	4700.15	5998.7	2472.0
试验值/N	922.05	5436.43	4601.94	887.53	3976.08	4749.2	5864.12	2557.01
误差/%	1.01	2.05	1.66	4.32	1.97	1.03	2.29	3.32
试验号	9	10	11	12	13	14	15	16
仿真值/N	6378.67	2532.75	2629.05	2568.44	1206.37	4413.57	6163.12	1275.58
试验值/N	6479.53	2632.47	2588.35	2667.46	1253.58	4565.13	6234.1	1225.2
误差/%	1.56	3.79	1.57	3.71	3.77	3.32	1.12	4.11

4.3　截齿–高压水射流联合破岩仿真研究

镐型截齿是最基本的截割刀具，广泛应用在掘进机、连续式采煤机、滚筒式采煤机上，并且截齿的截割性能直接影响岩石掘进的效率以及成本。

由于岩石透明性较差，目前截齿–高压水射流联合破岩过程中难以有效观察岩石微观破碎情况，只通过试验研究不足以分析两者联合破岩的内部机理，因此有必要对截齿–高压水射流联合破岩进行数值模拟，以此为基础指导截齿–高压水射流联合破岩试验研究。

4.3.1　仿真模型建立及基本参数

本章提出的四种布置方式 [5-8] (截齿–中心射流、截齿–前置式射流、截齿–后置式射流、截齿–侧置式射流) 模型如图 4-1～ 图 4-4 所示。

目前主要对截齿–前置式射流联合破岩以及截齿–后置式射流联合破岩研究较多，对截齿–中心射流破岩以及截齿–侧置式射流破岩研究较少。本书采用 SPH 法结合有限元法对不同配置方式进行数值模拟，分析不同配置方式下联合破岩机理，建立截齿–水射流不同配置方式联合破岩模型，对不同配置方式下岩石所受应力以及截齿受力变化规律进行分析，以期减少硬岩破碎过程中截齿受力，解决截割硬岩截齿易磨损、截割效率低等问题。

1. 数值模型建立

光滑粒子流体动力学 SPH 方法简称光滑粒子法，是最早出现的无网格方法之一，其发展已有近三十年的历史。该方法以核函数估计为基础，将连续介质离散成一系列具有质量的 Lagrange 粒子，并通过核估计将粒子的运动方程离散。光滑粒子法适于处理孔洞、裂纹以及各种大变形问题，从一开始就引起各国学者的高度重视，因此现在已经获得了大量的研究成果。

SPH 方法将场函数 $f(x)$ 近似表达为函数 $f(x)$ 和核函数 (kernal function) 的乘积的积分，是通过将任意一个场函数 $f(x)$ 采用核函数逼近法，并通过核函数建立这两者之间的关联，然后采用一系列的 SPH 粒子离散化场函数 $f(x)$。因此整个射流流场由一系列粒子所表达，这些粒子携带射流的所有力学量，并将射流流体方程转化成相应的 SPH 数值计算控制方程，粒子依据这些控制方程流动。一组离散的粒子组成问题域形式 Ω，如图 4-19 所示。假设有一个紧凑的支撑域半径为 kh，核近似函数为 $f(x)$，微积分形式 $\langle \nabla f(x) \rangle$ 在粒子 i 处表达式为

$$\langle f(x) \rangle_{x=x_i} = \sum_{j=1}^{N} \frac{m_i}{\rho_j} f(x) W_{xi}(x_i - x_j, h) \tag{4-2}$$

$$\langle \nabla f(x) \rangle_{x=x_i} = -\sum_{j=1}^{N} \frac{m_j}{\rho_j} [f(x_i) - f(x_j)] \cdot \nabla [W_{x_i}(x_i - x_j, h)] \tag{4-3}$$

式中，j——相邻于粒子 i 的相互影响粒子；

　　　　m_j——粒子 j 的质量；

　　　　h——光滑长度；

　　　　$W_{x_i}(x_i - x_j, h)$——光滑核函数。

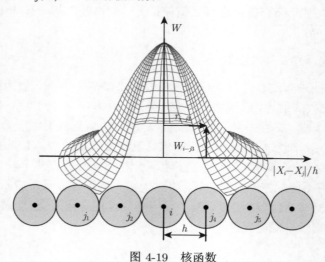

图 4-19　核函数

2. 模型参数

为建立截齿–水射流联合破岩模型，岩体模型采用有限元法，射流模型采用 SPH 粒子法，将射流离散成 SPH 粒子。数值模型中岩石、截齿参数如表 4-10 所示，仿真以在不同截深 (5mm、10mm、15mm、20mm) 下，四种配置方式相对单齿截割截齿受力减小率为依据进行对比分析。岩石尺寸为 580mm×400mm×200mm，截齿采用刚体材料，截齿截割速度为 2m/min。

表 4-10　岩石、截齿的力学性能参数

材料	密度 ρ/(kg/m³)	弹性模量 E/GPa	泊松比 μ	抗压强度/MPa
试验岩样	2 456	29.57	0.26	37.48
截齿	14 600	600	0.22	—

高压射流的喷射速度理论公式为

$$v' = 44.67\sqrt{P_1} \tag{4-4}$$

式中，v'——射流速度，m/s；

P_1——水射流压力，MPa。

射流压力分别为 25MPa、40MPa、50MPa、60MPa 时，根据式 (4-4)，射流的速度如表 4-11 所示。

表 4-11 射流速度计算结果

射流压力/MPa	25	40	50	60
射流速度/(m/s)	223.35	282.52	315.86	346.01

在数值模拟中，射流半径 $r=1$mm，射流前进速度 $v_1=2$m/min。射流采用 LS-DYNA 材料库中的 MAT_NULL 流体空材料，密度 1000kg/m³，动力黏度 0.001Pa·s，泊松比 0.5。其本构状态关系采用 GRUNEISEN 状态方程 [9,10]：

$$P = \frac{\rho_0 C^2 \mu \left[1 + \left(1 - \frac{\gamma_0}{2}\right)\mu - \frac{\alpha}{2}\mu^2\right]}{\left[1 - (S_1 - 1)\mu - S_2 \frac{\mu^2}{\mu+1} - S_3 \frac{\mu^3}{(\mu+1)^2}\right]^2} + (\gamma_0 + \alpha\mu) E \tag{4-5}$$

式中，S_1、S_2 和 S_3——$\mu_s - \mu_p$ 曲线斜率；

C——曲线截距；

γ_0——状态方程系数；

α——状态方程系数与体积有关的修正量；

E——单位体积内能，J。

各参数具体数值如表 4-12 所示。

表 4-12 状态方程参数

射流参数	C	S_1	S_2	S_3	γ_0	α	E
数值	1647	1.921	−0.096	0	0.35	0	2.86×10^{-6}

4.3.2 截齿–中心射流联合破岩数值模拟

由于截齿–中心射流布置方式中射流处于截齿中心，水射流不存在其他影响因素，其主要影响因素为水射流压力，分别为 25MPa、40MPa、50MPa、60MPa，仿真过程截割深度为 5mm、10mm、15mm、20mm。仿真对比模型如图 4-20 所示，截齿–中心射流联合破岩动态过程如图 4-21 所示。

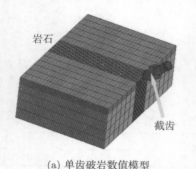

(a) 单齿破岩数值模型   (b) 截齿–中心射流联合破岩数值模型

图 4-20   破岩数值模型

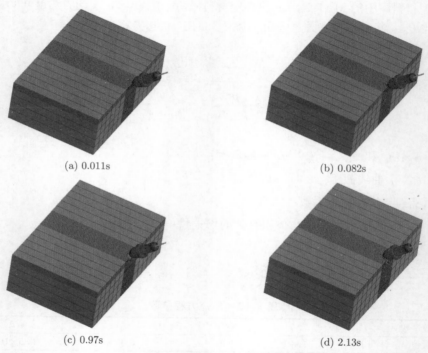

(a) 0.011s   (b) 0.082s

(c) 0.97s   (d) 2.13s

图 4-21   截齿–中心射流动态破岩过程

从图 4-21 可以看出，截齿–中心射流破岩动态过程中，在破岩初期，水射流与截齿联合作用于岩石表面，岩石表面发生弹性变形，水射流粒子飞溅反弹，截齿受力迅速增加，由于水射流直接作用于截齿截割破碎点，水射流与截齿能量作用较集中，相对无水射流时，岩石在更短时间内发生破坏。当达到岩石所设定的破坏应力时，岩石前方发生破坏、崩落，截齿与岩石分离，截齿受力降低到波谷，完成一次岩石的跃进式破碎。

为了表明截齿–中心射流水射流的辅助作用，本书通过分析对比有无水射流情况下截齿受力大小。在截割深度为 10mm，射流压力为 25MPa、40MPa、50MPa、60MPa 情况下，有水射流与单齿截割的受力对比如图 4-22 所示。从图中可以看出，在无水射流且截深为 10mm 的情况下，当截齿接触岩石时，截齿的受力从零迅速上升。无水射流时，截齿破岩过程的截齿受力 $F_{\max}=12.12$kN。分析认为动态破岩过程中，在破岩初期，由于岩石表面弹性变形，截齿受力迅速增加，当岩石单元达到破坏所设置的强度时，单元删除，截齿截割受力降低到最低，该过程为一次跃进式岩石破碎。所以随着截齿的继续前进截割，截齿受力波形呈上下波动，完成多次截割破坏。

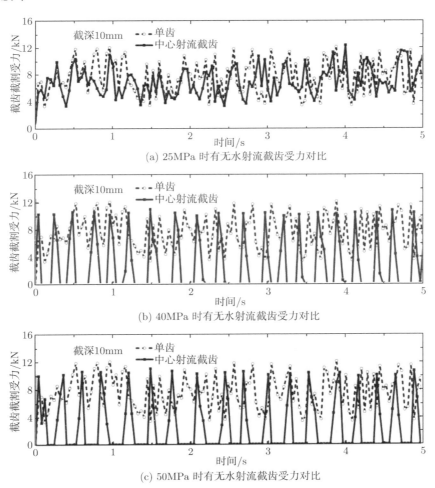

(a) 25MPa 时有无水射流截齿受力对比

(b) 40MPa 时有无水射流截齿受力对比

(c) 50MPa 时有无水射流截齿受力对比

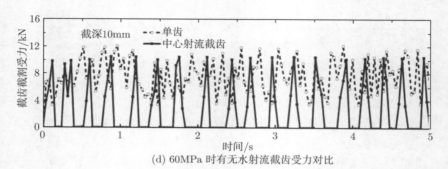

(d) 60MPa 时有无水射流截齿受力对比

图 4-22　不同压力水射流截齿受力对比

仿真过程中发现，当水射流压力超过 40MPa 时，截齿受力波形不再连续，出现一定的受力真空期。分析认为，当截齿直接截割岩石时，由于仿真过程是采用删除岩石单元来表示岩石的破坏，而截齿接触岩石表面较大，一部分岩石单元删除破坏后，还有其他岩石单元持续对截齿受力，而存在水射流时，水射流可以预先破碎一部分岩石单元，当截齿截割破碎截齿面上的其他岩石单元时，出现截齿前方岩石单元不存在的情况，因此受力降低到零。

从图 4-22 (a) 可以看出，由于岩石抗压强度为 37.48MPa，当水射流压力为 25MPa 时，水射流作用也有一定的效果，受力曲线波形有一定的下移，波峰力明显下降。随着压力的升高，受力降低越明显，当压力达到 40MPa 时，可以明显看到曲线已经不再连续，而是一段一段的间断波。分析认为，数值模拟过程中，当水射流的压力超过岩石的抗压强度时，水射流已经可以直接破坏岩石，并且水射流的速度远远高于截齿的截割速度。所以在截齿截割岩石时，截齿中心截割点前方一部分岩石已经被水射流破坏，从而截齿受力大大降低，并且由于岩石前方部分岩石破坏碎裂，岩石更易发生崩落。从图 4-22(c) 可以看出，截齿破碎岩石后，截齿与截割前方存在一定的空隙，所以截齿受力降到零。从图 4-22(a)～ 图 4-22(c) 同时可以看出，当存在水射流时，破岩波形相比单齿无水射流破岩较简单，波形上下波动次数变少，说明岩石破碎范围变大。并且可以看出，随着水射流压力的增大，波形整体下移，受力降低越大。受力减小率计算公式为

$$\beta_2 = \frac{F_{单} - F_{水}}{F_{单}} \times 100\% \tag{4-6}$$

式中，β_2——存在水射流时截齿受力减小率，%；

$F_{单}$——无水射流单齿截割受力，kN；

$F_{水}$——有水射流时截齿截割受力，kN。

根据图 4-23 截齿受力减小率，计算压力为 25MPa、40MPa、50MPa、60MPa 时截齿受力平均值，并根据式 (4-6) 计算截齿受力减小率如表 4-13 所示。

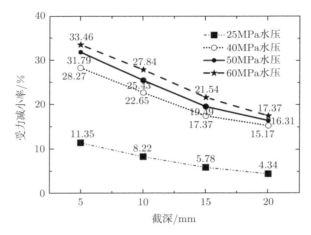

图 4-23 截齿–中心射流破岩截齿受力减小率

表 4-13 截齿受力平均值

参数	受力平均值数值/kN	受力减小率/%
单齿截割	7.55	—
25MPa 水射流	6.92	8.22
40MPa 水射流	5.82	22.65
50MPa 水射流	5.63	25.43
60MPa 水射流	5.45	27.84

从表 4-13 可以看出,随着压力的增大,截齿受力明显降低,当压力为 40MPa、截深为 10mm 时,截齿受力减小率为 22.65%,水射流辅助破岩具有较好的效果。

采用同样的数值模拟方法,对不同截深以及不同压力进行仿真分析,其受力减小率结果如图 4-23 所示。从图 4-23 可以看出,随着截深的增大,截齿受力减小率明显下降;从压力 25 MPa 到 40MPa,截齿受力减小率明显提升;当截深为 5mm、压力为 60MPa 时,最大受力减小率为 33.46%。

4.3.3 截齿–前置式射流联合破岩数值模拟

截齿–前置式射流配置方式主要考虑的参数有射流的入射角、射流的压力、射流与齿尖的距离、截深等。其相关参数数值如表 4-14 所示。

1. 水射流压力及截深影响分析

水射流压力直接影响水射流的冲击力,理论上水射流的压力越高,辅助破碎能力越强,但是,由于受液压泵系统等限制,以及考虑水射流辅助截齿破碎能量损耗、经济性等问题,研究力求得到在较低水射流压力作用下具有较好的辅助破岩效果。

表 4-14　截齿–前置式射流研究参数

参数	数值				
射流入射角/(°)	40	50	60	70	90
射流压力/MPa	0	25	40	50	60
射流与齿尖距离/mm	2	5	10	15	—
截深/mm	5	10	15	20	—

因此，当研究水射流压力时，保证其他研究参数相同，取水射流入射角度为 90°，射流与齿尖距离为 2mm，仿真过程水射流压力分别为 25MPa、40MPa、50MPa、60MPa。

截齿受力曲线如图 4-24 所示。从图 4-24 可以看出，随着压力的增加，截齿受力明显下降，尤其是压力超过岩石的抗压强度时，截齿受力出现了一定时间的真空

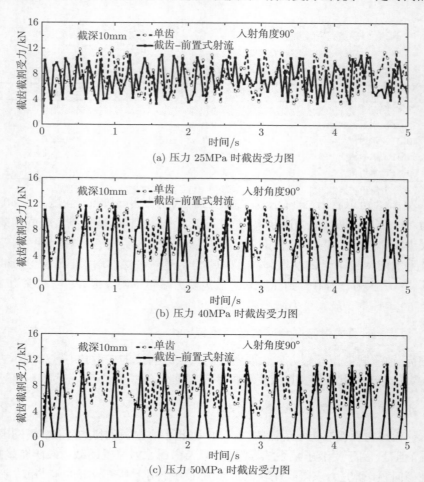

(a) 压力 25MPa 时截齿受力图

(b) 压力 40MPa 时截齿受力图

(c) 压力 50MPa 时截齿受力图

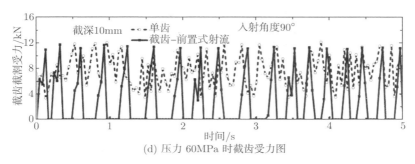

(d) 压力 60MPa 时截齿受力图

图 4-24 不同压力水射流截齿受力

期，截齿受力频率大大降低，但是对比 40MPa、50MPa 和 60MPa 射流压力下，截齿受力没有明显的变化。

为了进一步分析压力及截深对截齿受力变化的影响，同样提取受力曲线截齿受力平均值并计算受力减小率，如图 4-25 所示。

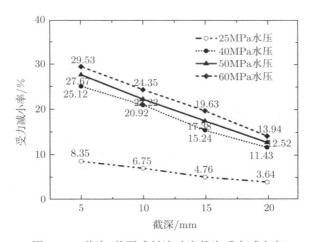

图 4-25 截齿-前置式射流破岩截齿受力减小率

从图 4-25 中可以看出，随着水射流压力的升高，截齿受力减小率增加，从 25MPa 到 40MPa，受力减小率跳跃式增加，而从 40MPa 到 50MPa，以及 50MPa 到 60MPa，受力减小率提升较少。由此可以看出，在该配置方式下，射流压力具有非常特殊的临界点，也就是射流压力不超过岩石抗压强度情况下，射流压力的升高对截齿受力减小率影响不大。压力为 25MPa，受力减小率最高只有 8.35%，而射流压力达到岩石抗压强度时，当压力从 25MPa 升高到 40MPa，受力减小率从 8.35% 升高到 25.12%，效果明显增强，而压力继续升高到 50MPa 时，截齿受力减小从 25.12% 增加到 27.67%，效果不明显。截齿-前置式射流具有明显的临界压力，当水射流压力低于岩石抗压强度时，射流辅助破岩效果较差，而压力大于岩石抗压强度时，射流辅助破岩效果较好，但是继续增加压力，截齿受力减小率增加趋势变缓，经济性相对变差。

2. 水射流入射角影响分析

水射流的入射角对岩石的破碎有一定的影响，了解其最佳入射角有助于水射流辅助破岩的最佳布置方式。仿真过程水射流压力为 40MPa，射流与齿尖距离为5mm，截割深度为 10mm，各个角度的数值模型如图 4-26 所示。

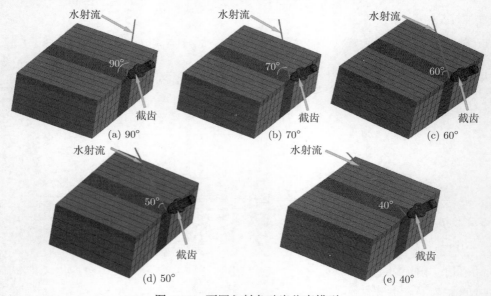

图 4-26　不同入射角破岩仿真模型

当压力为 40MPa，截割深度为 10mm，入射角为 90° 时，截齿–高压水射流联合破岩仿真动态不同时刻数值模拟过程如图 4-27 所示。

从图 4-27 可以看出，截齿–前置式射流破岩时，射流冲击在截齿的截割表面上，部分射流粒子冲击在刀具下方新的破碎自由面上。由于岩石具有一定的弹塑性及孔隙，水射流撞击岩石新自由面时，形成图 4-27(d) 水射流飞溅的状态。从图 4-27(c) 看出，应力波的传播过程，证明了应力波具有明显的局部效应，符合射流冲击初期宏观破碎坑形成形状。从图中还可以看出，在离冲击点较远的地方，应力波明显下降，在更远处能量损失较大，应力波不足以破碎岩石以及岩石不再受力，说明应力波在岩石中随着距离的增大急剧下降。并且图 4-27 中不同时刻的应力波分布以及数值大小均不同，说明截齿–前置式射流联合破岩过程中载荷的波动性。水射流入射角对破岩效果的影响可以从截齿受力减小率以及岩石破碎状态来说明，确定最佳入射角度范围。

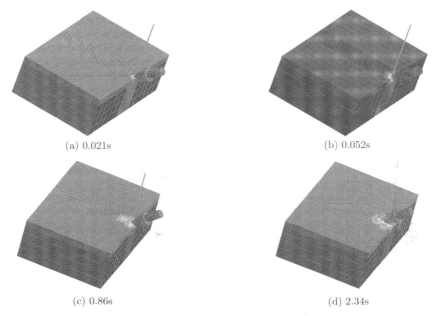

(a) 0.021s　　　　　　　　　　　　　　(b) 0.052s

(c) 0.86s　　　　　　　　　　　　　　(d) 2.34s

图 4-27　截齿–前置式射流动态破岩过程

1) 岩石破碎状态

从图 4-28 可以看出，在研究范围内，当水射流的入射角在 $60° \sim 90°$ 时，在同等条件下，射流可以提前破碎部分岩石；当水射流入射角低于 $60°$ 时，由于入射角度过低，岩石表面弹性变形相对较小，从而导致射流冲击在岩石表面时，水射流能量损失较大，在同等压力下，水射流已经不足以破碎岩石，射流 SPH 粒子全部在岩石表面反弹，射流冲击效果大大降低。由此可知，射流入射角度不能太小，在本章节研究范围内，射流入射角度在 $60° \sim 90°$ 较好。

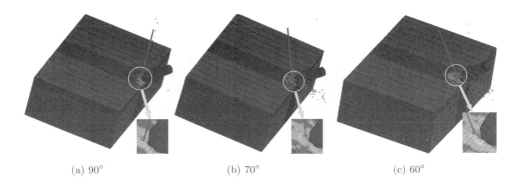

(a) 90°　　　　　　　　　　　(b) 70°　　　　　　　　　　　(c) 60°

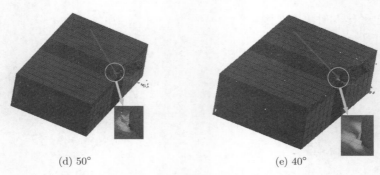

(d) 50°　　　　　　　　　　　　　　　(e) 40°

图 4-28　不同入射角岩石破碎状态

2) 截齿截割受力分析

在上述不同角度冲击影响下，为了进一步说明入射角度的影响，分析不同入射角度在 40MPa 冲击压力下截齿受力变化情况，受力如图 4-29 所示。从图中可以看出，水射流入射角度为 60° ∼ 90° 时，截齿的受力曲线比较接近，截齿存在一定时间受力为零，并每隔一段时间出现一个波峰。而射流入射角度为 50° 和 40° 时，截齿受力降低到零的时间大大减少。从图 4-29(e) 可以看出，射流入射角为 40° 时，截齿受力是连续的，不存在受力降低到零的情况。分析认为，当射流入射角度为 60° ∼ 90°，水射流压力为 40MPa 时，由于水射流能量损失较小，射流压力大于

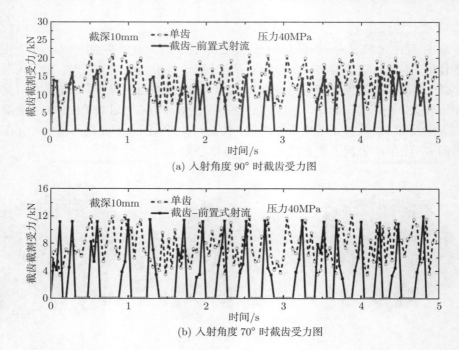

(a) 入射角度 90° 时截齿受力图

(b) 入射角度 70° 时截齿受力图

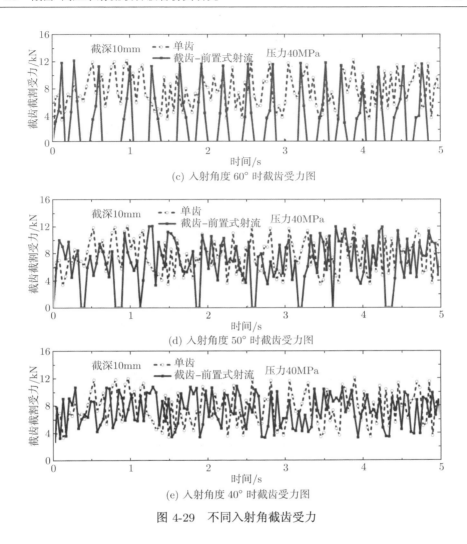

(c) 入射角度 60° 时截齿受力图

(d) 入射角度 50° 时截齿受力图

(e) 入射角度 40° 时截齿受力图

图 4-29 不同入射角截齿受力

岩石的抗压强度，水射流依旧能够在截齿截割前方预先破坏岩石单元，切出深槽，所以截齿在破碎射流深槽周围的岩石后，存在一定的真空期，使得截齿受力降低到零。而入射角度低于 60° 时，水射流能量损失较大，水射流已经不足以连续预先在截齿前方破碎岩石，相当于截齿连续截割前方岩石，受力增加并且截割频率大大增加。因此从受力分析角度考虑，水射流布置在截齿前方时，在同等射流压力下，入射角度为 60° ～ 90° 较好。

3. 齿尖与射流冲击点距离影响分析

射流与齿尖距离是影响射流与截齿联合作用效果的关键因素，因此研究射流与齿尖距离的影响十分必要。选取射流压力为 40MPa，射流与齿尖距离分别为 2mm、5mm、10mm、15mm，截割深度为 10mm，入射角度为 90°。该条件下，0.863s 时数值模型等效应力分布如图 4-30 所示。

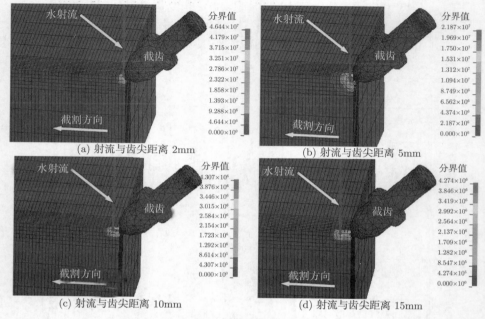

(a) 射流与齿尖距离 2mm

(b) 射流与齿尖距离 5mm

(c) 射流与齿尖距离 10mm

(d) 射流与齿尖距离 15mm

图 4-30　齿尖与射流冲击点不同距离等效应力

　　由于应力波在岩石传播过程中随距离的增加急剧衰减，在距离水射流作用点或者截齿作用点较远处，应力波的能量不足以破碎岩石，应力波本身具有明显的局部效应，并且水射流与截齿联合作用产生的应力波是矢量叠加的。因此，从图 4-30 可以看出，当水射流与截齿的距离较小时，岩石内部应力叠加强度最大，岩石更加容易破坏，但是由于距离太近，应力波具有明显的局限性，因此应力波叠加范围较小，应力波能量对岩石破碎范围较小；当射流与齿尖距离达到 5mm 时，应力波叠加范围明显增加，应力叠加最高点达到 21.87MPa；当距离达到 10mm 时。从图 4-30 中明显可以看出应力波叠加最大值减小，但是最大应力区域大大增加；当射流与齿尖距离达到 15mm 时，由于距离过大，应力波又具有明显的局限性，衰减快，导致射流冲击点与截齿截割点的应力波无法较好叠加，应力波叠加破岩效果差。

　　因此，为了更加容易破碎岩石，在本书研究范围内，仿真结果表明，射流与齿尖的距离为 2mm 最佳，但是射流与齿尖的距离为 5mm 时，应力波叠加范围更大，理论上更容易破碎出大块岩石。因此在本书研究范围内，射流与齿尖的距离为

2mm 和 5mm 效果较好。

4.3.4 截齿–侧置式射流联合破岩数值模拟

截齿–侧置式射流的布置方式主要考虑的参数有射流的入射角、射流的压力、射流与齿尖的侧边距离、截深等。其相关参数如表 4-15 所示。

表 4-15 截齿–侧置式射流研究参数

参数	数值				
射流入射角/(°)	40	50	60	70	90
射流压力/MPa	0	25	40	50	60
射流与齿尖距离/mm	2	5	10	15	—
截深/mm	5	10	15	20	—

1. 水射流压力及截深影响分析

仿真过程水射流入射角度为 90°，水射流压力分别为 25MPa、40MPa、50MPa、60MPa，射流与齿尖侧面距离为 2mm，截割深度为 10mm。截齿受力曲线如图 4-31 所示。

从图 4-31 中可以看出，对比无水射流单齿破岩，在水射流不同压力作用下，截齿–侧置式射流的受力波形并没有下降到零的情况，但是受力波形有一定的下降，

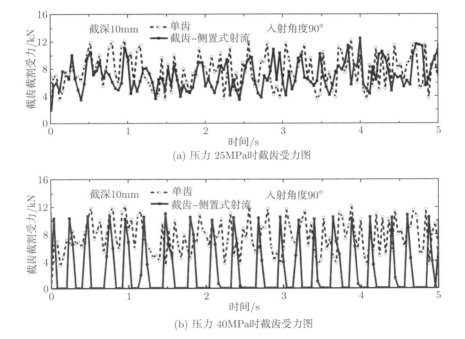

(a) 压力 25MPa时截齿受力图

(b) 压力 40MPa时截齿受力图

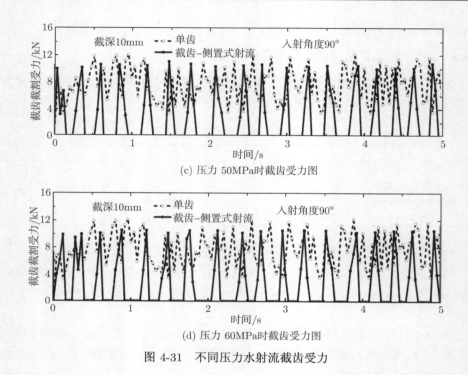

(c) 压力 50MPa时截齿受力图

(d) 压力 60MPa时截齿受力图

图 4-31   不同压力水射流截齿受力

随着压力的增加，受力波形明显下降。同样在其他不同截深下，受力减小率如图 4-32 所示。

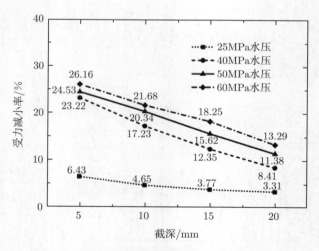

图 4-32   截齿–侧置式射流破岩截齿受力减小率

从图 4-32 可以看出，随着截深的增加，射流有效性明显下降；随着压力的增大，受力减小率明显上升，对比前面两种布置方式，该布置方式受力减小率比其他两种方式差。

2. 水射流入射角影响分析

射流的入射角对岩石的冲击有一定的影响，了解其最佳入射角有助于水射流辅助破岩的最佳布置方式。数值模拟过程中水射流压力为 40MPa，齿尖与射流冲击点的侧边距离为 5mm，截割深度为 10mm，同样采用 SPH 粒子法以及有限元法建立数值模型，如图 4-33 所示。

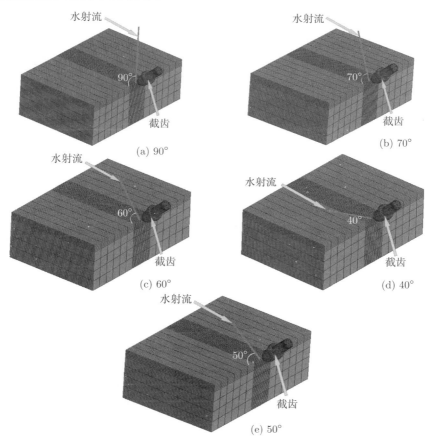

图 4-33　不同入射角破岩仿真模型

截齿-侧置式射流联合破碎过程如图 4-34 所示。从图 4-34 中可以完整看到水射流辅助截齿破碎过程，射流联合截齿共同作用于岩石，水射流冲击在岩石表面发生反弹，能量有一定的损失。

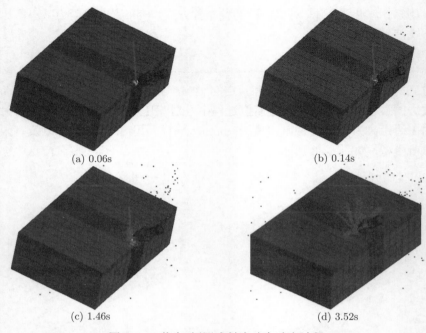

(a) 0.06s

(b) 0.14s

(c) 1.46s

(d) 3.52s

图 4-34   截齿–侧置式射流动态破岩过程

为了更加清晰指出岩石的破碎情况，在后处理中隐藏截齿以及水射流，截取岩石破碎坑进行进一步的分析研究，如图 4-35 所示。从图 4-34 可以看出，射流粒子很大一部分在岩石表面反弹，能量损失较大。结合图 4-35 可以看出，在截齿截割过程中，岩石破碎坑偏向于存在射流一侧，存在射流一侧岩石破坏单元较多，说明

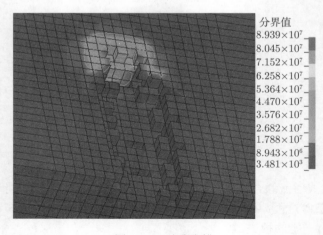

分界值
8.939×10^7
8.045×10^7
7.152×10^7
6.258×10^7
5.364×10^7
4.470×10^7
3.576×10^7
2.682×10^7
1.788×10^7
8.943×10^6
3.481×10^3

图 4-35   破碎沟槽

水射流侧面布置具有一定的效果，同时从动态过程应力分布情况也可以看出，射流一侧应力分布范围更广，数值更大。但是从破碎坑范围来看，由于布置在截齿一侧，射流相对截齿来说不是共同作用截割点，射流与截齿联合作用破碎坑范围没有较大变化。为进一步研究截齿-侧置式射流破岩效果，在后处理中提取截齿受力情况如图 4-36 所示。

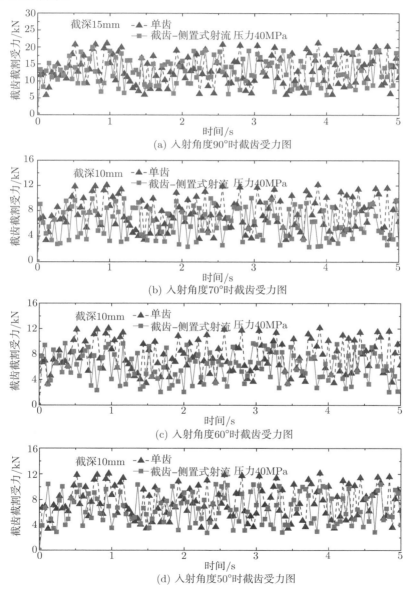

(a) 入射角度90°时截齿受力图

(b) 入射角度70°时截齿受力图

(c) 入射角度60°时截齿受力图

(d) 入射角度50°时截齿受力图

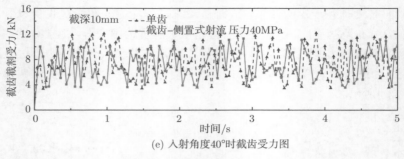

(e) 入射角度40°时截齿受力图

图 4-36   不同入射角截齿受力

从图 4-36 可以看出，水射流入射角度在 60° ～ 90° 时，截齿受力波形大致接近，而当入射角度为 50° 时，截齿受力波形有一定的上升，说明水射流辅助破岩能力在下降，因此在本书研究范围内，角度不低于 60° 较好。

为了进一步清晰分析入射角度的影响，提取各波形平均值并按公式计算受力减小率，如图 4-37 所示。从图 4-37 可以看出，同等压力下，随着入射角度的增大，受力减小率明显上升，在角度为 60° ～ 90° 时，曲线趋于平缓，但是略微有点下降。分析认为，水射流布置在截齿侧边时，有一定的入射角度，更加容易使得岩石应力波往截齿侧传递，使得截齿产生的应力与水射流有更好的叠加。

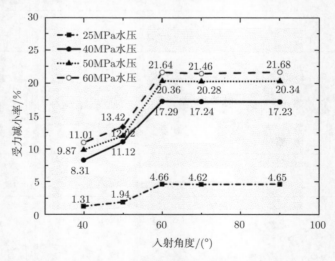

图 4-37   不同入射角在不同水压下截齿受力减小率

3. 齿尖与射流冲击点距离影响分析

同样采用 SPH 粒子法与有限元法结合建立截齿–侧置式射流联合破岩数值模

型,并且选取射流压力为 40MPa,射流与齿尖距离分别为 2mm、5mm、10mm、15mm,截割深度为 10mm,入射角度为 90°。该条件下,0.986s 时刻的数值模拟等效应力结果如图 4-38 所示。从图中可以看出,侧置式水射流与截齿联合破岩过程中,当齿尖与射流的冲击点距离越近,两者联合破岩的最大应力越大,距离为 2mm、5mm、10mm、15mm 时,分别对应联合作用最大应力为 5.268MPa、4.854MPa、4.275MPa、4.257MPa。当距离过大时 (15mm),从图中可以看出,射流的应力与截齿截割应力基本分开作用,应力叠加效果较差。因此在本书研究范围内,当齿尖与射流的距离为 2mm 时,破碎效果较好。

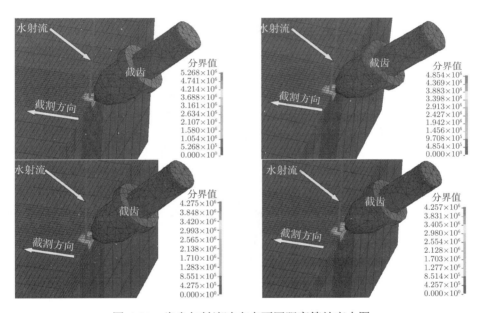

图 4-38 齿尖与射流冲击点不同距离等效应力图

4.3.5 截齿–后置式射流联合破岩数值模拟

同截齿–中心射流参数研究相同,截齿–后置式射流所研究的射流压力参数分别为 25MPa、40MPa、50MPa、60MPa。数值模型如图 4-39 所示。

数值模拟结果如图 4-40 所示。从图 4-40 中可以看出,截齿受力随着水射流压力的增加明显下降,尤其是压力超过岩石的抗压强度时,截齿受力出现了一定时间的真空期,截齿受力频率大大降低,但是对比 40MPa 与 50MPa 射流压力下,截齿受力没有明显的变化。

图 4-39　破岩数值模型

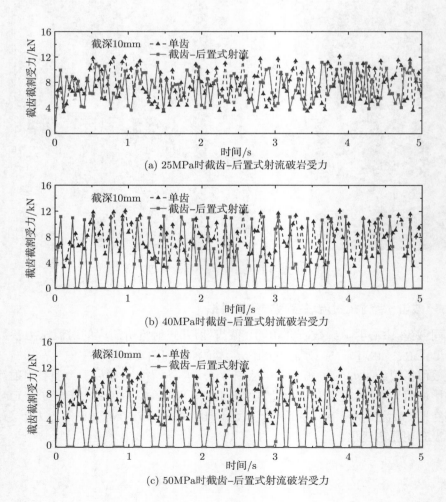

(a) 25MPa时截齿–后置式射流破岩受力

(b) 40MPa时截齿–后置式射流破岩受力

(c) 50MPa时截齿–后置式射流破岩受力

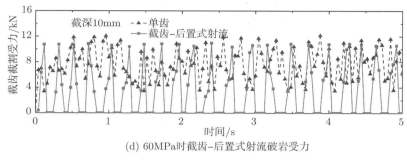

(d) 60MPa时截齿-后置式射流破岩受力

图 4-40 不同压力水射流截齿受力

为了进一步分析压力对截齿受力变化的影响，计算截齿受力减小率如图 4-41 所示。从图 4-41 可以看出，截齿-后置式射流联合破岩受力减小率随着压力的增大而增大，最大受力减小率为 30.84%，截齿-后置式射流破岩效果明显。

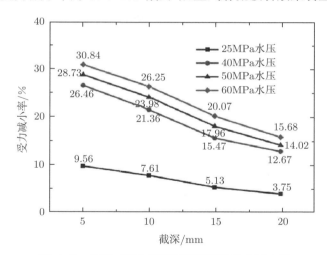

图 4-41 截齿-后置式射流破岩截齿受力减小率

4.3.6 不同配置方式对比分析

综合以上对四种配置方式的数值模拟，主要从联合破碎岩石过程中岩石压应力以及截齿受力减小率分析对比。

1. 岩石压应力对比分析

在 4×10^{-2}s 时，40MPa 水压下，单个截齿破岩、截齿-中心射流破岩、截齿-前置式射流破岩、截齿-侧置式射流破岩以及截齿-后置式射流破岩岩石压应力分布如图 4-42 所示。为了清晰观察岩石的应力分布，在后处理中隐藏截齿 SPH 射流，并将岩石沿截割方向剖开。

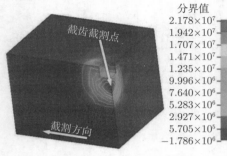

(a) 单齿破岩岩石压应力等值线图

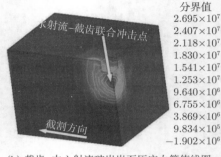

(b) 截齿–中心射流破岩岩石压应力等值线图

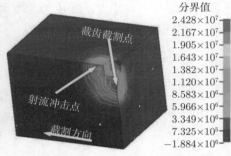

(c) 截齿–前置式射流破岩岩石压应力等值线图

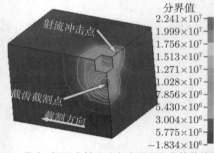

(d) 截齿–侧置式射流破岩岩石压应力等值线图

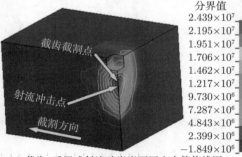

(e) 截齿–后置式射流破岩岩石压应力等值线图

图 4-42　岩石压应力对比

对比图 4-42(a)～ 图 4-42(e) 可以看出，该时刻，在水射流作用下，中心冲击点处，单齿破岩最大压应力为 21.78MPa，截齿–中心射流破岩最大压应力为 26.95MPa，截齿–前置式射流破岩最大压应力为 24.28MPa，截齿–侧置式射流破岩最大压应力为 22.41MPa，截齿–后置式射流破岩最大压应力为 24.39MPa。因此从压碎破坏分析可得，截齿–中心射流联合破岩更易压碎岩石，理论效果最好，并且单齿破岩最大拉应力为 1.786MPa，截齿–中心射流破岩最大拉应力为 1.902MPa，截齿–前置式射流破岩最大拉应力为 1.884MPa，截齿–侧置式射流破岩最大拉应力为 1.834MPa，截齿–后置式射流破岩最大拉应力为 1.849MPa。分析认为试验岩样是脆性岩石，其抗拉强度远低于抗压强度，岩样更易发生拉伸破坏。所以不管从岩石压碎破坏还是拉伸破坏，理论上截齿–中心射流破岩效果最好，其次是截齿–后置式射流破岩，第三是截齿–前置式射流破岩，辅助效果最差的是截齿–侧置式射流破岩。

从图 4-42(b) 可以看出，当射流与截齿作用点不在同一点上时，在射流冲击点压应力较大，但是不能与截齿冲击点的压应力有效地叠加，在截齿–中心射流刚刚截割岩石时，岩石处于受压状态，在冲击中心压应力最大，该时刻最大值为 26.95MPa。随着径向距离的增加，压应力减小，并逐渐转化成拉应力，最大拉应力出现在射流冲击点表面周围某个位置，最大拉应力为 1.902MPa，拉伸裂纹将出现在冲击中心边缘处，这与许多试验观测相符合。

2. 截齿受力减小率

综合以上分析可得，在同等截深为 10mm、射流压力为 50MPa 条件下，各种配置方式最大受力减小率如图 4-43 所示。

从图 4-43 可以看出，同等条件下各配置方式截齿受力减小率最大为截齿–中心射流破岩，其次是截齿–后置式射流破岩，第三是截齿–前置式射流破岩，辅助效果最差的是截齿–侧置式射流破岩。

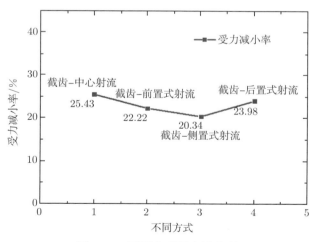

图 4-43 不同方式受力减小率

4.4　截齿–高压水射流不同配置方式联合破岩试验研究

4.4.1　试验目的及内容

　　截齿–高压水射流不同配置方式联合破岩试验 [11−13]，其具体内容为：在建立的截齿–高压水射流联合破岩试验台基础上，进行截齿–中心射流、截齿–前置式射流、截齿–侧置式射流、截齿–后置式射流联合破岩试验研究，观测联合破岩过程以及测定不同配置方式下截齿受力情况，以期获得最佳布置方式，并验证相关仿真结果。

4.4.2　截齿–中心射流联合破岩试验方案及分析

　　截齿–中心射流联合破岩试验初始如图 4-44 所示，参数设定及试验方案如表 4-16 所示。

图 4-44　截齿–中心射流破岩试验

表 4-16　截齿–中心射流试验参数

参数	取值范围
截深/mm	5、10、15、20
水压/MPa	0、25、40、50、60
刀具	截齿–中心射流

　　截齿–中心射流的主要影响因素为截深、水压，分析不同截深 (5mm、10mm、15mm、20mm) 在不同水压 (25MPa、40MPa、50MPa、60MPa) 下截齿受力情况，并通过位移传感器调定截齿截割速度为 2m/min 左右，分析截齿–中心射流破岩规律。

　　截齿–中心射流破岩结果分析：截深 5mm 时不同水压截齿受力如图 4-45 所示。

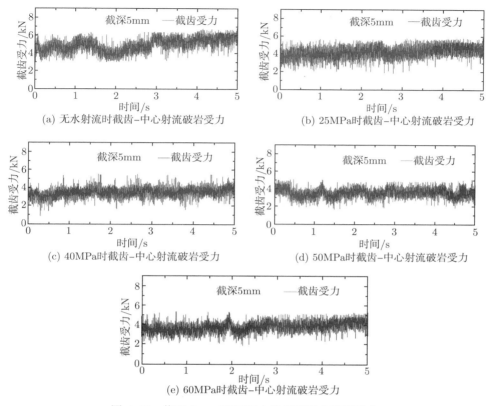

图 4-45 截深 5mm 不同压力作用下联合破岩受力

从图中可以看出，在截割深度为 5mm 时，随着水射流压力的增加，受力波形曲线明显地下降，水射流压力越大，受力下降越明显。当无水射流时，受力波动幅度较大；存在水射流时，受力波形波动较平缓，截齿受力波动较小。

截深 10mm 时不同水压截齿受力如图 4-46 所示。对比图 4-45 和图 4-46 可以看出，随着截深的增加，截齿受力大大增加，并且波形比截深 5mm 时更加密集，波动范围更大。随着水射流压力的增大，截齿受力降低，尤其在水射流压力达到 40MPa 时，

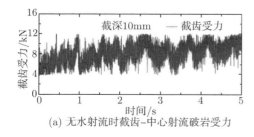

(a) 无水射流时截齿-中心射流破岩受力

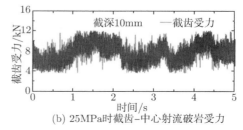

(b) 25MPa时截齿-中心射流破岩受力

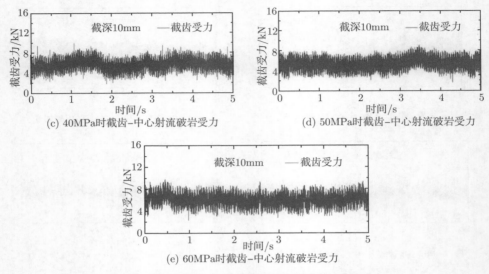

(c) 40MPa时截齿–中心射流破岩受力　　　　(d) 50MPa时截齿–中心射流破岩受力

(e) 60MPa时截齿–中心射流破岩受力

图 4-46 截深 10mm 不同压力作用下联合破岩受力

受力波形明显下降,并且波动范围比无水射流时更加均匀。从受力波形可以看出,在破岩过程中,受力波形在某一段有一个明显的突降,这也可以看出截齿前方破碎块度较大,导致截齿前方阻力明显下降。

截深 20mm 时不同水压截齿受力如图 4-47 所示。从图 4-47 可以看出,随着水射流压力的增加,截齿受力有一定的下降,但不是非常明显,并且波形变得更加复

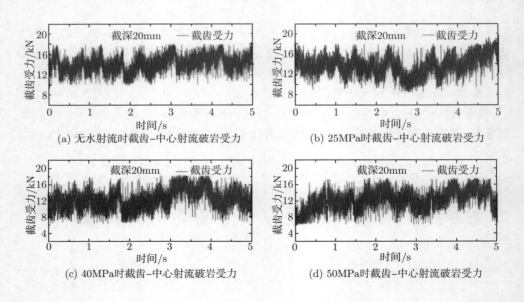

(a) 无水射流时截齿–中心射流破岩受力　　　　(b) 25MPa时截齿–中心射流破岩受力

(c) 40MPa时截齿–中心射流破岩受力　　　　(d) 50MPa时截齿–中心射流破岩受力

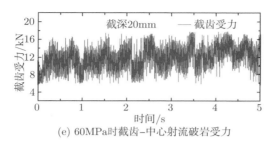

(e) 60MPa时截齿–中心射流破岩受力

图 4-47 截深 20mm 不同压力作用下联合破岩受力

杂。对比图 4-45、图 4-46 可以明显看出，随着截深的增加，水射流辅助破岩效果明显下降；当截深较浅时，水射流具有较好的辅助破岩效果。

从图 4-48 可以看出，在无水射流情况下，截齿截割产生的岩石碎屑都存在于深槽两边，而存在水射流的情况下，截齿破碎过程中产生的岩屑和较小的岩块都被高压水冲走，从而减小了截齿摩擦，减小了截齿受力。并且在高压水射流的情况下，岩石截割深槽下方存在一定的损伤区域，产生一条较长的裂缝，该裂缝对岩石的破碎具有一定的积极作用。

(a) 无水射流岩石破碎坑

(b) 40MPa 水压作用下岩石破碎坑

图 4-48 破碎坑对比

为了更加清晰说明水射流的破岩作用，根据上述受力波形求取平均值，对比无水射流截齿受力平均值，计算受力减小率。截齿破岩各水射流压力 (25MPa、40MPa、50MPa、60MPa) 在不同截深 (5mm、10mm、15mm、20mm) 下受力减小率如图 4-49 所示。

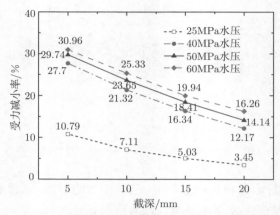

图 4-49   截齿–中心射流破岩试验受力减小率

　　从图 4-49 可以看出，截齿在不同水射流压力辅助情况下对岩石截割不同深度时，随着水射流压力的增高，受力减小率明显上升；在同等压力下，随着截深的增加，受力减小率明显下降。当截深为 5mm、压力为 60MPa 时，截齿受力减小率最大为 30.96%，并且在同等截深下，水射流从 25MPa 到 40MPa，受力减小率有一个明显的提升。分析认为水射流压力达到 40MPa，超过岩石抗压强度时，具有较好的水楔作用以及小射流破碎损伤岩石，该试验结果与仿真结果一致，说明了仿真的正确性。

4.4.3   截齿–前置式射流联合破岩试验方案及分析

　　截齿–前置式射流联合破岩试验初始如图 4-50 所示，参数设定及试验方案如表 4-17 所示。

图 4-50   截齿–前置式射流破岩试验图

　　截齿–前置式射流的主要影响因素为截深、水压、齿尖与射流冲击点距离、入射角等，研究不同参数下截齿–前置式射流联合破岩截齿受力情况，分析截齿–前置式射流破岩规律。

表 4-17   截齿–前置式射流试验参数

变量	取值范围
截深/mm	5、10、20
水压/MPa	0、25、40、50
截齿齿尖与射流冲击点距离/mm	5、10、15、20
截齿入射角/(°)	90、70、60、50、40
刀具	截齿–前置式射流

1. 水射流压力及截深对联合破岩试验影响分析

在水射流入射角度为 90°，试验过程水射流压力分别为 25MPa、40MPa、50MPa、60MPa，射流与齿尖距离为 2mm，截割深度为 10mm 时，截齿受力曲线如图 4-51 所示。从图 4-51 可以看出，在截割深度为 10mm 时，随着水射流压力的增加，受力波形曲线明显地下降，水射流压力越大，受力下降越明显。当无水射流时，受力波动幅度较大；存在水射流时，受力波形波动较平缓，截齿受力波动较小。

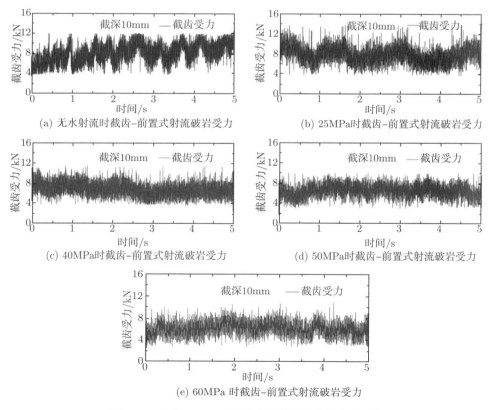

(a) 无水射流时截齿–前置式射流破岩受力

(b) 25MPa时截齿–前置式射流破岩受力

(c) 40MPa时截齿–前置式射流破岩受力

(d) 50MPa时截齿–前置式射流破岩受力

(e) 60MPa 时截齿–前置式射流破岩受力

图 4-51   截深 10mm 不同压力作用下破岩试验受力

　　计算截齿受力平均值，得到截齿受力减小率如图 4-52 所示。当压力低于岩石的抗压强度时，水射流前置辅助破岩效果较差，受力减小率为 3.68%；当水射流压力超过抗压强度达到 40MPa 时，受力减小率明显上升为 17.16%；而继续增加水射流压力时，破岩效果并没有再显著增加，截齿–前置式射流破岩为水射流压力超过岩石抗压强度时效果较好。试验过程中前置式破岩效果如图 4-53 所示。

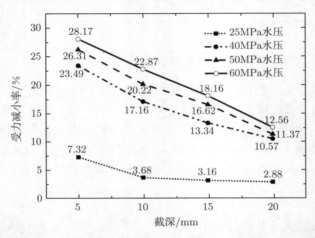

图 4-52　截齿–前置式射流破岩试验受力减小率

　　从图 4-53 可以看出，在无水射流状态下，截齿破岩沟槽四周存在较高的岩脊；而存在水射流时，破岩沟槽四周岩脊较少，从而可以大大减小截齿截割过程中岩脊的摩擦阻力。在图 4-53(b) 截齿截割槽的右端有一个较深的槽，主要是由于截割装置停止截割时，水射流继续冲击岩石造成的，这也说明了当压力达到 40MPa 时，水射流可以破碎岩石，切出较深的沟槽。

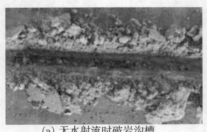
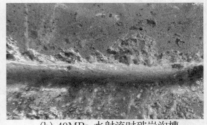

(a) 无水射流时破岩沟槽　　　　　　　　(b) 40MPa 水射流时破岩沟槽

图 4-53　前置式有无水射流截齿破岩沟槽

2. 射流入射角对联合破岩试验影响分析

射流的入射角对岩石的冲击有一定的影响，了解其最佳入射角有助于水射流辅助破岩的最佳布置方式。试验过程中，水射流冲击点与齿尖距离为 2mm，截深为 10mm，研究分析不同入射角在各压力作用下截齿受力情况。同样根据前面的试验方法，计算受力波形曲线平均值，平均值及受力减小率如图 4-54 所示。

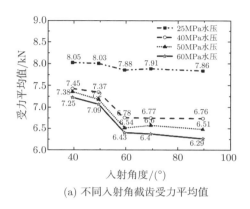

(a) 不同入射角截齿受力平均值

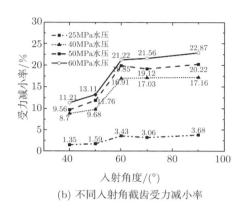

(b) 不同入射角截齿受力减小率

图 4-54 不同入射角截齿受力平均值以及受力减小率

从图 4-54 可以看出，在同等压力作用下，水射流受力平均值随着水射流入射角的增大而减小。在本书研究范围内 (90°、70°、60°、50°、40°)，入射角为 60° 是一个临界点，入射角度为 60° ∼ 90° 时，截齿受力平均值基本一致，而低于 60° 时，截齿受力平均值明显上升。受力减小率跟截齿受力平均值变化趋势相反，随着入射角的增大而增大。分析认为，当水射流入射角过小时，水射流冲击在岩石表面能量损失较大，导致不足以在岩石表面切出一定的深槽，从而受力明显增大，该结论与仿真结果基本一致，表明仿真的正确性。

3. 截齿齿尖与射流冲击点距离对联合破岩试验影响分析

为了研究射流位置对联合破岩效果的影响，选取 4 组位置进行数值模拟，其中，射流均垂直于岩面，入射角为 90°，截深为 10mm，齿尖与入射冲击点距离分别为 2mm、5mm、10mm、15mm。各水射流压力 (25MPa、40MPa、50MPa、60MPa) 下受力平均值以及受力减小率如图 4-55 所示。

从图 4-55 可以看出，随着齿尖与射流冲击点距离的增大，截齿受力平均值增大，截齿受力减小率相应减小。在本书研究范围内，齿尖与射流冲击点距离越小越好，最佳距离为 2mm。但是整体上齿尖与射流冲击点距离对破岩影响效果较差，曲线趋势较平滑。40MPa 射流垂直入射单独冲击岩石表面形成的沟槽如图 4-56 所示。

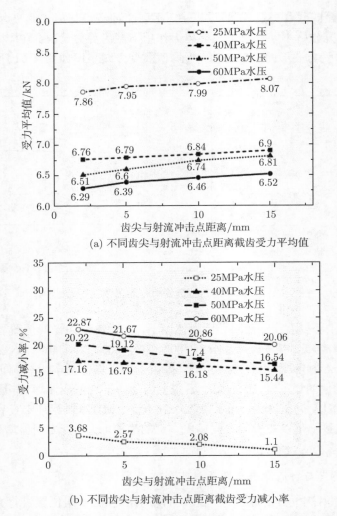

(a) 不同齿尖与射流冲击点距离截齿受力平均值

(b) 不同齿尖与射流冲击点距离截齿受力减小率

图 4-55　不同齿尖与射流冲击点距离截齿受力平均值以及受力减小率

图 4-56　40MPa 水射流冲击沟槽

结合图 4-55 和图 4-56 分析认为,截齿-前置式射流联合破岩射流的主要作用为提前于截齿破碎点预先切出一定的沟槽,减小了截齿实际截割深度,并冲刷截齿前方形成的岩脊,减小截齿摩擦。因此齿尖与射流冲击点的距离不同时,并不影响射流提前冲击岩石切出沟槽,所以齿尖与射流冲击点的距离不同对截齿受力影响有限,主要影响因素是射流压力。

4.4.4 截齿-侧置式射流联合破岩试验方案及分析

截齿-侧置式射流联合破岩试验初始如图 4-57 所示,参数设定及试验方案如表 4-18 所示。

图 4-57 截齿-侧置式射流破岩试验图

表 4-18 截齿-侧置式射流试验参数

参数	取值范围
截深/mm	5、10、15、20
水压/MPa	0、25、40、50、60
截齿齿尖与射流冲击点距离/mm	5 10 15 20
截齿入射角/(°)	90、70、60、50、40
刀具	截齿-侧置式射流

截齿-侧置式射流的主要影响因素为截深、水压、齿尖与射流冲击点距离、入射角等,研究不同参数下截齿-侧置式射流联合破岩截齿受力情况,分析截齿-侧置式射流破岩规律。

1. 水射流压力及截深对联合破岩试验影响分析

在水射流入射角度为 90°,齿尖与射流冲击点侧向距离为 2mm,试验过程水射流压力分别为 25MPa、40MPa、50MPa、60MPa 时,根据采集系统采集的受力波形，计算不同截割深度截齿受力平均值，得到受力减小率如图 4-58 所示。

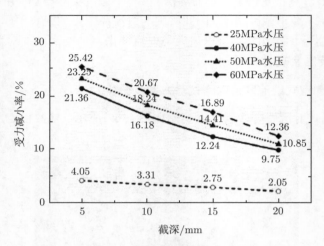

图 4-58   岩石破碎试验受力减小率

从图 4-58 可以看出，不同水射流压力在不同截深下，随着水射流压力的增大，受力减小率明显上升；在同等压力下，随着截深的增加，受力减小率明显下降。在各截深下，射流压力从 25MPa 提高到 40MPa 时，受力减小率有一个明显的提升，而 40MPa 再提高到 50MPa 以及 60MPa 时，受力减小率没有大的提升。分析认为，水射流压力达到 40MPa，超过岩石抗压强度时，具有较好的水射流破碎损伤岩石效果，该布置方式在截深较大时，效果较差，该试验结果与仿真结果一致，说明了仿真的正确性。

2. 射流入射角对联合破岩试验影响分析

射流的入射角对岩石的冲击有一定的影响，了解其最佳入射角有助于水射流辅助破岩的最佳布置方式。试验过程中，齿尖与射流冲击点侧向距离为 2mm，截深为 10mm，研究分析不同入射角在各压力作用下截齿受力情况。同样根据前面的试验方法，计算受力波形曲线平均值，平均值及受力减小率如图 4-59 所示。

从图 4-59 可以看出，在同等压力作用下，水射流受力平均值随着水射流入射角的增大而减小。在本书研究范围内（90°、70°、60°、50°、40°），入射角为 60° 是一个临界点，低于 60° 时，截齿受力平均值明显上升。受力减小率跟截齿受力平均值变化趋势相反，随着入射角的增大而增大。入射角度为 60° ~ 90° 时，截齿受力平均值基本一致，但是在该配置方式下，三条曲线的最佳角度都为 60°，受力减小率最大。

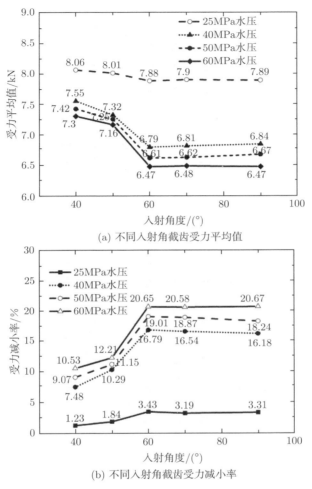

(a) 不同入射角截齿受力平均值

(b) 不同入射角截齿受力减小率

图 4-59 不同入射角截齿受力平均值以及受力减小率

3. 截齿齿尖与射流冲击点侧向距离对联合破岩试验影响分析

为了研究侧置式射流位置对联合破岩效果的影响，选取 4 组位置进行数值模拟，其中，射流均垂直于岩面，入射角为 90°，截深为 10mm，齿尖与入射冲击点距离分别为 2mm、5mm、10mm、15mm。各水射流压力 (25MPa、40MPa、50MPa、60MPa) 在不同齿尖与入射冲击点距离下受力平均值以及受力减小率如图 4-60 所示。

从图 4-60 可以看出，随着齿尖与射流冲击点侧向距离的增大，截齿受力平均值增大，截齿受力减小率相应减小。在研究范围内，齿尖与射流冲击点距离越小越好，最佳距离为 2mm。随着距离的增大，受力明显增加，当齿尖与射流冲击点距离达到 15mm 时，水射流辅助效果基本消失，受力减小率明显下降。

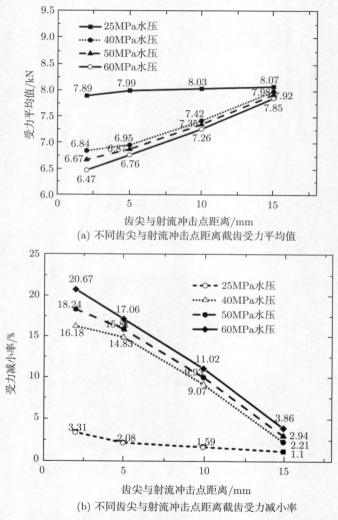

(a) 不同齿尖与射流冲击点距离截齿受力平均值

(b) 不同齿尖与射流冲击点距离截齿受力减小率

图 4-60   不同齿尖与射流冲击点距离截齿受力平均值以及受力减小率

　　为了更加清晰说明该问题，40MPa 水压下截齿–侧置式射流不同齿尖与射流冲击点距离岩石破碎坑如图 4-61 所示。从图中可以看出，截齿–侧置式射流齿尖与射流冲击点距离越远，射流冲击破碎坑与截齿破碎坑叠加得越远。说明距离越远，射流联合截齿破岩效果越差，相当于射流与截齿各自破碎岩石，两者没有联合破碎岩石。因此，当距离达到 15mm 时，截齿破碎坑与射流破碎坑是完全分开的。从破碎坑角度来看，距离为 2～5mm 时，射流与截齿能较好地联合破碎岩石，但距离为

5mm 时，破碎坑大于距离为 2mm 的破碎坑，因此结合前面截齿受力情况分析认为，齿尖与射流冲击点距离为 2~5mm 较好。

(a) 齿尖与射流冲击点侧向距离 2mm

(b) 齿尖与射流冲击点侧向距离 5mm

(c) 齿尖与射流冲击点侧向距离 10mm

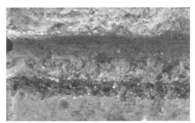
(d) 齿尖与射流冲击点侧向距离 15mm

图 4-61 不同齿尖与射流冲击点距离岩石破碎坑

4.4.5 截齿–后置式射流联合破岩试验方案及分析

截齿–后置式射流联合破岩试验初始如图 4-62 所示，参数设定如表 4-19 所示。

图 4-62 截齿–后置式射流破岩试验图

表 4-19 截齿–后置式射流试验参数

参数	取值范围
水压/MPa	0、25、40、50、60
刀具	截齿–后置式射流

从图 4-62 可以看出，由于截齿–后置式射流布置在截齿后方，在试验中发现存在一点问题：在截齿前进截割过程中，当截深较浅时，喷嘴下方容易摩擦岩石，从而导致喷嘴磨损；当截深过大时，截齿截割过程中，整个喷嘴直接截割摩擦岩石，从而导致喷嘴直接破坏。由于试验中存在该问题，所以只研究水射流压力对结果的影响，并且截割距离为喷嘴碰到岩石之前，截深设定为 10mm，不同水压下截齿截割受力波形如图 4-63 所示。

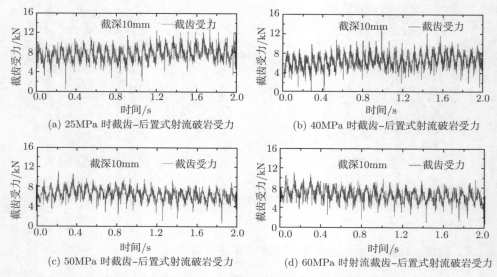

(a) 25MPa 时截齿–后置式射流破岩受力

(b) 40MPa 时截齿–后置式射流破岩受力

(c) 50MPa 时截齿–后置式射流破岩受力

(d) 60MPa 时射流截齿–后置式射流破岩受力

图 4-63　截深 10mm 不同压力作用下联合破岩截齿受力

从图 4-63 中可以看出，在截割深度为 10mm 时，随着水射流压力的增加，受力波形曲线明显地下降，水射流压力越大，受力下降越明显。由于后置式截割距离较短，压力传感器信号采集时间短，因此波形较前面几种布置方式稀疏。计算不同水压截齿受力平均值并对比无水射流截齿受力减小率，如图 4-64 所示。

从图 4-63 中可以看出，截齿在不同水射流压力辅助情况下截割不同深度岩石时，随着水射流压力的增高，受力减小率明显上升；在同等压力下，随着截深的增加，受力减小率明显下降。当截深为 5mm，压力为 60MPa 时，截齿受力减小率最大为 28.96%，并且在同等截深下，水射流从 25MPa 到 40MPa，受力减小率有一个明显的提升。分析认为，当压力低于岩石的抗压强度时，水射流后置辅助破岩效果较差，受力减小率在截深 20mm 时为 3.75%；当水射流压力超过抗压强度达到 40MPa 时，受力减小率明显上升为 11.06%；而继续增加水射流压力时，受力减小率增大趋势变缓。同时也说明该布置方式下水射流破岩效果较好，但是存在截割距离短、喷嘴易损坏等缺点, 因此该布置方式不适合在实际工况中使用。

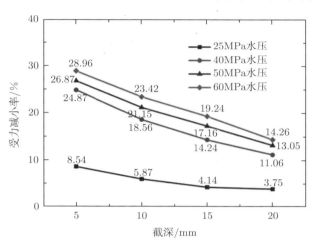

图 4-64 截齿-后置式射流破岩试验受力减小率

4.4.6 不同配置方式对比分析

综合以上分析, 对比四种配置方式的试验状况, 并对联合破碎岩石过程中截齿受力减小率进行分析对比。水射流压力为 50MPa 时, 三种不同布置方式在不同截深下最大的受力减小率如图 4-65 所示。截齿-后置式射流未考虑截深参数, 为此图中未标示截齿-后置式射流的受力减小率状况。

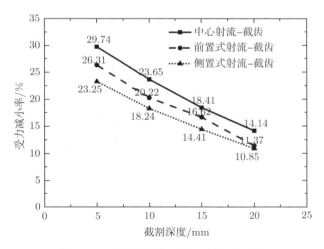

图 4-65 不同配置方式受力减小率对比

从图 4-65 可以看出，最好的是截齿–中心射流整体曲线，其次为截齿–前置式射流，最后是截齿–侧置式射流。但是根据图 4-64 可知，截齿–后置式射流截深为 10mm 时，受力减小率为 21.15%，高于同等条件下的截齿–前置式射流以及截齿–侧置式射流。由于试验过程发现，截齿–后置式射流截割过程中喷嘴易损坏、易磨损，因此，综合考虑，本书研究认为最佳配置方式为截齿–中心式射流，其次是截齿–前置式射流，再者是截齿–侧置式射流，最后是截齿–后置式射流。

4.5　水射流预裂隙对截齿载荷和磨损的影响

上节对水射流破岩性能进行了研究，可以看出，水射流单独作用于煤岩即可形成破碎坑，有助于减少截齿的受载，同时减少截齿的磨损。由于所减少的载荷中，推进阻力载荷一般不造成截齿背刀面的磨损，而截齿背刀面的磨损一般来自于截齿所受侧向力和法向力。为了准确测量截齿的截割推进阻力、截割法向力和截割侧向力以研究其相对变化情况，本节利用有限元方法建立可以表征水射流作用下的镐型截齿与煤岩互作用模型，并结合截齿受载与其磨损的关系进行水射流辅助截齿破岩降载减磨机理研究。

4.5.1　不同配置方式预裂隙截齿破岩有限元模型

前面已给出四种不同截齿与水射流配置形式，其中由于试验中的后置式配置形式欲达到良好的辅助截割效果，喷嘴极易与煤岩干涉，后置式配置方式难以进行实际应用，因此本节只研究侧置式、前置式和中心式配置方式对水射流预裂隙作用下截齿磨损的影响 [14]。不同配置方式截槽形成情况如图 4-66 所示。

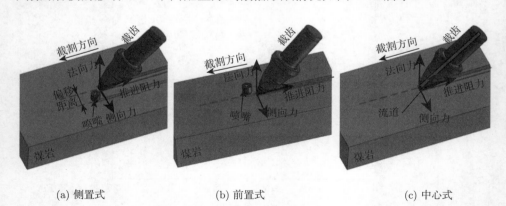

(a) 侧置式　　　　　　　　　(b) 前置式　　　　　　　　　(c) 中心式

图 4-66　不同配置方式截槽形成情况

为了研究不同水射流布置形式对三向力的影响规律，建立无水截齿截割及三种截齿与水射流联合截割对称有限元模型,以获得镐型截齿–水射流联合破岩时的降载减磨机理,并进行了如下假设。

(1) 截齿和水射流在截割过程中匀速前进。

(2) 水射流在煤岩上形成预裂隙,裂隙宽度和深度与水射流压力、喷嘴直径和煤岩参数有关。

(3) 水射流在煤岩上形成的预裂隙在射流入口处以下。

其中选取煤岩尺寸为 200mm×115mm×100mm;为与试验对应,截齿截割速度为 2m/min,截割深度为 10mm,截割角为 45°;水射流预裂隙的宽度选为 4mm,高度选为 2mm、6mm、10mm 和 14mm,侧置式水射流形成的预裂隙距截齿齿尖的距离选为 2mm、5mm、10mm 和 15mm。可以表征水射流作用下镐型截齿与煤岩互作用的预裂隙对称有限元模型如图 4-67 所示。

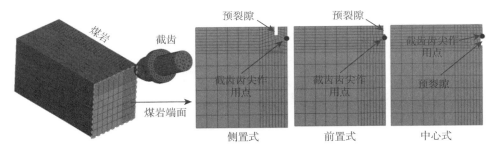

图 4-67 预裂隙对称有限元模型

值得注意的是,本节建立的模型为对称模型,即煤岩体不是整体模型而是一半,其主要用于测量截齿单侧的侧向力,因此,在建立模型时需在对称边界上添加法向边界约束。对称模型与全模型对比如图 4-68 所示。

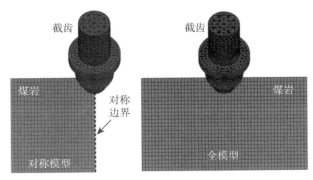

图 4-68 对称模型与全模型对比

4.5.2   截齿受载与磨损的关系

利用以上模型可以分析不同配置方式水射流对截齿减载作用的影响，但为了直观地说明水射流对截齿的降载减磨作用，在获得截齿受载的条件下，必须确定截齿受载与磨损的关系。由于截齿的磨损属于磨粒磨损，其上的磨损划痕可看作一个锥形硬质颗粒在其上滑动犁出，其磨粒磨损模型如图 4-69 所示。

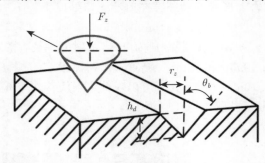

图 4-69   磨粒磨损模型

假设磨粒圆锥体的半角为 θ_b，所受法向载荷为 F_z，犁出的沟槽宽度为 $2r_z$，压入深度为 h_d，若同时作用于截齿上的微凸体个数为 n，则法向载荷可表示为

$$F_z = n \frac{\pi r_z^2}{2} \sigma_s \tag{4-7}$$

式中，σ_s——截齿材料的屈服极限，Pa。

若将截齿单位滑动距离被锥体磨粒去除的体积作为磨损量，则截齿的磨损量可由下式计算：

$$Q_0 = n h_d r = \frac{2F_z}{\pi \sigma_s \tan \theta_b} \tag{4-8}$$

若水射流辅助作用可使截齿的磨损减少，且减少量为 ΔQ_0，则截齿的磨损减少率可由下式给出

$$\eta_{Q_0} = \frac{\Delta Q_0}{Q_0} = \frac{\Delta F_z}{F_z} \tag{4-9}$$

式中，ΔF_z——截齿法向载荷减少量，N。

由式 (4-8) 可知，磨损量与载荷大小成正比，则由式 (4-9) 可推导出水射流辅助作用下截齿的磨损减少率与截齿载荷的减少率大小相同，说明可根据统计的截齿受载均值减少率表征截齿的磨损减少率。

4.5.3   预裂隙对截齿受载和磨损的影响

利用建立的水射流预裂隙对称有限元模型，主要进行不同配置方式、不同预裂隙高度以及侧置式水射流形成的预裂隙距截齿齿尖不同距离对截齿受载和磨损影

响研究。

1. 不同配置方式的影响

为了研究不同配置方式的影响,选取无水截齿截割及三种水射流辅助截齿截割单侧有限元模型,水射流预裂隙的宽度和高度分别选为 4mm 和 10mm;侧置式模型中预裂隙距截齿齿尖距离为 10mm。

利用上述模型进行数值计算,得到的不同水射流状态下截齿尖端与煤岩接触后的煤岩端面应力云图及截齿截割三向力如图 4-70 所示。

由图 4-70 可以看出,对称模型计算出的截齿截割三向力中推进阻力值最大,其次为侧向力,最小为法向力。其中,造成截齿磨损的主要作用力为截齿的法向力和侧向力。由于此模型的截齿一侧侧向力不会抵消,其大小几乎与推进阻力大小相差不大;而由于数值模拟中的煤岩材料不能够模拟实际煤岩受截齿截割作用后硬度增加的特性,其法向力相比实际载荷要小,但实际中考虑截齿作用后煤岩的硬化效果,法向力大小将提高 2 倍以上,将与侧向力大小相差不大。但此处仍以数值模拟的结果进行分析。

观察可知三向力曲线在 2s 后趋于稳定,因此,对 2s 以后的曲线数据进行统计,得到的各截割力均值及其方差分别如表 4-20 和表 4-21 所示。

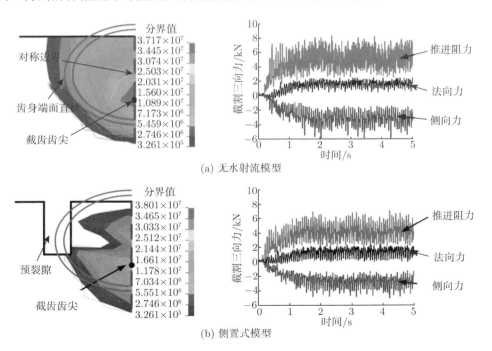

(a) 无水射流模型

(b) 侧置式模型

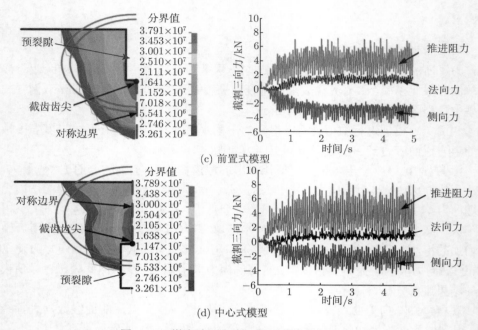

图 4-70　煤岩端面应力云图及截齿截割三向力

表 4-20　截割力均值

模型	推进阻力/kN	法向力/kN	侧向力/kN	合力/kN
无水射流	5.21	1.56	3.2	12.1
侧置式	4.09	1.24	2.86	10.86
前置式	4.09	1.42	2.58	9.59
中心式	3.97	0.88	2.23	9.03

表 4-21　截割力方差

模型	推进阻力/kN	法向力/kN	侧向力/kN
无水射流	2.37	0.22	0.92
侧置式	1.39	0.38	0.68
前置式	1.84	0.12	0.54
中心式	3.67	0.15	0.93

此外,为了对比试验获得的截齿截割阻力,以验证该可表征水射流作用下镐型截齿与煤岩互作用的预裂隙对称有限元模型的准确性,根据式 (4-10) 计算全模型的截齿截割阻力合力:

$$F_r = F_a + fF_n + fF_s \tag{4-10}$$

式中, F_r——截齿截割阻力的合力, kN;

　　　F_a——推进阻力, kN;

　　　F_n——法向力, kN;

　　　F_s——侧向力, kN;

　　　f——截齿与煤岩之间的摩擦系数。

　　其中由于无水射流模型、前置式模型和中心式模型为对称模型, 可认为全模型的截齿截割阻力合力直接为对称模型的 2 倍, 由下式表示:

$$F_{r(X)} = 2\left(F_{a(X)} + fF_{n(X)} + fF_{s(X)}\right), \quad X = N, F, C \tag{4-11}$$

式中, N、F 和 C——无水射流模型、前置式模型和中心式模型。

　　而侧置式模型为非对称模型, 可认为侧置式模型的全模型一侧为无水射流模型, 因此其截割阻力的合力应是侧置式模型和无水射流模型截齿截割阻力合力之和, 由下式表示:

$$F_{r(S)} = \left(F_{a(N)} + fF_{n(N)} + fF_{s(N)}\right) + \left(F_{a(S)} + fF_{n(S)} + fF_{s(S)}\right) \tag{4-12}$$

式中, S——侧置式模型。

　　为了研究不同配置方式水射流辅助作用对截齿受载和磨损的影响, 根据表 4-21 计算出的侧置式、前置式和中心式模型相对于无水射流模型的截齿截割载荷和磨损减少率如表 4-22 所示。根据式 (4-9) 可知, 截齿法向和侧向磨损减少率可分别由其法向和侧向力减少率表征, 其中前置式和中心式模型计算方式如下:

$$\begin{cases} \eta_{x(F)} = \left(F_{x(N)} - F_{x(F)}\right)/F_{x(N)} & (x = a, n, s, r) \\ \eta_{x(C)} = \left(F_{x(N)} - F_{x(C)}\right)/F_{x(N)} & (x = a, n, s, r) \end{cases} \tag{4-13}$$

式中, $\eta_{x(F)}$——前置式模型相对于无水射流模型的受力减少率;

　　　$\eta_{x(C)}$——中心式模型相对于无水射流模型的受力减少率。

　　而侧置式相对于无水射流模型的受力减少率计算方式如下:

$$\begin{cases} \eta_{x(S)} = \left(F_{x(S)} - F_{x(S)}\right)/2F_{x(S)} & (x = a, n, s) \\ \eta_{r(S)} = \left(F_{r(N)} - F_{r(S)}\right)/F_{r(N)} \end{cases} \tag{4-14}$$

式中, $\eta_{x(S)}$——侧置式模型相对于无水射流模型的受力减少率。

表 4-22　截齿截割载荷和磨损减少率

模型	推进阻力/%	合力/%	法向磨损/%	侧向磨损/%
侧置式	10.75	10.24	10.25	5.31
前置式	21.5	20.76	8.97	19.38
中心式	23.8	25.33	43.6	30.31

首先，为了验证所建立的数值模型的准确性，将试验和模拟中的截齿截割阻力减少率进行对比。数值模拟中侧置式、前置式和中心式截割阻力减少率分别为10.24%、20.76%和25.33%；而试验中截割深度为 10mm，射流压力超过 25MPa，预裂隙距截齿齿尖距离为 10mm 的侧置式截割阻力减少率为 9.07%～11.02%，前置式为 17.16%～22.87%，中心式为 21.32%～25.33%。可以看出数值模拟结果与试验结果基本一致，且可以说明所建立模型可表征水射流作用下镐型截齿与煤岩互作用，其中 4mm 和 10mm 的水射流预裂隙宽度和高度可模拟水射流 50～60MPa的作用。

在验证模型准确的基础上，由图 4-70 可以看出，侧置式水射流 (图 4-70(b)) 相比无水射流 (图 4-70(a))，由于水射流的作用所形成的裂隙阻碍了应力的传递，截齿齿尖左侧煤岩应力区域明显减少。由表 4-22 可知，相比无水射流情况下，侧置式水射流截割推进阻力减少了 10.75%，截齿法向磨损减少了 10.25%，截齿侧向磨损减少了 5.31%，说明侧置式水射流对于减少推进阻力和法向磨损具有明显效果。

而对于前置式水射流，由图 4-70(c) 可以看出，相比无水射流情况下，截齿前端的煤岩由于有水射流作用，提前产生裂隙，造成截齿正前方煤岩应力区域明显减少，使得截齿的截割推进阻力减少了 21.5%。与此同时，由于裂隙的产生，自由面的增加，截齿左侧受剪切作用后极易崩落，受挤压的作用明显减少，截齿的截割侧向力减少导致其侧向磨损减少了 19.38%，而其法向力受益于水射流的作用较少，其法向磨损仅减少了 8.97%，说明前置式水射流对于减少推进阻力和侧向磨损具有明显效果。

由图 4-70(d) 可以看出，相比无水射流情况下，中心式水射流使截齿下方煤岩形成裂隙，与前置式相同，中心式水射流既产生自由面，又减少了截齿与煤岩之间的接触。虽然截齿与煤岩之间的接触多于前置式水射流，但效果要优于前置式。其三个方向上的截割力减少率均在 20% 以上，且其中截割推进阻力减少高达 23.8%，说明中心式水射流对于减少各方向截割力和磨损都具有明显效果。

综上所述，各种水射流布置方式具有各自的优势，但不同方向上的截齿载荷和磨损减少率，中心式水射流均比其他两种布置方式优越，如表 4-22 所示。中心式水射流作用下截齿截割载荷和磨损最小，主要原因是其煤岩受截割作用后崩落效果好。由表 4-21 可看出，中心式的截割推进阻力的方差值明显高于无水射流模型的方差值，说明煤岩受截割作用后崩落效果好，导致截齿前方无煤岩阻碍，使截割力明显降低。而侧置式和前置式的都相对无水射流的较低。同时可说明要减少截齿的截割载荷，既要减少其与煤岩的接触，更要增加齿尖周围被截割煤岩的自由面，以达到好的崩落效果。

另外，由于截齿的磨损主要由截割法向力和截割侧向力引起，而根据式 (4-12)可知，截割阻力合力与截割法向力和截割侧向力有关，因此在一定程度上，不同配置情况下的截齿截割阻力合力可以反映截齿的磨损情况，合力越大，截齿磨损越严重。

2. 预裂隙深度的影响

在水射流截割理论的研究过程中，大多数学者将截割深度和截割宽度作为水射流截割性能的一项重要指标，并且指出水射流的截割宽度基本上只与水射流的喷射直径有关。而本章试验中水射流的喷射直径保持不变，因此在建立数值模型中同样建立相同宽度的预裂隙，不研究预裂隙宽度对截齿截割载荷和磨损的影响，只研究预裂隙深度的影响。

由以上分析可知，当预裂隙深度为 10mm 时，中心式配置方式截割阻力、法向和侧向磨损减少率最大，即可知此情况下截齿受载和磨损最少，但这并不能得出中心式配置方式的截齿在所有情况下受载和磨损均最少。因此，有必要研究不同预裂隙深度对截齿受载和磨损减少率的影响，当截割深度为 10mm 时，预裂隙深度对截齿截割阻力减少率的影响如图 4-71 所示，预裂隙深度对截齿磨损减少率的影响如图 4-72 所示。

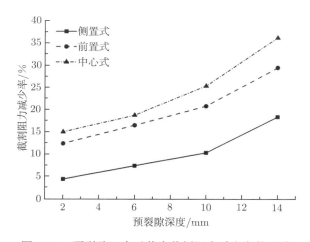

图 4-71 预裂隙深度对截齿截割阻力减少率的影响

由图 4-71 可以看出，不同配置方式下截齿截割阻力减少率均随预裂隙深度的增加而增大，这是由于煤岩体上形成的预裂隙深度增加导致了截齿周围应力区域的进一步减少，同时进一步增加了煤岩体崩落的自由面，使得水射流更有效地辅助截齿破岩。因此，随着预裂隙深度的增加，其越来越容易减少截齿的截割阻力，即截割阻力减少率越来越大。

另外，在同等条件下中心式配置方式的截齿截割阻力减少率总是高于侧置式和前置式。当预裂隙深度小于截割深度，为 6mm 时，水射流辅助截齿破岩效果较

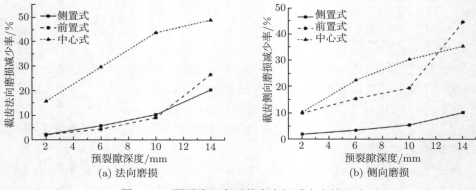

图 4-72　预裂隙深度对截齿磨损减少率的影响

差，但预裂隙深度一旦大于截割深度 10mm 时，水射流辅助截齿破岩效果明显较好。以上结果均说明预裂隙深度越大，截割阻力减少率越大。

由图 4-72(a) 可以看出，不同预裂隙深度下中心式配置方式的截齿法向磨损减少率均最大，且明显高于其他两种方式；侧置式和前置式相差不大。不同配置方式下的截齿法向磨损减少率均随预裂隙深度的增大而增大。其中，中心式配置方式的截齿法向磨损减少率呈先迅速增大后缓慢增大的趋势，这主要是由于中心式配置方式的预裂隙在截齿齿尖下方，随预裂隙深度的增大，其对截齿受载的影响越来越小。而侧置式与前置式法向磨损减少率在预裂隙深度小于 10mm 时呈缓慢增大趋势，而当超过 10mm 时呈迅速增大趋势，且前置式增大更迅速，这是由于此时前置式预裂隙深度超过截割深度，而超出的 4mm 部分相当于中心式的配置效果。

由图 4-72(b) 可以看出，不同配置方式下的截齿侧向磨损减少率均随预裂隙深度的增大而增大，其增大趋势与法向磨损减少率趋势基本一致，但存在两大区别：一是不同预裂隙深度下前置式配置方式的截齿侧向磨损减少率明显高于侧置式；二是当预裂隙深度超过 12mm 时，前置式截齿侧向磨损减少率高于中心式。

由于水射流的预裂隙作用与其射流冲击力相关，冲击力越大预裂隙越深，则综合以上分析可知，侧置式和前置式配置方式可通过提高射流冲击力大幅度提升截齿的法向和侧向磨损减少率，而对于中心式配置方式则不会有大幅度提升。

3. 预裂隙距截齿齿尖距离的影响

由于侧置式水射流存在预裂隙距截齿齿尖距离的参数，其对截齿截割受载和磨损减少率的影响需进一步研究。但需要注意的是如何选取预裂隙距截齿齿尖距离参数值，过大的预裂隙距截齿齿尖距离将导致水射流和截齿各自作用于煤岩而不产生重合区域。因此，为了使水射流和截齿对煤岩的作用存在重合区，假设截齿作用于煤岩形成"V"形槽，预裂隙距截齿齿尖距离需满足公式：

$$\begin{cases} L \leqslant B \\ B = d_c \tan \varphi \end{cases} \qquad (4-15)$$

式中，B——半截槽宽度，mm；

d_c——截割深度，mm；

φ——崩落角，(°)。

当截割深度为 10mm，崩落角为 60° 时，预裂隙距截齿齿尖距离应小于 17.32mm。因此，选取截齿截割深度为 10mm，预裂隙距截齿齿尖的距离为 2mm、5mm、10mm 和 15mm，预裂隙深度为 2mm、6mm、10mm 和 14mm。预裂隙距截齿齿尖距离对截齿截割阻力减少率的影响如图 4-73 所示，对截齿磨损减少率的影响如图 4-74 所示。

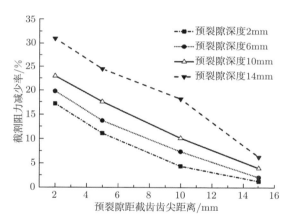

图 4-73 预裂隙距截齿齿尖距离对截齿截割阻力减少率的影响

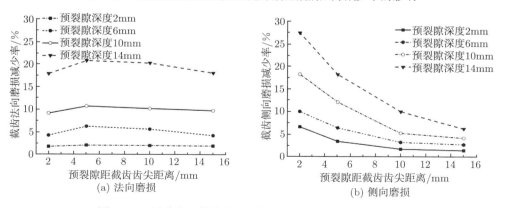

(a) 法向磨损　　　　　　　　(b) 侧向磨损

图 4-74 预裂隙距截齿齿尖距离对截齿磨损减少率的影响

由图 4-73 可以看出,在不同预裂隙深度下截齿截割阻力减少率均随着预裂隙距截齿齿尖距离的增大而减小。这是由于随着预裂隙距截齿齿尖距离的增大,水射流和截齿对煤岩的作用重合区逐渐减少,使得水射流辅助截齿破岩效果较差,此情况下截齿截割阻力不易被降低。

另外,由于侧置式配置方式将使截齿的单侧载荷减少,该情况下将导致截齿两侧受载的不对称性,且单侧载荷减少率越大,不对称性越强。说明图 4-73 可表征预裂隙距截齿齿尖距离对截齿自旋转能力的影响,在不同预裂隙深度下截齿自旋转能力均随着预裂隙距截齿齿尖距离的增大而减弱。

由图 4-74(a) 可以看出,不同预裂隙深度下截齿法向磨损减少率随预裂隙距截齿齿尖距离的增大呈先增大后减小的趋势,变化幅度均不大。说明对于减少法向磨损,射流并不是距离截齿齿尖越近越好。但随着预裂隙深度的增加,其变化幅度逐渐增加,当预裂隙深度为 2mm 时,法向磨损减少率几乎无变化;而预裂隙深度为 14mm 时,其变化幅度在 5% 左右。而由图 4-74(b) 可以看出,不同预裂隙深度下截齿侧向磨损减少率随预裂隙距截齿齿尖距离的增大呈逐渐减小的趋势,且随着预裂隙深度的增加,其变化幅度逐渐增加。说明对于减少侧向磨损,射流距离截齿齿尖越近越好。

参 考 文 献

[1] Liu S, Chen J, Liu X. Rock breaking by conical pick assisted with high pressure water jet[J]. Advances in Mechanical Engineering, 2014, 2014(1):1–10.

[2] 段雄. 自控水力截齿破岩机理的非线性动力学研究 [D]. 徐州: 中国矿业大学, 1991.

[3] 赵海江. 砂浆配合比速查速算手册 [M]. 北京: 中国建筑工业出版社, 2012.

[4] 郑加强. 截齿工作角度布置及水射流辅助截割头破岩研究 [D]. 徐州: 中国矿业大学, 2015.

[5] Liu S, Liu Z, Cui X, et al. Rock breaking of conical cutter with assistance of front and rear water jet[J]. Tunnelling and Underground Space Technology, 2014, 42(5):78–86.

[6] Liu S, Liu X, Chen J, et al. Rock breaking performance of a pick assisted by high-pressure water jet under different configuration modes[J]. Chinese Journal of Mechanical Engineering, 2015, 28(3): 607–617.

[7] Liu X, Liu S, Ji H. Numerical research on rock breaking performance of water jet based on SPH[J]. Powder Technology, 2015, 286: 181–192.

[8] Liu X, Liu S, Ji H. Mechanism of rock breaking by pick assisted with water jet of different modes[J]. Journal of Mechanical Science and Technology, 2015, 29(12): 5359–5368.

[9] Halquist J. LS-DYNA keyword user's manual version 971[M]. California: Livermore Software Technology Corporation. 2007.

[10] 江红祥, 杜长龙, 刘送永, 等. 高压水射流冲击破岩损伤场分析 [J]. 中南大学学报 (自然科学版), 2015, 46(1): 287–294.

[11] Liu X H, Liu S Y, Cui X X, et al. Interference model of conical pick in cutting process[J]. Journal of Vibroengineering, 2014, 16(1):103–115.

[12] Liu X, Liu S, Li L, et al. Experiment on conical pick cutting rock material assisted with front and rear water jet[J]. Advances in Materials Science and Engineering, 2015, (1).

[13] Liu S, Cui X, Liu X, et al. High-pressure water jet assisted cutting mechanism for heading machine: Australia, WO/2014/139339 [P]. 2014-09-18.

[14] 刘晓辉. 镐型截齿与煤岩互作用力学与磨损特性研究 [D]. 徐州: 中国矿业大学, 2016.

第5章 自控水力机械刀具破岩

在目前的高压水射流辅助机械截齿破岩方式中，所有水射流喷嘴同时持续喷水，而普通的泵站供水流量有限，只能供给一定数量的喷嘴同时持续喷水，所以对高压泵有较高要求，同时造成了水量和能量的大量浪费，且容易在掘进面产生水患，影响煤岩的运输。此外，普通的水射流喷嘴置于截齿体外，为保护喷嘴不被崩裂的岩石损伤，射流靶距就会增大，而射流的动压随靶距的增大而衰减，因此能量损失较大，而且水射流喷嘴和截齿在岩石的作用点不同，难以最大程度地发挥水楔作用。基于以上问题，在对高压水射流破岩机理进行研究的基础上，设计出了一种根据截齿受力情况自动调节水射流流量的新型自控水力截齿，其能够减少水量和能量的浪费，有效解决掘进面的水患问题，同时水射流与截齿作用点一致，能够更大程度地发挥水射流的辅助破碎作用。

本章在分析自控水力截齿工作原理的基础上，对截齿机械结构及内流道进行设计。利用流体力学仿真软件 FLUENT，分别对截齿内外流场特性、动态响应特性和破岩特性进行仿真研究，对自控水力截齿空载状态流场、喷嘴自由喷射流场和水射流冲击岩石流场进行仿真研究，探索各种状态流场分布规律，为自控水力截齿结构参数和破岩参数选择提供依据。并对自控水力截齿的工作性能和破岩特性进行试验研究，探寻截齿工作的可行性、可靠性及破岩规律，为低耗高效水射流辅助破岩提供理论依据。

5.1 自控水力截齿结构设计和流场分析

5.1.1 自控水力截齿结构设计

高压水射流辅助截齿破岩机械结构主要包括截齿和喷嘴两部分，两者的分布主要有前置式、后置式、侧置式三种方式，分别如图 4-1、图 4-2、图 4-4 所示。

以上几种布置方式各有其优越性，但截齿和喷嘴均为分离式结构。一方面，由于掘进机截齿直接参与煤岩截割，工作环境恶劣，为防止喷嘴被崩落的岩石损伤，喷嘴与截齿齿尖距离较远，导致水射流靶距较大，能量损失较大，且由于安装误差，水射流喷嘴和截齿在岩石的作用点不同，未能充分发挥水射流的水楔作用；另一方面，掘进机截割头进行旋转截割，截齿半个周期处于截割状态，半个周期处于空载状态。但是以上几种布置方式水射流喷嘴在整个周期持续喷水，造成水量和能量的大量浪费, 且容易在掘进面产生水患问题, 影响煤岩的运输。

基于上述问题, 本书提出了一种新型掘进机自控水力截齿方案 [1-3]。一方面, 喷嘴和截齿为一体式结构, 水射流靶距较小, 而且水射流喷嘴和截齿不存在安装问题带来的误差, 水射流与截齿作用点一致, 能够更大程度地发挥水射流的水楔作用; 另一方面, 自控水力截齿能够根据截齿受力情况自动调节喷嘴流量, 喷嘴在截割状态处于高压喷射状态, 在空载状态处于低压喷射状态, 较大程度上减少了水量的浪费, 有效解决掘进面的水患问题。

自控水力截齿结构如图 5-1 所示 [4]。

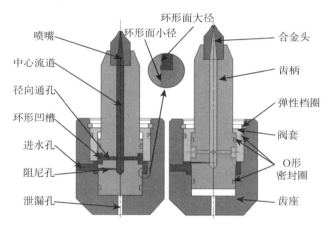

图 5-1　自控水力截齿结构

由图 5-1 可以看出, 自控水力截齿主要由齿座、齿柄、阀套、合金头、弹性挡圈、O 形密封圈等部分组成。齿座内腔开设圆柱孔, 齿柄和阀套依次安装在齿座内腔。阀套一侧具有环形凸起, 用以限制齿柄位移。齿柄前部设置合金头, 中后部设有轴肩, 轴肩中部挖空成环形凹槽, 齿柄尾部和轴肩之间存在环形面, 环形面内圆直径称为环形面小径, 环形面外圆直径称为环形面大径。弹性挡圈安装在齿座内部, 用以轴向固定阀套。齿柄和阀套 (齿座) 之间、阀套和齿座之间分别设置有 O 形密封圈, 用以密封高压水。

合金头内部开设有喷嘴, 齿柄内部轴向开设有中心流道, 径向分别开设有径向通孔和阻尼孔, 径向通孔和阻尼孔均与中心流道贯通。齿座沿径向设有进水孔, 齿座内腔底部设有泄漏孔。

5.1.2　空载状态流场分析

当自控水力截齿处于空载状态时, 高压通道关闭, 高压水通过阻尼孔产生压力损失, 进入截齿中心流道变为低压水, 从而达到减小水量浪费的目的。自控水力截

齿的阻尼孔属于细长孔，流动状态一般为层流，通过阻尼孔的流量为

$$Q = \frac{\pi d_1^4}{128\mu_1 l_1}\Delta p \tag{5-1}$$

式中，Q——阻尼孔流量，m^3/s；

　　　μ_1——水的动力黏度，$Pa\cdot s$；

　　　Δp——阻尼孔前后压力差，Pa；

　　　l_1——阻尼孔长度，m；

　　　d_1——阻尼孔直径，m。

　　由式 (5-1) 可知，阻尼孔流量与阻尼孔长度、直径和阻尼孔前后压力差密切相关，阻尼孔的长度受截齿空间限制，可调范围不大，所以通过调节阻尼孔直径和水射流压力来调节空载状态的流量，空载状态流场仿真参数如表 5-1 所示。

表 5-1　空载状态流场仿真参数

参数	取值
水射流压力/MPa	10、20、30、40
阻尼孔直径/mm	0.25、0.5、0.75、1

　　通过能量、质量和动量守恒定律建立水射流流场的控制方程，采用 RNGk-ε 湍流模型，该模型相对于标准 k-ε 具有更高的计算精度和适应性，利用 SIMPLE 算法 k-ε 和二阶迎风模式进行求解。

　　自控水力截齿空载状态流场主要由高压水入口、阻尼孔、截齿中心流道、喷嘴内流道和空气区域等部分组成。在 GAMBIT 中建立流场的几何模型，喷嘴内部为水区域，喷嘴外部为空气区域，设置边界条件如下：高压水入口为压力进口 (pressure inlet)，空气区域的外边界为压力出口 (pressure outlet)，空气区域与喷嘴接触面为交界面 (interface)，其他部分为无滑移墙壁边界 (wall)。对流场模型进行网格划分，由于流场形状规则，所以对模型进行分块处理，采用结构化网格划分方式，并对阻尼孔、喷嘴等重要部位网格进行细化处理，保证计算精度。自控水力截齿空载状态流场模型如图 5-2 所示。

　　利用 FLUENT 设置收敛精度为 1×10^{-3}，对高压水入口进行标准初始化，并进行稳态求解，通过后处理获取流场压力、流量信息。

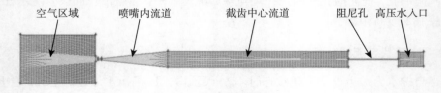

空气区域　　喷嘴内流道　　截齿中心流道　　阻尼孔　高压水入口

图 5-2　空载状态流场模型

阻尼孔直径为 0.25mm，空载状态流场压力云图如图 5-3 所示，不同水射流压力下，自控水力截齿空载状态流量与阻尼孔直径的关系如图 5-4 所示。

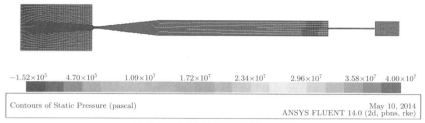

| -1.52×10^5 | 4.70×10^5 | 1.09×10^7 | 1.72×10^7 | 2.34×10^7 | 2.96×10^7 | 3.58×10^7 | 4.00×10^7 |

Contours of Static Pressure (pascal)

May 10, 2014
ANSYS FLUENT 14.0 (2d, pbns, rke)

图 5-3　空载状态流场压力云图

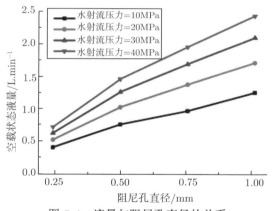

图 5-4　流量与阻尼孔直径的关系

由图 5-3 可知，空载状态流场压力主要分为三部分：阻尼孔前为高压腔，压力经过阻尼孔有一定程度的下降；截齿中心流道为中间腔；空气区域为低压腔，压力为大气压力。由图 5-4 可知，在相同水射流压力下，随着阻尼孔直径的增大，流量逐渐增大，且工作压力越大，增大的幅度越大；在相同阻尼孔直径下，随着工作压力的增大，流量逐渐增大。

在 GAMBIT 中建立普通水力截齿流场的几何模型，在 FLUENT 中对流场进行仿真分析。普通水力截齿的流场与自控水力截齿空载状态流场相比，只是去除了阻尼孔部分，其他结构及仿真条件均相同，便于分析阻尼孔对于截齿流量的影响规律。自控水力截齿空载状态流量与普通水力截齿流量比值如图 5-5 所示。

由图 5-5 可知，不同水射流压力下四条曲线基本重合，说明水射流压力对于流量比值几乎没有影响，所以重点考虑阻尼孔直径对流量比值的影响。随着阻尼孔直径的增大，自控水力截齿与普通水力截齿流量比值近似呈线性增大，当阻尼孔直径为 0.25mm 时，自控水力截齿与普通水力截齿流量比值约为 0.2；当阻尼孔直径为

0.5mm 时，自控水力截齿与普通水力截齿流量比值为 0.34，能够有效解决普通水射流辅助破岩存在的水量、能量浪费问题。但是阻尼孔过大，自控水力截齿流量减小不明显，在实际应用中应在加工条件允许的情况下，设计较小直径的阻尼孔。

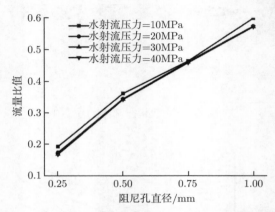

图 5-5   自控水力截齿空载状态流量与普通水力截齿流量比值

5.1.3   喷嘴自由喷射流场分析

在 GAMBIT 中建立喷嘴自由喷射流场的几何模型，由于喷嘴内部为对称结构，所以采用轴对称模型，在保证计算质量的基础上节约计算成本。喷嘴内部为水区域，喷嘴外部为空气区域，设置边界条件如下：喷嘴入口为压力入口，喷嘴外部为压力出口，轴线为对称轴，喷嘴出口为交界面，其他部分为无滑移墙壁边界 [5]。对喷嘴内部采用四边形网格划分，对喷嘴外部进行三角形网格划分，对喷嘴出口处进行加密处理，喷嘴自由喷射流场模型如图 5-6 所示。

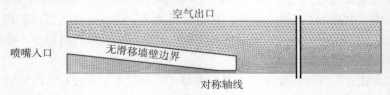

图 5-6   喷嘴自由喷射流场模型

由于高压水经过喷嘴喷射到空气中属于非淹没射流，采用 mixture 两相流混合模型，水为第一相，空气为第二相，喷嘴入口处空气的体积分数为 0，喷嘴外部压力出口空气的体积分数为 1，设置收敛精度为 1×10^{-3}，对喷嘴入口进行初始化，并进行稳态求解。

当水射流压力为 40MPa 时，自由喷射水射流速度云图如图 5-7 所示，水射流轴向速度分布如图 5-8 所示。

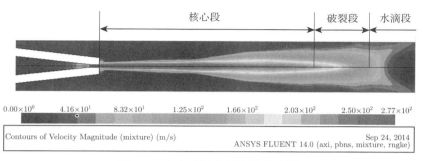

图 5-7 自由喷射水射流速度云图

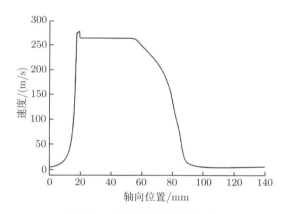

图 5-8 水射流轴向速度分布

由图 5-7 和图 5-8 可以看出，高压水射流的轴向结构主要分为核心段、破裂段和水滴段三部分。高压水射流经合金头内部流道收缩加速，速度增加至 277m/s，在喷嘴出口处产生漩涡，这是由于射流喷射到空气中与空气产生摩擦，导致射流从层流转化为紊流。射流喷射到空气中具有一定的宽度，这是由于射流的扩散所致，且随着喷射距离的增大，扩散宽度逐渐增大，为射流核心段。核心段过后速度迅速衰减，进入射流的破裂段，破裂段过后速度衰减为零且保持不变，为射流的水滴段。在高压水射流辅助破岩应用中，应该保证靶距在核心段范围内，且靶距越小，能量损失越小，辅助破碎效果越好。

水射流压力为 40MPa，根据式 (4-4)，计算可得射流速度为 283m/s，仿真的射流速度为 277m/s，两者基本一致，说明了仿真的正确性。

为进一步分析高压水射流的扩散规律，观察不同喷距下水射流径向速度分布情况，定义射流长度 x 与喷嘴出口直径 d 的比值为无因次喷距，不同无因次喷距下，水射流径向速度分布如图 5-9 所示。

　　由图 5-9 可知，径向位置为零处，射流速度最大，随着径向位置的增大，射流速度逐渐衰减，衰减特性与射流的无因次喷距紧密相关。随着无因次喷距的增加，速度曲线峰值下降，曲线整体逐渐趋于平缓，说明射流宽度逐渐增大，进一步验证了射流的扩散特性。随着无因次喷距的增加，射流最大速度先不变后逐渐下降，当无因次喷距小于 60 时，射流最大速度基本保持不变；当无因次喷距为 100 时，射流最大速度衰减至 150m/s，能量损失较大。

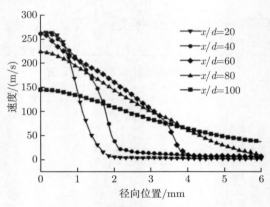

图 5-9　水射流径向速度分布

　　通过喷嘴自由喷射流场仿真结果可以看出，圆柱形喷嘴的非淹没高压水射流流场分布合理，与理论流场分布特性相近，无明显能量损失现象，射流的集聚性较好。说明所设计的圆柱形合金头喷嘴结构合理，能够应用于自控水力截齿，进行水射流辅助破岩。

5.1.4　水射流冲击岩石流场分析

　　在 GAMBIT 中建立水射流冲击岩石流场的几何模型，由于喷嘴内部为对称结构，所以采用轴对称模型。喷嘴内部为水区域，喷嘴外部为空气区域，设置边界条件如下：喷嘴入口为压力入口，轴线为对称轴，喷嘴出口为交界面，岩石表面为壁面。对喷嘴内外部流场进行三角形网格划分，并对喷嘴出口处进行加密处理，水射流冲击岩石流场模型如图 5-10 所示。

　　定义喷嘴出口到岩石表面的距离为射流靶距，水射流压力为 40MPa，射流靶距为 5mm，水射流冲击岩石速度云图如图 5-11 所示。

　　由图 5-11 可知，水射流经过喷嘴时速度迅速增大到最大值，从喷嘴喷出后速度在一定范围内保持不变，经过一定范围射流速度逐渐衰减，撞击到岩石表面后迅速向两边扩散，在扩散的过程中水射流速度逐渐衰减，在一定范围内衰减至零。水射流在流场内存在面积较大的漩涡区，漩涡区内的流体具有较大的旋转速度，靠近水射流一侧的速度和水射流的速度同向，远离水射流一侧的速度和水射流速度反向。该射流作用于自控水力截齿，能够将截齿上的煤岩颗粒冲洗脱离截齿，同时对截齿产生冷却作用，降低截齿表面温度，很大程度上降低截齿磨损，提高截齿寿命。

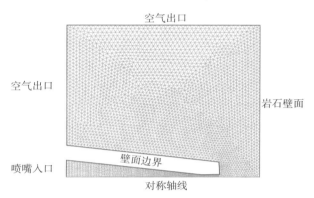

图 5-10　水射流冲击岩石流场模型

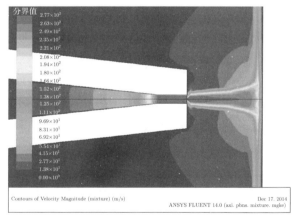

图 5-11　水射流冲击岩石速度云图

　　进一步分析射流靶距对水射流流场的影响规律，保持水射流压力为 40MPa，定义射流轴线上任一点速度与喷嘴出口速度的比值为无因次轴向速度 v_m/v_2，射流靶距与喷嘴出口直径的比值为无因次靶距 x_1/d。不同无因次靶距下无因次轴向速度分布如图 5-12 所示。

　　由图 5-12 可知，无因次靶距对于无因次轴向速度分布有显著影响。当无因次靶距 $x_1/d < 10$ 时，水射流轴向速度包括核心区和撞击区，在核心区速度保持为喷嘴出口速度，在撞击区速度迅速衰减到零，撞击区距离较短；当无因次靶距 $x_1/d > 10$

时，水射流轴向速度包括核心区、衰减区和撞击区，轴向速度变化规律与自由射流类似，在核心区速度保持为喷嘴出口速度，在衰减区速度缓慢衰减，在撞击区速度衰减到零。无因次靶距越大，水射流轴向速度衰减越缓慢，这是由于水射流与空气进行充分混合和动量交换，水射流能量损失较大。无因次靶距越小，水射流轴向速度衰减越迅速，在经过核心区后，水射流的动能迅速转化为压力能，具有较高的能量转换效率，更适合进行岩石辅助破碎。

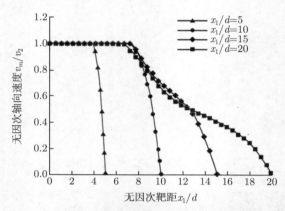

图 5-12　不同无因次靶距下无因次轴向速度分布

　　保持射流靶距不变，分析水射流压力对于射流轴向速度衰减规律的影响，不同水射流压力下无因次轴向速度分布如图 5-13 所示。由图 5-13 可知，三条曲线几乎完全重合在一起，说明水射流压力对水射流轴心速度衰减规律没有显著影响。这是由于高压水射流高速运动，流体的黏着力对于射流的流动性质影响较小，影响流动性质的主要因素为惯性力。

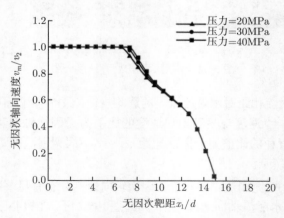

图 5-13　不同水射流压力下无因次轴向速度分布

高压水射流喷射到岩石表面, 高压水的动能转化为压力能, 产生一定的冲击压力。定义冲击压力与喷嘴出口处动能的比值为无因次冲击压力, 不同无因次靶距下无因次冲击压力分布如图 5-14 所示。

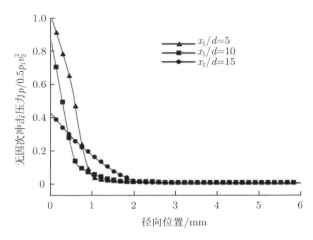

图 5-14 不同无因次靶距下无因次冲击压力分布

由图 5-14 可知, 当径向位置为零时, 无因次冲击压力最大, 随着径向位置的增大, 无因次冲击压力逐渐衰减, 在一定范围内衰减至零。随着无因次靶距的增加, 无因次冲击压力的峰值逐渐下降, 曲线趋于平坦。当 $x_1/d = 5$, 无因次冲击压力峰值为 1.0; 当 $x_1/d = 10$, 无因次冲击压力峰值损失到 0.85; 当 $x_1/d = 15$, 无因次冲击压力峰值损失到 0.43。在破碎岩石过程中需要充分发挥水射流峰值冲击力的冲击作用, 所以较小的靶距更有利于岩石的破碎。

5.2 自控水力截齿动态响应特性仿真研究

掘进机截割头截割岩石时, 旋转截割周期较短, 自控水力截齿需要具有快速的动态响应特性, 即截割岩石时快速开启, 截割岩石后快速关闭, 才能真正发挥自控水力截齿的优越性, 切实解决水量、能量浪费和水患问题。自控水力截齿的动态响应特性与截齿在开启和关闭过程中的受力情况密切相关, 本节将建立动态响应模型, 研究自控水力截齿的动态响应特性。

5.2.1 动态响应模型建立

以自控水力截齿为研究对象, 对其进行受力分析, 如图 5-15 所示。

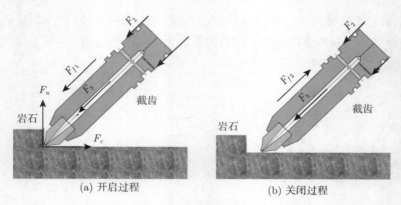

图 5-15　自控水力截齿受力分析

1. 开启特性研究

在自控水力截齿开启过程中，截齿受到轴向力、环形面作用力、开启过程摩擦阻力和流体对截齿的液动力的作用，运动方程为

$$m\ddot{x}_v = F_x - F_2 - F_{f1} - F_3 \tag{5-2}$$

式中，m——截齿质量，kg；

x_v——截齿阀口开度，m；

F_x——截齿轴向力，N；

F_2——环形面作用力，N；

F_{f1}——开启过程摩擦阻力，N；

F_3——流体对截齿的液动力，N。

设定水射流压力为 40MPa、岩石抗拉强度为 2MPa、截割深度为 9mm，截齿阀口开度在 0~5mm 之间变化，开启过程摩擦阻力通过第 3 章试验台进行试验测定，截齿轴向力和环形面作用力分别通过式 (5-3) 和式 (5-4) 计算。

$$F_x = \frac{F_{x\max}}{\Delta t} t \tag{5-3}$$

$$F_2 = p \frac{\pi(d_4^2 - d_5^2)}{4} \tag{5-4}$$

式中，F_x——截齿轴向力，N；

$F_{x\max}$——截齿轴向力峰值，N；

Δt——截割阻力到达第一次峰值的时间，s；

F_2——环形面作用力，N；

p——水射流压力，MPa；

d_4——环形面大径，mm；

d_5——环形面小径，mm。

在截齿与岩石接触初期，截齿轴向力小于环形面作用力和开启过程摩擦阻力的合力，无法将截齿阀口打开，将二者相等时的时间定义为等待时间 t_{11}，本书为 0.068s。随着时间的推移，截齿轴向力迅速增大，当截齿轴向力大于环形面作用力和开启过程摩擦阻力的合力后，阀口逐渐打开，自控水力截齿运动方程见式 (5-5)，调用 MATLAB 绘制开启过程响应曲线如图 5-16 所示。

$$1.33\ddot{x}_v = 8725(t + 0.011) - \frac{1146.2x_v^2 + 1.29 \times 10^{-10}}{1.29 \times 10^{-10} + x_v^2} - 5626 \tag{5-5}$$

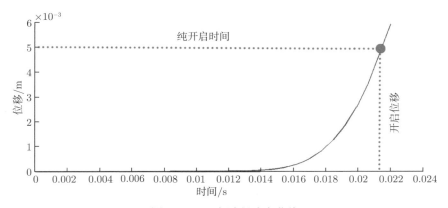

图 5-16　开启过程响应曲线

由图 5-16 可知，在开启过程初期，响应曲线十分平稳，在 0.012s 后，响应曲线迅速上升，当截齿位移为 5mm 时，阀口完全开启，对应的纯开启时间 t_{12} 为 0.021s。定义等待时间与纯开启时间之和为开启时间 t_1，开启时间为 0.089s。

2. 关闭特性研究

在自控水力截齿关闭过程中，截齿的运动方程为

$$m\ddot{x}_v = F_3 + F_2 - F_{f2} \tag{5-6}$$

式中，m——截齿质量，kg；

x_v——截齿阀口开度，m；

F_2——环形面作用力，N；

F_3——流体对截齿的液动力，N；

F_{f2}——关闭过程摩擦阻力，N。

阀口关闭过程齿柄的运动方程见式 (5-7)，调用 MATLAB 绘制关闭过程响应曲线如图 5-17 所示。

$$1.33\ddot{x}_v = 1208.7 + \frac{1146.2x_v^2 + 1.29 \times 10^{-10}}{1.29 \times 10^{-10} + x_v^2} \tag{5-7}$$

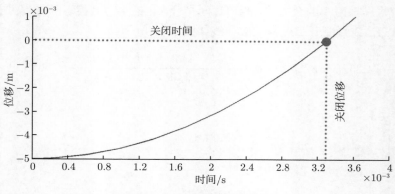

图 5-17　关闭过程响应曲线

由图 5-17 可以看出，关闭过程响应曲线呈二次曲线形式上升，当截齿的位移为 5mm 时，对应的关闭时间 t_2 为 0.0033s。

用于试验的掘进机截割头直径 600mm，截割头转速 46r/min，则截齿旋转截割周期为 1.3s，其中截割时间和空载时间均为 0.65s，开启时间百分比 a_1 和关闭时间百分比 a_2 定义如下：

$$a_1 = \frac{t_1}{t_0/2} \times 100\% \tag{5-8}$$

$$a_2 = \frac{t_2}{t_0/2} \times 100\% \tag{5-9}$$

式中，t_0——截齿旋转截割周期，s；

t_1——开启时间，s；

t_2——关闭时间，s。

定义开启时间百分比在 10% 范围内开启特性较好，关闭时间百分比在 10% 范围内关闭特性较好。本书的开启时间百分比为 13.69%，关闭时间百分比为 0.51%，可知在这种工况条件下截齿关闭特性较好，开启特性相对较差，应通过改变截齿结构参数、降低摩擦阻力等方式提高截齿的动态响应特性。

5.2.2　动态响应特性影响因素分析

通过对自控水力截齿开启过程和关闭过程运动方程进行分析，可以发现动态响应特性主要取决于截齿轴向力、开启过程和关闭过程的摩擦阻力、环形面作用力和流体对截齿的液动力。

截齿轴向力主要与岩石性质、截割深度有关,开启过程和关闭过程摩擦阻力主要与水射流压力和截齿受力情况有关,环形面作用力主要与水射流压力和环形面面积有关。所以本书主要研究岩石抗拉强度、截割深度、水射流压力和环形面大径对自控水力截齿动态响应特性的影响,仿真参数如表 5-2 所示。

表 5-2　动态响应特性仿真参数

参数	取值
岩石抗拉强度/MPa	2、3、4、5、6、7、8
截割深度/mm	6、9、12、15
水射流压力/MPa	10、20、30、40
环形面大径/mm	40.2、40.4、40.6、40.8、41

1. 响应时间与岩石抗拉强度的关系

设定水射流压力 40MPa、截割深度 9mm、环形面小径 40mm、环形面大径 41mm,响应特性与岩石抗压强度的关系如图 5-18 所示。

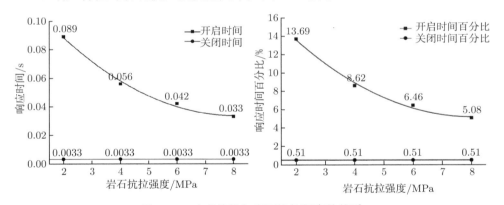

图 5-18　响应特性与岩石抗拉强度的关系

由图 5-18 可知,随着岩石抗拉强度的升高,关闭时间保持不变,开启时间呈二次曲线形式下降,拟合关系为

$$t_1 = 0.0015\sigma_t^2 - 0.0241\sigma_t + 0.1305 \tag{5-10}$$

关闭过程不存在岩石截割,岩石抗拉强度对于关闭特性没有影响;开启过程存在岩石截割,岩石抗拉强度影响截齿开启过程的受力情况,进而影响其开启特性。岩石抗拉强度在 4MPa 以上,响应时间百分比在 10% 以下,响应特性较好;岩石抗拉强度在 4MPa 以下,响应时间百分比超过 10%,响应特性较差。自控水力截

齿截割抗拉强度较大的岩石具有较好的响应特性，如果截割抗拉强度较小的岩石，需要调整水射流压力和环形面面积以改善其响应特性。

2. 响应特性与截割深度的关系

设定水射流压力 40MPa、岩石抗拉强度 4MPa、环形面小径 40mm、环形面大径 41mm，响应特性与截割深度的关系如图 5-19 所示。

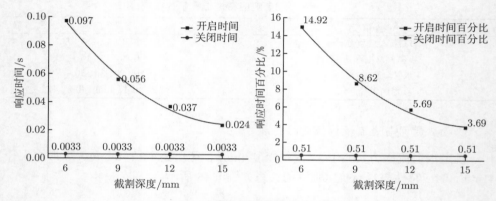

图 5-19   响应特性与截割深度的关系

由图 5-19 可知，随着截割深度 h 的升高，关闭时间保持不变，开启时间呈二次曲线形式下降，拟合关系如下：

$$t_1 = 7.8 \times 10^{-4} h^2 - 0.0241h + 0.2138 \tag{5-11}$$

分析认为，关闭过程中不存在岩石截割，所以截割深度对于关闭特性没有影响；开启过程中存在岩石截割，截割深度影响自控水力截齿开启过程的受力情况，进而影响其开启特性。当截割深度在 9mm 以上，响应时间百分比在 10% 以下，响应特性较好；当截割深度在 9mm 以下，响应时间百分比超过 10%，响应特性较差。自控水力截齿对于截割深度较大的岩石具有较好的响应特性，如果破碎截割深度较小的岩石，需要调整水射流压力和环形面面积以改善其响应特性。

3. 响应特性与水射流压力的关系

设定岩石抗拉强度 4MPa、截割深度 6mm、环形面小径 40mm、环形面大径 41mm，响应特性与水射流压力的关系如图 5-20 所示。

由图 5-20 可知，随着水射流压力的增大，开启时间呈线性增大，拟合关系如式 (5-12) 所示；随着水射流压力的增大，关闭时间呈线性减小，拟合关系如式 (5-13) 所示。不同水射流压力下，开启时间均明显大于关闭时间。

$$t_1 = 0.0013p + 0.0465 \tag{5-12}$$

$$t_2 = 2.6 \times 10^{-5}p + 0.0036 \tag{5-13}$$

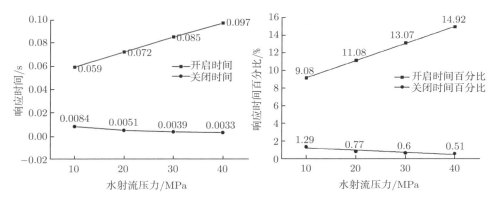

图 5-20 响应特性与水射流压力的关系

水射流压力对于开启时间影响较大,对于关闭时间影响较小。分析认为,水射流压力影响开启过程摩擦阻力和环形面作用力,进而对开启特性产生影响;水射流压力影响关闭过程摩擦阻力和环形面作用力,进而对关闭特性产生影响。水射流压力在 20MPa 以下,响应时间百分比在 10% 以下,响应特性较好;水射流压力在 20MPa 以上,响应时间百分比超过 10%,响应特性较差。开启时间与关闭时间呈反比关系,当响应时间百分比较大时,应通过调节小断面结构参数,适当降低开启时间,升高关闭时间,使开启时间百分比和关闭时间百分比均在较小的范围内,提高截齿综合动态响应特性。

4. 响应特性与截齿结构参数关系

设定岩石抗拉强度 4MPa、截割深度 6mm、水射流压力 40MPa,通过分析可知,环形面面积影响自控水力截齿开启过程和关闭过程的运动方程。保持环形面小径为 40mm,通过调整环形面大径来调节环形面面积,响应特性与环形面大径的关系如图 5-21 所示。

由图 5-21 可知,随着环形面大径的增大,开启时间近似呈线性关系逐渐增大,关闭时间在一定范围内逐渐减小,当环形面大径小于 40.6mm,自控水力截齿不能正常关闭,分析可知这是由于环形面作用力不足以克服关闭过程摩擦阻力和流体对截齿的液动力的合力所致。在设计自控水力截齿环形面面积时,应该综合考虑开启特性和关闭特性。由图 5-21 可知,在正常关闭的情况下,关闭时间远小于开启时间,而且在实际工况条件下开启过程受力复杂,不确定因素较多,所以应在正常关闭的前提下,设计较小的环形面面积,保证截齿具有较快的开启特性。水射流压力为 40MPa 时,环形面大径应设计为 40.6mm。

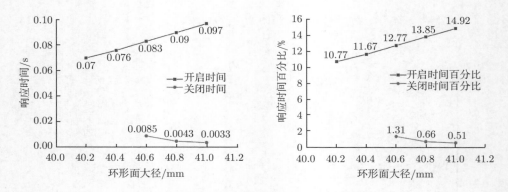

图 5-21   响应特性与环形面大径的关系

5. 响应特性影响因素综合分析

通过分析可知,岩石抗拉强度、截割深度、水射流压力和环形面大径均对自控水力截齿动态响应特性有影响,但各参数对动态响应规律的影响既有相同之处,也有不同之处。

岩石抗拉强度和截割深度对开启特性有显著影响,对关闭特性没有影响,这是由于两个参数均对截齿开启过程的受力状况产生影响,进而导致截齿轴向力和开启过程摩擦阻力不同,开启时间随两个参数呈二次曲线规律变化。水射流压力和截齿结构参数对开启过程和关闭过程的影响规律相似,开启时间和关闭时间均随两个参数呈线性变化,这是由于两个参数均对环形面作用力产生明显影响,进而影响其响应特性。

在截齿正常关闭的情况下,开启时间均明显大于关闭时间,这是由于在开启过程中,截齿受力情况随时间变化,而关闭过程截齿受力情况不随时间变化。在不同的工况条件下,应合理选择水射流压力,并对截齿结构参数进行优化设计。由于开启时间明显大于关闭时间,所以应在保证正常关闭的情况下,使自控水力截齿具有较快的开启特性。

5.3   自控水力截齿破岩特性仿真研究

本节利用 LS-DYNA 软件对普通截齿和自控水力截齿的破岩特性进行仿真研究,探究不同工况下岩石的破碎规律,寻求水射流压力对岩石破碎效果的影响规律。利用 Workbench 软件建立自控水力截齿系统的力学模型,探寻不同工况下自控水力截齿系统的应力、应变分布规律,提出截齿薄弱环节的优化方案。

5.3.1 自控水力截齿破岩过程分析

1. 有限元模型

水射流及岩石的材料模型、力学模型及状态方程在第四章已有叙述,这里不再赘述。此处只介绍仿真结果及分析。

有限元模型在 LS-DYNA 前处理软件中分别建立岩石与截齿的三维模型,岩石为长方体结构,尺寸为 0.1m×0.1m×0.05m,截齿为合金头结构,尺寸采用本书合金头设计参数。对岩石底面施加位移约束限制所有自由度,岩石左右侧面及后面施加无反射边界条件,模拟无限大的空间条件,岩石上面和前面为自由面。对岩石进行映射网格划分,并对岩石参与截割部分进行加密处理,采用切分法对截齿进行映射网格划分。设置截齿与岩石的接触方式为面对面的侵蚀接触,截齿为接触体,岩石为目标体,设置截齿的截割速度为 0.25m/s。普通截齿和自控水力截齿破岩模型分别如图 5-22 和图 5-23 所示。

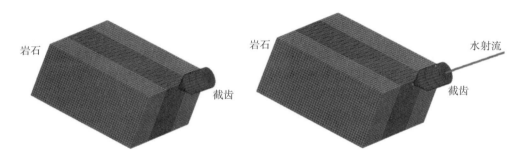

图 5-22 普通截齿破岩模型   图 5-23 自控水力截齿破岩模型

在 LS-DYNA 后处理中建立水射流的 SPH 粒子模型,将水射流简化为圆柱体结构,设置水射流与岩石的接触方式为节点对面的侵蚀接触,水射流与截齿不存在接触关系[6-8]。设置水射流的初始速度,初始速度由两部分组成:一部分为截齿截割速度,方向与截齿截割方向相同;一部分为水射流喷射速度,根据水射流压力求出对应的水射流喷射速度。

SPH 粒子结构参数如表 5-3 所示。

表 5-3 SPH 粒子结构参数

水射流压力/MPa	喷射速度/(m/s)	半径/m	长度/m	径向粒子数/个	轴向粒子数/个
10	141.29	0.0003	0.15	10	300
20	199.77	0.0003	0.20	10	400
30	244.68	0.0003	0.25	10	500
40	288.52	0.0003	0.30	10	600

2. 仿真结果分析

在水射流压力为 40MPa、截割深度为 12mm 的条件下，自控水力截齿破碎岩石过程如图 5-24 所示。

图 5-24　自控水力截齿破碎岩石过程

由图 5-24 可知，在岩石破碎过程中，水射流和截齿共同作用于岩石，水射流粒子在冲击岩石后出现反弹现象，由动量定理及能量守恒定律可知，高压水射流的冲击动能作用于岩石，产生巨大的冲击力，辅助破碎岩石。高速反弹的水射流作用于截齿，能够冷却截齿，降低截齿温度，同时将破碎的岩石颗粒冲走，减小截齿与岩石的摩擦，提高截齿寿命。由于截齿与水射流的共同作用，岩石内部的应力场会产生叠加效应，岩石等效应力变化如图 5-25 所示。

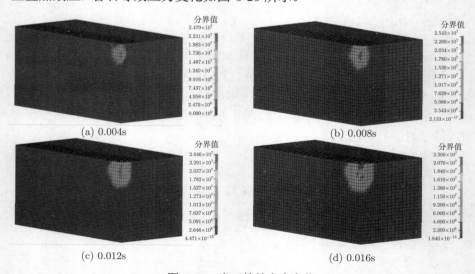

图 5-25　岩石等效应力变化

由图 5-25 可知，0.004s 时截齿尚未与岩石接触，水射流作用在岩石表面，网格发生一定程度变形，水射流冲击岩石产生压应力，但岩石单元尚未失效，水射流的能量不足以冲击破碎该截割深度的岩石，水射流粒子飞溅反弹；0.008s 时截齿与岩石接触，由于水射流与截齿的作用点相距较近，水射流冲击动能和截齿截割的能量在接触区域进行集中叠加，岩石等效应力增大；0.012s 时截齿继续向前截割，岩石表面最大等效应力点上移，岩石进一步发生塑性变形；0.016s 时岩石单元发生破坏、崩落，破坏位置相邻单元等效应力急剧下降，说明截齿与岩石分离，截齿受力降低到波谷，完成一次岩石断裂破碎。

截割深度为 12mm 时，自控水力截齿和普通截齿受力情况对比如图 5-26 所示。由图 5-26 可知，当水射流压力为 10MPa，小于岩石抗压强度时，自控水力截齿和普通截齿受力曲线几乎一致，水射流对破岩效果影响很小；当水射流压力为 20MPa，大于岩石抗压强度时，自控水力截齿受力曲线相对于普通截齿有一定程度的下降，水射流对破岩效果有一定程度影响；当水射流压力为 30MPa，在岩石抗压强度和两倍岩石抗压强度之间时，自控水力截齿受力曲线相对于 20MPa 只有小幅度下降，说明 20MPa 水射流压力和 30MPa 水射流压力辅助破岩效果相近；当水射流压力

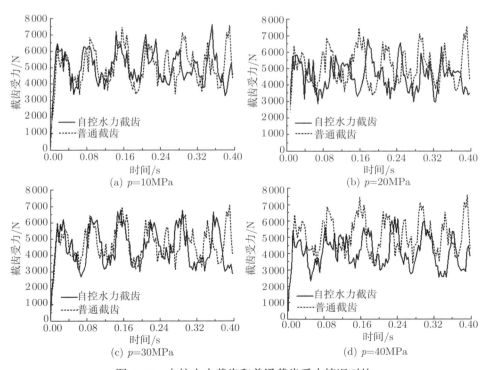

图 5-26 自控水力截齿和普通截齿受力情况对比

为 40MPa，大于两倍岩石抗压强度时，自控水力截齿受力曲线进一步大幅度下降，水射流对破岩效果有显著影响，能够明显降低截齿受力。在实际应用中，有必要根据岩石抗压强度选择水射流压力，能够在能耗相对较低的情况下，提高岩石的破碎效率。在条件允许的情况下，选用压力大于 2 倍岩石抗压强度的水射流进行破岩，能够大幅度提高辅助破岩效果。

为定量分析自控水力截齿辅助破岩效果，定义截齿受力减小率为

$$\eta_4 = \frac{F_p - F_z}{F_p} \times 100\% \tag{5-14}$$

式中，η_4——自控水力截齿受力减小率，%；

$\quad\;\; F_p$——普通截齿受力，kN；

$\quad\;\; F_z$——自控水力截齿受力，kN。

采用上述仿真方法，对不同截割深度不同水射流压力下的自控水力截齿破岩情况进行数值模拟，截齿受力减小率如图 5-27 所示。

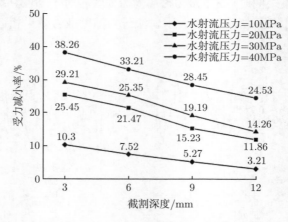

图 5-27　自控水力截齿受力减小率

由图 5-27 可知，随着水射流压力的升高，截齿受力减小率逐渐升高。当水射流压力小于岩石抗压强度时，截齿受力减小率较小；当水射流压力大于岩石抗压强度时，截齿受力减小率具有一定程度的提升；当水射流压力大于 2 倍岩石抗压强度时，截齿受力减小率又具有较大程度的提升。

由图 5-27 可知，随着截割深度的升高，截齿受力减小率逐渐下降，分析认为，截割深度较浅时，水射流作用点与岩石自由面距离较短，水楔作用产生的裂纹更容易扩展到自由面，从而产生岩石块崩裂。随着截割深度升高，水楔作用产生的裂纹尚未扩展到自由面，截齿产生的挤压力已经将岩石破碎，所以自控水力截齿破碎截割深度较浅的岩石能更大程度地发挥水射流的辅助效果。当截割深度为 3mm、压

力为 40MPa 时，截齿受力减小率为 38.26%。

5.3.2 自控水力截齿力学特性分析

1. 有限元模型

自控水力截齿系统主要由齿座、截齿、合金头、阀套、弹性挡圈等部分组成，在 Pro/E 中建立自控水力截齿系统的三维模型，如图 5-28 所示。将建立的三维模型导入到 Workbench 中进行网格划分，由于截齿系统结构复杂，采用四面体为主的自由网格划分方式，对合金头部分及各个零件接触部分网格进行细化处理，自控水力截齿系统有限元模型如图 5-29 所示。

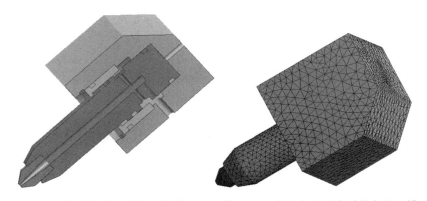

图 5-28　自控水力截齿系统三维模型　　图 5-29　自控水力截齿系统有限元模型

合金头选用 YG40 硬质合金材料，密度 14 600kg/m³，弹性模量 640GPa，泊松比 0.22；齿柄、阀套、齿座等选用 1Cr10Ni9Ti 材料，密度 7800kg/m³，弹性模量 200GPa，泊松比 0.3。对齿座底面施加固定约束，对合金头表面施加集中力载荷，即截齿的截割阻力和法向阻力，截齿破岩过程合金头受力位置为区域承载面，在仿真中通过在合金头与岩石接触区域建立圆形印记面作为承载面。由于内流道充满高压水，所以在截齿内流道施加压力载荷。

2. 仿真结果分析

设定岩石抗拉强度为 2MPa，截割深度为 9mm，水射流压力为 40MPa，自控水力截齿系统变形云图如图 5-30 所示，等效应力云图如图 5-31 所示。

由图 5-30 可知，自控水力截齿系统变形最大位置为合金头，变形量最大值为 0.064mm，这是由于截齿受力对截齿产生弯矩作用，而合金头为自由端，因此具有较大的变形量。

由图 5-31 可知，应力最大位置为合金头与岩石截齿区域，最大应力约为 200MPa，这是由于合金头在截割岩石的过程中所受集中载荷所致，易造成合金头磨损。合金头内流道壁面最大应力约为 104MPa，应适当加大合金头壁厚，并对内流道表面进行光滑处理。截齿与阀套接触区域存在一定程度的应力集中，最大应力为 51MPa，这是由于截齿径向力在接触区域产生的弯矩造成的，在结构允许的条件下，应适当加大截齿与阀套接触区域的面积，缓解应力集中现象。

通过截齿截割煤岩受力关系可知，岩石的抗拉强度和截割深度对于截齿受力状况有明显影响，进而对自控水力截齿的应力、变形分布产生影响。在相同仿真条件下，分析不同岩石抗拉强度、不同截割深度条件下自控水力截齿系统的最大等效应力和最大变形，截齿力学特性仿真参数如表 5-4 所示。

图 5-30　自控水力截齿系统变形云图

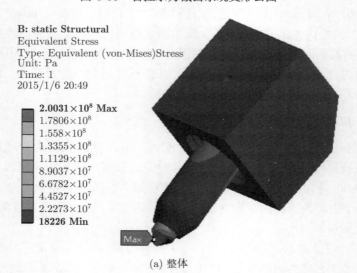

(a) 整体

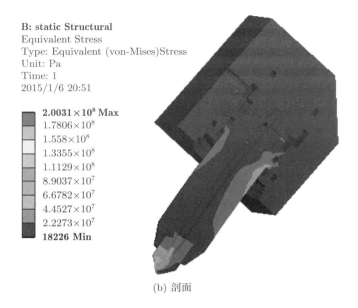

(b) 剖面

图 5-31 自控水力截齿系统等效应力云图

表 5-4 截齿力学特性仿真参数

参数	取值
岩石抗拉强度/MPa	2、4、6、8
截割深度/mm	3、6、9、12

通过 Workbench 后处理模块获取不同工况下自控水力截齿系统的应力、变形情况，最大等效应力如图 5-32 所示，最大变形如图 5-33 所示。

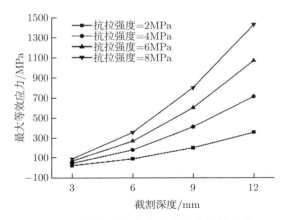

图 5-32 自控水力截齿系统最大等效应力

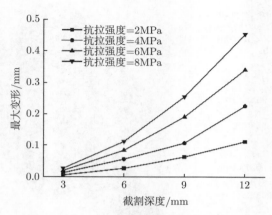

图 5-33   自控水力截齿系统最大变形

由图 5-32、图 5-33 可知，随着截割深度和岩石抗拉强度的增加，自控水力截齿系统的最大等效应力和最大变形均呈二次曲线规律增大。当截割深度和岩石抗拉强度较小时，自控水力截齿应力及变形较小。当截割深度和岩石抗拉强度较大时，自控水力截齿应力及变形较大，应通过选用高强度的合金头材料、加大合金头壁厚、适当缩短截齿外伸长度、适当加大截齿与阀套接触面积等措施，减小自控水力截齿等效应力，进而提高截齿的使用寿命。

5.4   自控水力截齿试验研究

为验证自控水力截齿方案的正确性及工作的可靠性，有必要对自控水力截齿工作性能和破岩性能进行试验研究，但是进行掘进机整机截割性能试验成本较高、周期较长。因此本节进行单齿的工作性能和破岩性能试验研究，分别进行关闭过程摩擦阻力特性、开启特性、动态响应特性、流量特性和破岩特性的试验研究，对其影响因素及规律进行深入分析，并与仿真情况进行对比，探寻掘进机自控水力截齿原理的可行性、工作的可靠性及破岩规律，为自控水力截齿整机破岩提供参考依据。

岩石试样配制如 3.3 节所述，这里不再赘述。

5.4.1   关闭过程摩擦阻力试验

自控水力截齿在工作过程中受到摩擦阻力的作用，所以有必要对自控水力截齿的摩擦阻力特性进行试验研究，为自控水力截齿动态响应特性研究提供依据。由于自控水力截齿在关闭过程中没有外载荷的作用，在开启过程中受到截齿径向力的作用，使得开启过程摩擦阻力大于关闭过程摩擦阻力，所以应分别对开启过程和关闭过程的摩擦阻力进行试验研究,主要对关闭过程摩擦阻力进行试验研究,开启过程摩擦阻力在开启特性试验中进行研究。

1. 试验方案设计

由于自控水力截齿在关闭过程中没有径向力的作用,因此在试验方案设计中应消除径向载荷对摩擦阻力的影响,试验方案保证截齿轴线和截齿运动方向平行,即可达到上述目的。在试验台上进行关闭过程摩擦阻力试验,本书主要研究水射流压力对自控水力截齿关闭过程摩擦阻力的影响,试验所用截齿的环形面小径为40mm,环形面大径为41mm,试验原理如图 5-34 所示。

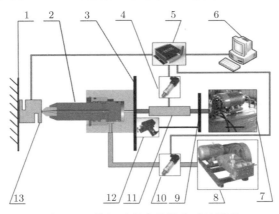

图 5-34 关闭过程摩擦阻力试验原理

1. 试验台前板;2. 自控水力截齿系统;3. 截割装置;4. 油压传感器;5. 数据采集卡;6. 计算机;7. 油泵;8. 水泵;9. 试验台后板;10. 水压传感器;11. 推进油缸;12. 位移传感器;13. 拉压力传感器

将自控水力截齿安装在试验台上,并供给一定压力的高压水,保证截齿高压通道处于关闭状态。将拉压力传感器固定在试验台前板上,拉压力传感器与自控水力截齿处于同一水平面,保证试验过程的稳定性。分别调节高压水泵的压力为0、10MPa、20MPa、30MPa、40MPa,通过位移传感器及调速阀调节推进油缸的速度至 0.005m/s,使截齿缓慢前进,记录整个过程拉压力传感器数据。进行五次重复试验,消除偶然误差的影响,试验现场如图 5-35 所示。

2. 试验结果分析

以水射流压力 40MPa 为例,分析自控水力截齿关闭过程摩擦阻力的试验过程,拉压力传感器压力变化如图 5-36 所示。

由图 5-36 可以看出,0~4.5s,传感器压力在零附近波动,说明截齿尚未与拉压力传感器接触;4.5~4.6s,传感器压力逐渐增大至局部峰值,说明截齿与拉压力传感器开始接触，此时齿柄与齿座之间产生静摩擦阻力，但传感器压力不足以克服静摩擦阻力，压力局部峰值对应最大静摩擦阻力；4.6~5.3s，传感器压力经过小幅度下降后保持稳定，在稳定值附近平稳波动，说明齿柄和齿座发生相对运动，产生平稳的动摩擦阻力，动摩擦阻力稍小于最大静摩擦阻力；5.3~6s，传感器压力逐渐增大后保持稳定，说明自控水力截齿已经完全开启，齿柄与齿座保持相对静止。

图 5-35　关闭过程摩擦阻力试验现场

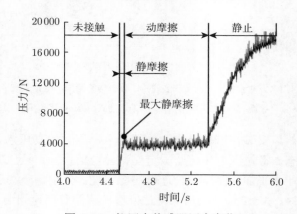

图 5-36　拉压力传感器压力变化

对截齿进行受力分析，在动摩擦阶段，截齿受到关闭过程摩擦阻力、环形面作用力、拉压力传感器压力的作用，由于截齿运动速度较小，忽略其动力学特性，截齿处于受力平衡状态，其受力关系见式 (5-15)，环形面作用力见式 (5-16)。

$$F_a = F_2 + F_{f_2} \tag{5-15}$$

$$F_2 = p\frac{\pi(d_4^2 - d_5^2)}{4} \tag{5-16}$$

式中，F_{f2}——关闭过程摩擦阻力，N；

$\quad F_a$——拉压力传感器压力，N；

$\quad F_2$——环形面作用力，N；

$\quad p$——水射流压力，MPa；

$\quad d_4$——环形面大径，mm；

$\quad d_5$——环形面小径，mm。

不同水射流压力下自控水力截齿受力如表 5-5 所示，关闭过程摩擦阻力与水射流压力的关系如图 5-37 所示。

表 5-5　不同水射流压力下自控水力截齿受力

水射流压力/MPa	环形面作用力/N	拉压力传感器压力/N	关闭过程摩擦阻力/N
0	0	154	154
10	636	1016	380
20	1272	1903	631
30	1909	2854	945
40	2545	3881	1336

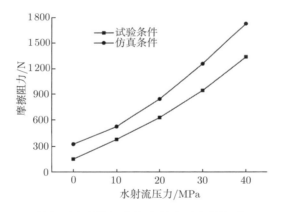

图 5-37　关闭过程摩擦阻力与水射流压力的关系（$\mu = 0.1$）

由图 5-37 可知，随着水射流压力的升高，关闭过程摩擦阻力逐渐升高，关闭过程摩擦阻力与水射流压力基本呈二次曲线关系，拟合关系为

$$F_{f2} = 0.28p^2 + 18p + 160 \qquad (5\text{-}17)$$

试验条件和仿真条件下，关闭过程摩擦阻力变化趋势基本相同，但试验条件摩擦阻力均小于仿真条件摩擦阻力。分析可知，这是由于仿真条件和试验条件的摩擦系数不同，应根据试验结果对仿真摩擦系数进行修正。

仿真摩擦系数为 0.08，关闭过程摩擦阻力与水射流压力的关系如图 5-38 所示。

由图 5-38 可知, 仿真和试验结果基本相同, 说明试验零件间的摩擦系数为 0.08 左右, 仿真结果是可靠的。在实际应用中, 可以通过提高齿柄和齿座 (阀套) 接触表面的加工精度, 降低自控水力截齿的关闭过程摩擦阻力。

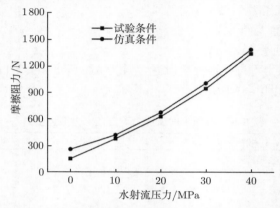

图 5-38   关闭过程摩擦阻力与水射流压力的关系 ($\mu=0.08$)

在自控水力截齿关闭过程中, 截齿受到环形面作用力和关闭过程摩擦阻力的作用, 为保证在空载状态下高压通道正常关闭, 截齿轴向受力需满足以下关系:

$$F_2 > F_{f2} \tag{5-18}$$

式中, F_2——环形面作用力, N;

F_{f2}——关闭过程摩擦阻力, N。

保证环形面小径为 40mm, 通过改变环形面大径尺寸来改变环形面作用力。不同水射流压力下, 环形面作用力和关闭过程摩擦阻力如图 5-39 所示。由图 5-39 可

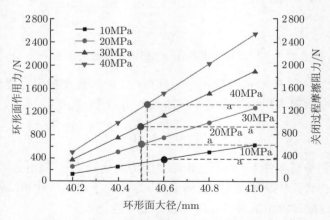

图 5-39   环形面作用力和关闭过程摩擦阻力

知，环形面作用力与环形面大径呈线性关系，而且水射流压力越大，环形面作用力随环形面大径增长越迅速。当环形面作用力大于关闭过程摩擦阻力时，自控水力截齿能够正常关闭。又由于在正常关闭的情况下关闭时间远小于开启时间，所以应在保证正常关闭的条件下取较小的环形面大径，使截齿具有较快的开启特性，进而提高其综合响应特性。不同水射流压力下，环形面设计参数如表 5-6 所示。

表 5-6　环形面设计参数

水射流压力/MPa	环形面大径/mm	环形面小径/mm
10	41	40
20	40.7	40
30	40.6	40
40	40.6	40

由表 5-6 可知，随着水射流压力的增大，在环形面小径保持不变的情况下，环形面大径逐渐减小。当水射流压力为 40MPa 时，所设计的环形面大径为 40.6mm，能够保证截齿具有较快的动态响应特性。

5.4.2　开启特性试验

自控水力截齿开启过程摩擦阻力是建立动态响应方程的重要参数，因此有必要对截齿的开启特性进行研究，探寻开启过程摩擦阻力与截齿径向力和水射流压力的关系，为自控水力截齿的结构设计及动态响应方程建立提供依据。

1. 试验方案设计

在试验台上进行自控水力截齿开启特性试验研究，所用截齿的截割角为 45°，试验原理如图 5-40 所示。

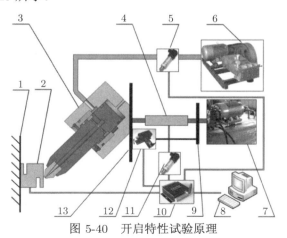

图 5-40　开启特性试验原理

1. 试验台前板；2. 拉压力传感器；3. 自控水力截齿系统；4. 推进油缸；5. 水压传感器；6. 水泵；7. 油泵；8. 计算机；9. 试验台后板；10. 采集卡；11. 油压传感器；12. 位移传感器；13. 截割装置

　　将拉压力传感器固定在试验台前板上，保证其与自控水力截齿齿尖处于同一水平面。分别调节高压水泵的压力为 0、10MPa、20MPa、30MPa、40MPa，通过位移传感器及调速阀调节推进油缸的速度至 0.005m/s，使其缓慢前进，记录整个过程拉压力传感器数据。进行五次重复试验，消除偶然误差的影响。

　　2. 试验结果分析

　　环形面小径为 40mm，环形面大径为 41mm，不同水射流压力下拉压力传感器压力变化如图 5-41 所示。

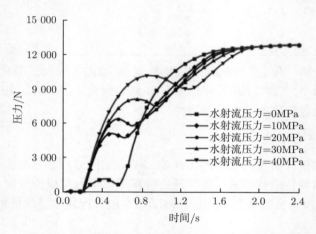

图 5-41　不同水射流压力下拉压力传感器压力变化

　　由图 5-41 可知，当水射流压力为 40MPa 时，0~0.2s，传感器压力几乎为零，说明截齿尚未与拉压力传感器接触；0.2~0.88s，传感器压力逐渐增大至局部峰值，说明截齿与拉压力传感器开始接触，此时齿柄与齿座之间产生静摩擦阻力，曲线局部峰值对应最大静摩擦阻力，但高压通道尚未开启；0.88~1.28s，传感器压力逐渐下降，说明截齿与齿座产生相对运动，高压通道逐渐打开，该过程为动摩擦阻力；1.28s 以后，传感器压力逐渐增大后保持稳定，且不同水射流压力下拉压力传感器压力相同，说明自控水力截齿已经完全开启。

　　截齿轴向受力关系见式 (5-19)，径向受力关系见式 (5-20)。

$$F_a \sin \gamma = F_2 + F_{f1} \tag{5-19}$$

$$F_y = F_a \cos \gamma \tag{5-20}$$

式中，F_a——拉压力传感器压力，N；

　　　　γ——截割角，(°)；

　　　　F_{f1}——开启过程摩擦阻力，N；

F_2——环形面作用力，N；

F_y——截齿径向力，N。

通过上式进行计算，可得不同水射流压力下截齿受力情况如表 5-7 所示。

表 5-7　不同水射流压力下截齿受力情况

水射流压力/MPa	环形面作用力/N	截齿径向力/N	开启过程摩擦阻力/N
0	0	0	986
10	636	4041	2804
20	1272	4811	3539
30	1908	6023	4116
40	2545	7664	5119

由表 5-7 可知，随着水射流压力的增大，自控水力截齿径向力及开启过程摩擦阻力均逐渐增大。保证环形面小径为 40mm，环形面大径分别取 40.2mm、40.4mm、40.6mm、40.8mm，重复上述试验，得到不同水射流压力和截齿径向力下开启过程摩擦阻力如图 5-42 所示，开启过程摩擦阻力拟合表达式见式 (5-21)。

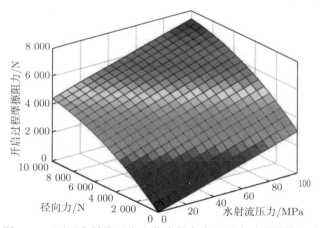

图 5-42　不同水射流压力和截齿径向力下开启过程摩擦阻力

$$F_{f1} = 29.56p - 3 \times 10^{-5}F_y^2 + 0.74F_y \tag{5-21}$$

由图 5-42 可知，随着水射流压力和截齿径向力的增加，开启过程摩擦阻力均逐渐增大。由式 (5-21) 可知，开启过程摩擦阻力与水射流压力基本呈线性关系，与径向力呈二次曲线关系。自控水力截齿截割不同性质和截割深度的岩石，受到的轴向力和径向力均不同，导致截齿开启过程摩擦阻力也不同。自控水力截齿能够正常开启的条件为

$$F_x > F_2 + F_{f1} \tag{5-22}$$

式中，F_x——截齿轴向力，N；

F_2——环形面作用力，N；

F_{f1}——开启过程摩擦阻力，N。

当环形面大径为 41mm、环形面小径为 40mm、水射流压力为 40MPa 时，截齿轴向受力情况如图 5-43 所示。

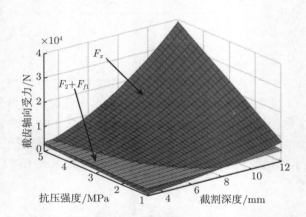

图 5-43　不同岩石抗拉强度和截割深度下截齿轴向受力

由图 5-43 可知，随着岩石抗拉强度和截割深度的增加，截齿轴向力、环形面作用力和开启过程摩擦阻力的合力均逐渐增大，但是增大速度不同，只有当岩石抗拉强度和截割深度在一定范围内，自控水力截齿才能够正常开启。

不同截深条件下，截齿轴向受力与岩石抗拉强度的关系如图 5-44 所示。由图 5-44 可知，当截割深度为 3mm 时，抗拉强度在 1~5MPa 范围内，截齿轴向力小于环形面作用力和开启过程摩擦阻力的合力，自控水力截齿无法正常开启；当截割深度为 6mm 时，抗拉强度大于 2MPa，自控水力截齿可以正常开启；当截割深度为9mm 和 12mm 时，抗拉强度大于 1MPa，自控水力截齿可以正常开启。

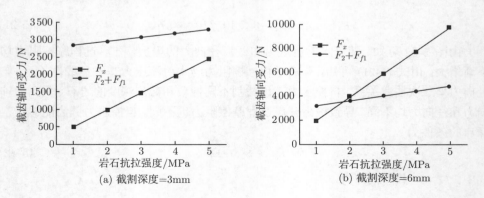

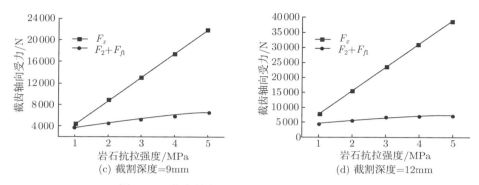

图 5-44 截齿轴向受力与岩石抗拉强度的关系

由式 (5-22) 可知，当岩石抗拉强度和截割深度确定后，截齿轴向力随之确定，因此需要通过改变环形面作用力和开启过程摩擦阻力，改善截齿的开启特性。在实际应用中，应在保证截齿正常关闭的条件下，合理选择水射流压力，优化设计环形面，以降低环形面作用力和开启过程摩擦阻力，进而改善截齿的开启特性。

5.4.3 动态响应特性试验

自控水力截齿快速的动态响应特性是其工作可靠性的保证，而仿真情况忽略了一些次要因素的影响，因此有必要对其动态响应特性进行试验研究，探寻自控水力截齿工作过程的动态响应规律。

1. 试验方案设计

在试验台上进行截齿动态响应特性试验研究，试验原理如图 5-45 所示。

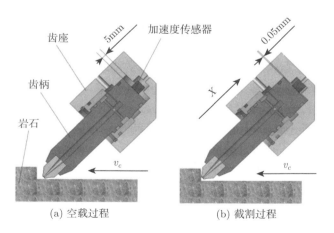

图 5-45 动态响应特性试验原理

将加速度传感器固定在齿柄的底部，齿座底部开设直径稍大于加速度传感器直径的圆柱孔，加速度传感器与圆柱孔长度差值为 0.05mm。自控水力截齿以速度 v_c 截割岩石，当截齿接触岩石后，油压传感器压力上升，记录油压开始上升的时刻为开启时刻 t_{00}；当截齿和齿座相对运动位移达到 4.95mm 时，加速度传感器与齿座底部接触，加速度信号发生明显变化，自控水力截齿完全开启，记录此时刻为完全开启时刻 t_{10}，开启时间 $t_1 = t_{10} - t_{00}$。

本次试验所用截齿环形面小径 40mm，环形面大径 40.6mm，保证截齿在正常关闭的条件下具有较好的开启特性，主要研究截割速度、水射流压力、截割深度对动态响应特性的影响，试验参数如表 5-8 所示。

表 5-8　动态响应特性试验参数

参数	取值
截割速度/(m/s)	0.05、0.1、0.15、0.2、0.25、0.3
水射流压力/MPa	20、40
截割深度/mm	3、6、9、12

2. 试验结果分析

水射流压力分别为 20MPa 和 40MPa，截割深度为 3mm，截割速度为 0.3m/s，自控水力截齿动态响应过程如图 5-46 所示。

由图 5-46(b) 可知，当水射流压力为 40MPa 时，试验过程主要包括 4 个阶段：0～1.967s，油压与加速度均在零附近波动，截齿处于空载阶段，尚未与岩石接触；1.967～2.159s，油压逐渐增加，加速度继续在零附近波动，截齿处于开启阶段，截齿与岩石接触，截齿相对于齿座向后移动，阀口逐渐打开，此阶段对应的时间为开启时间；2.159～3.223s，油压在稳定范围内波动，加速度迅速增大，并保持在稳定值上下波动，截齿处于截割阶段，加速度传感器与齿座底部接触，且在截割过程中一直保持接触状态，截齿始终处于开启状态，波动情况反映岩石的崩落情况；3.223s 之后，油压和加速度均迅速下降，截齿处于卸载过程，在高压水的作用下，截齿相对于齿座向前移动，阀口逐渐关闭。

由于试验台液压系统可以调定的最高速度为 0.3m/s，小于截齿的实际截割速度，无法直接测量真实状况下的动态响应特性，所以有必要探寻动态响应特性与截割速度的关系，通过试验对真实状况下的动态响应特性进行预测。

截割深度为 3mm，开启时间与截割速度的关系如图 5-47 所示。

由图 5-47 可知，当截割速度小于 0.2m/s 时，开启时间随截割速度的增大而减小；当截割速度大于 0.2m/s 时，开启时间基本保持不变，截割速度对开启特性没有显著影响，所以可以用 0.3m/s 的截割速度模拟真实情况。

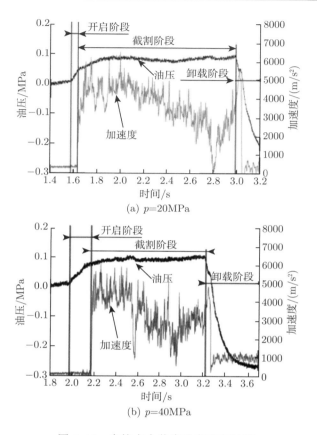

(a) $p=20$MPa

(b) $p=40$MPa

图 5-46 自控水力截齿动态响应过程

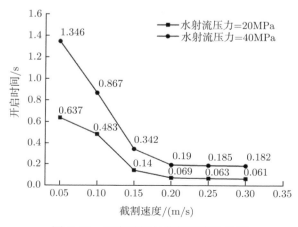

图 5-47 开启时间与截割速度的关系

截割速度为 0.3m/s，开启特性与截割深度的关系如图 5-48 所示。由图 5-48 可知，开启时间和开启时间百分比随着截割深度的增加逐渐下降，且基本呈线性关系，所以截割深度越大，自控水力截齿的动态响应特性越好。开启时间和开启时间百分比随着水射流压力的增加而增加，且截割深度越小，水射流压力对开启时间的影响越大。当截割深度为 3mm 时，40MPa 水射流压力开启时间为 20MPa 水射流压力开启时间的 3 倍；截割深度为 12mm 时，40MPa 水射流压力开启时间为 20MPa 水射流压力开启时间的 1.5 倍，所以应根据不同的截割深度选用不同的水射流压力，以保证自控水力截齿具有迅速的响应特性。当截割深度为 12mm，水射流压力为 40MPa 时，开启时间和开启时间百分比分别为 0.035s 和 4.62%。

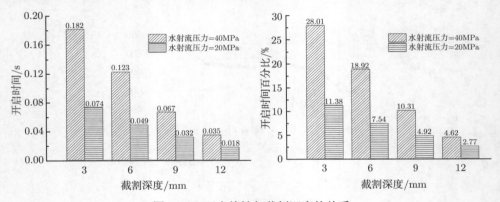

图 5-48   开启特性与截割深度的关系

由于本章的动态响应方程忽略了一些次要因素的影响，可能与真实情况有所差异，因此有必要通过试验对仿真的正确性和可靠性进行验证。水射流压力为 20MPa、40MPa，试验与仿真条件下开启时间对比如图 5-49 所示。

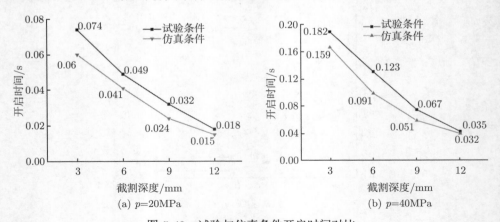

(a) p=20MPa   (b) p=40MPa

图 5-49   试验与仿真条件开启时间对比

由图 5-49 可知，试验条件下的开启时间大于仿真条件下的开启时间。分析认为，由于仿真条件下截齿截割过程受力采用的是半经验预测公式，可能与试验截割岩石截齿受力存在一定程度的偏差，也可能是由于截齿在开启过程中截齿内流道高压水对截齿有瞬态作用力，而仿真中忽略了瞬态作用力对截齿开启过程的影响。但是，在不同截割深度下，试验条件与仿真条件开启时间的变化趋势存在一定的相关性，所以可以采用仿真条件下的动态响应模型对自控水力截齿的响应特性进行预测，便于设计不同结构参数的截齿以适应不同的工况条件。

5.4.4　流量特性试验

自控水力截齿能够根据截齿的工作状态自动调节出口流量，因此有必要对自控水力截齿和普通水力截齿的流量特性进行试验研究，探寻自控水力截齿流量减少规律，验证仿真模型的可靠性和准确性。

1. 试验方案设计

分别加工自控水力截齿和普通水力截齿各 3 个，其中自控水力截齿阻尼孔直径为 0.5mm，普通水力截齿与自控水力截齿喷嘴入口直径和出口直径相同，保证在自控水力截齿处于开启状态时两者的流量相同，在自控水力截齿处于关闭状态时两者的流量不同。流量特性试验设备主要由水箱、高压水泵、自控水力截齿系统、截齿套、储水罐、电子秤、秒表等部分组成，试验原理如图 5-50 所示。

分别将自控水力截齿和普通水力截齿安装到相应的齿座，并将截齿系统与截齿套轴向固定，利用高压水泵给截齿供给压力 10MPa、20MPa、30MPa、40MPa 的高压水，待流量稳定后，用储水罐收集储水，同时用秒表记录储水时间 10 min，将储水罐中的水用电子秤进行称重，进一步转换为流量。

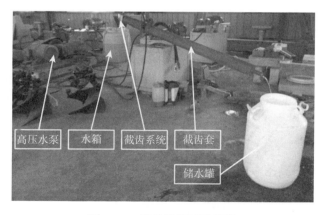

图 5-50　流量特性试验原理

2. 试验结果分析

测试流量结束后，将自控水力截齿和普通水力截齿分别安装在试验台上，观察水射流喷射情况。水射流压力为 40MPa，喷嘴喷射试验现场如图 5-51 所示。普通水力截齿喷射流量较大，射流核心段较长，且射流外围呈雾状。自控水力截齿喷射流量较小，经过一段距离水射流能量迅速衰减，这是由于在高压水的作用下，阀口关闭，自控水力截齿处于空载状态，高压水通过阻尼孔转化为低压水，通过合金头喷嘴喷出，水射流喷射速度相对于普通水力截齿明显减小，满足设计要求。

(a) 普通水力截齿　　　　　　　　　　　(b) 自控水力截齿

图 5-51　喷嘴喷射试验现场

普通水力截齿和自控水力截齿试验与仿真流量对比如图 5-52 所示。

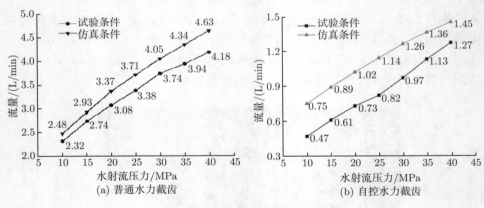

(a) 普通水力截齿　　　　　　　　　　　(b) 自控水力截齿

图 5-52　试验与仿真流量对比

由图 5-52 可知，自控水力截齿和普通水力截齿试验流量均小于仿真流量，分析认为，可能是由于高压水在管路和截齿内流道里产生压力损失，试验过程到达喷嘴入口的压力小于高压泵的出口压力，而在仿真中忽略了压力损失。但是，在仿真和试验条件下，随着水射流压力的增加，自控水力截齿和普通水力截齿的流量均逐渐增大，且基本趋势相同，所以可以通过仿真进行流量预测。

　　试验中测定的自控水力截齿流量为截齿一直处于空载状态中的流量，而实际工况为掘进机截割头旋转一周，大约一半的时间处于截割状态，一半的时间处于空载状态。进一步考虑开启过程和关闭过程对于截齿流量特性的影响，引入自控水力截齿流量减小率 η_2，定量分析自控水力截齿的流量减少情况。

$$\eta_2 = \frac{q_1 - \left[q\left(\frac{t_0}{2} - t_1 + t_2\right) + q_1\left(\frac{t_0}{2} - t_2 + t_1\right)\right]/t_0}{q_1} \times 100\% \tag{5-23}$$

式中，q_1——普通水力截齿流量，L/min；

　　　q——自控水力截齿空载状态流量，L/min；

　　　t_1——开启时间，s；

　　　t_2——关闭时间，s；

　　　t_0——截齿旋转截割周期，s。

不同水射流压力和截割深度下，自控水力截齿流量减小率如图 5-53 所示。

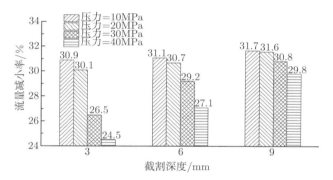

图 5-53　自控水力截齿流量减小率

　　由图 5-53 可知，自控水力截齿流量减小率基本在 30% 左右，在相同水射流压力下，随着截割深度的增加，自控水力截齿流量减小率逐渐增大，但压力为 10MPa 和 20MPa 时增大幅度较小，压力为 30MPa 和 40MPa 时增大幅度较大。这是由于截割深度与动态响应特性密切相关，进而对截割周期内自控水力截齿的开启时间和关闭时间产生影响，当压力较小时截割深度对开启时间和关闭时间影响较小，当压力较大时截割深度对开启时间和关闭时间影响较大。

　　在相同截割深度下，随着水射流压力的增加，自控水力截齿流量减小率逐渐减小。当截割深度较小时，减小的幅度较大；当截割深度较大时，减小的幅度较小。虽然截割深度对于自控水力截齿减小率有一定影响，但是影响并不大，均在 5% 以内，这是由于自控水力截齿的开启时间和关闭时间相对于截割头旋转周期较小，所以如果自控水力截齿的动态响应特性较好，可以忽略其对于流量减小率的影响。

　　现场应用表明，掘进机水射流流量超过 60L/min，容易在掘进面产生水患问题，影响煤岩运输，因此在实际应用中流量应有所限制。本书假设掘进机截割头总流量为 50L/min，当截割深度为 3mm 时，普通水力截齿和自控水力截齿的流量和可以布置的截齿个数如表 5-9 所示。

表 5-9　普通水力截齿和自控水力截齿流量和布置个数

水射流压力/MPa	每个普通水力截齿流量/(L/min)	每个自控水力截齿流量/(L/min)	布置普通水力截齿个数	布置自控水力截齿个数
10	2.32	1.44	21	35
20	3.08	2.07	16	24
30	3.74	2.69	13	19
40	4.18	3.21	12	16

　　由表 5-9 可知，自控水力截齿流量相对于普通水力截齿流量明显减小，在截割头流量一定的情况下，可以布置更多数量的自控水力截齿。当水射流压力为 40MPa 时，普通水力截齿可以布置 12 个，自控水力截齿可以布置 16 个，在流量相同的情况下，可以提高水射流辅助破岩效果。如果在加工条件允许的情况下，可以进一步减小阻尼孔直径，能够更大程度地提高自控水力截齿的流量减小率。

5.4.5　破岩特性试验

　　上述试验对自控水力截齿工作原理的可行性和工作过程的可靠性进行了验证，本节主要对普通截齿和自控水力截齿的破岩性能进行试验研究，研究水射流压力、截割深度对岩石破碎效果的影响，并探寻自控水力截齿破岩的优越性和高效性，为其在掘进机上的实际应用提供试验依据。

1. 试验方案设计

　　在试验台上进行普通截齿和自控水力截齿的破岩试验 [9-10]，通过调速阀及位移传感器调节截齿的前进速度为 0.25m/s，试验参数如表 5-10 所示，自控水力截齿破岩试验现场如图 5-54 所示。

图 5-54　自控水力截齿破岩试验现场

表 5-10 破岩特性试验参数

参数	取值
截割深度/mm	3、6、9、12
水射流压力/MPa	0、10、20、30、40

2. 试验结果分析

截割深度为 12mm，不同水射流压力下，普通截齿和自控水力截齿受力情况如图 5-55 所示。

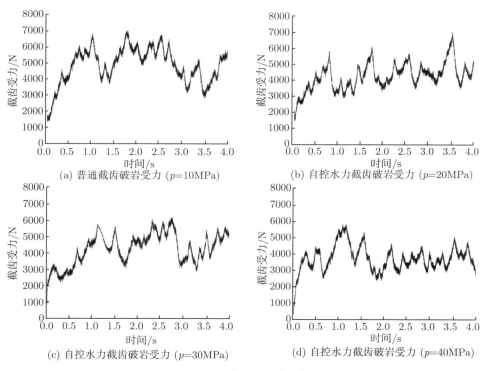

(a) 普通截齿破岩受力 (p=10MPa)

(b) 自控水力截齿破岩受力 (p=20MPa)

(c) 自控水力截齿破岩受力 (p=30MPa)

(d) 自控水力截齿破岩受力 (p=40MPa)

图 5-55 普通截齿和自控水力截齿受力

由图 5-55 可以看出，普通截齿受力波形波动较大，截齿受力逐渐增大到最大值，然后有一个明显的突降，岩石对于截齿的冲击较大，加快了截齿的磨损情况；自控水力截齿受力波形波动较小，而且水射流压力越大，波动越小，破岩过程更加平稳，能够很大程度地降低截齿磨损，提高截齿疲劳寿命。分析认为，在普通截齿截割岩石的过程中，岩石产生裂纹，裂纹逐渐扩展贯通，随着能量的积聚，最终导致岩石块破碎，岩石块破碎时间较长；在自控水力截齿截割岩石的过程中，岩石产生裂纹，由于水射流与截齿作用点一致，水射流能够迅速冲击并扩展裂纹，加快岩石块破碎速度，同时水射流能够及时冲刷破碎后的岩石颗粒，大大减小截齿受力，随着水射流压力的增大，岩石裂纹扩展速度加快，岩石块破碎时间较短。

对普通截齿和自控水力截齿受力情况进行统计，统计数据如图 5-56 所示，压力 0 为普通截齿，压力 10MPa、20MPa、30MPa、40MPa 为自控水力截齿，自控水力截齿受力统计数据减小率如图 5-57 所示。

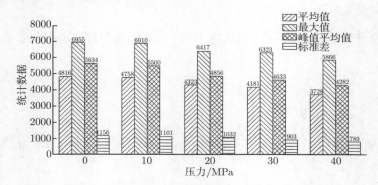

图 5-56　普通截齿和自控水力截齿受力统计数据

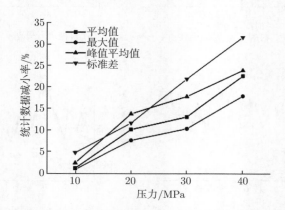

图 5-57　自控水力截齿受力统计数据减小率

由图 5-56 可以看出，随着水射流压力的升高，截齿受力的平均值、最大值、峰值平均值、标准差均逐渐下降，且下降趋势基本相同。由图 5-57 可以看出，当水射流压力为 10MPa，小于岩石抗压强度，截齿受力减小率较小；当水射流压力为 20MPa，大于岩石抗压强度，截齿受力减小率有较大程度的提升；当水射流压力为 30MPa，截齿受力减小率相比 20MPa 水射流压力只有小幅度的提升；当水射流压力为 40MPa，大于两倍岩石抗压强度，截齿受力减小率又有较大幅度的提升。当水射流压力为 40MPa、截割深度为 12mm 时，截齿受力减小率为 22.6%。

试验结果与仿真结果趋势基本相同，但试验结果的截齿受力减小率低于仿真结果,这是由于水射流在高压管路及截齿内流道中存在压力损失,喷嘴实际喷射压力小于传感器测试所得压力。在实际应用中,有必要根据岩石抗压强度选择水射流压力,选用压力大于两倍岩石抗压强度的水射流进行破岩,能够大幅度提高辅助破岩效果。

进一步分析水射流压力对岩石截槽的影响规律。截割深度为 12mm,不同水射流压力下岩石破碎坑对比情况如图 5-58 所示;不同截割深度下,截槽深度与水射流压力的关系如图 5-59 所示。

由图 5-58 可知,普通截齿截割的截槽比较规整,截槽平均宽度、平均深度均较小;自控水力截齿截割的截槽平均宽度、平均深度均较大,且随着水射流压力的升高,截槽平均宽度、平均深度都相应地增大,40MPa 水射流压力下的截槽底部存

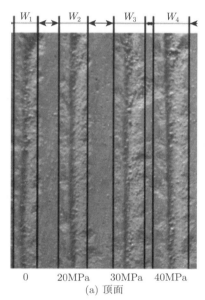

(a) 顶面

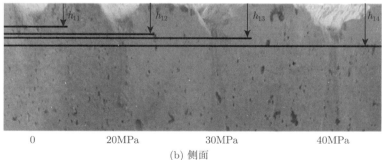

(b) 侧面

图 5-58　不同水射流压力下破碎坑对比

在一条细长型裂缝。分析认为，水射流进入岩石裂纹缝隙，产生水楔作用，加速裂纹扩展，致使破碎深度和破碎宽度增大，水射流压力越高，辅助扩展裂纹的能力越大。

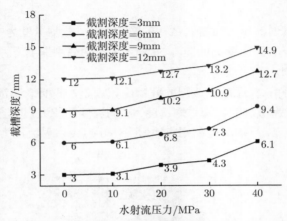

图 5-59　截槽深度与水射流压力的关系

由图 5-59 可知，随着水射流压力的增加，截槽深度逐渐增加，当水射流压力达到 40MPa 时，截槽深度增加明显，截槽深度的增加将在很大程度上减小后一旋转周期的截齿受力，提高掘进效率。当水射流压力为 40MPa，截割深度为 12mm 时，截槽深度提高了 24.2%。

收集不同水射流压力下的岩石破碎颗粒，烘干处理后进行称重。截割深度为 12mm，单位长度岩石破碎体积如表 5-11 所示。

表 5-11　单位长度岩石破碎体积

水射流压力/MPa	单位长度破碎体积/(cm³/m)	破碎体积增量/%
0	957	—
10	982	2.6
20	1098	14.7
30	1132	18.1
40	1241	29.3

由表 5-11 可知，普通截齿单位长度破碎体积为 957cm³/m，自控水力截齿单位长度破碎体积均大于 957cm³/m，且随着水射流压力的升高，相对于普通截齿破碎体积增量逐渐增大，当水射流压力为 40MPa，岩石破碎体积提高 29.3%。

参 考 文 献

[1]　刘送永, 杜长龙, 陈俊锋, 等. 自控水力破岩截齿: 中国, 103174421A [P]. 2013-06-26.
[2]　刘送永, 杜长龙, 蔡卫民, 等. 阀控直动型破岩截齿: 中国, 103939095A [P]. 2014-07-23.

[3]   蔡卫民. 掘进机自控水力截齿破岩特性研究 [D]. 徐州: 中国矿业大学, 2015.

[4]   Liu S, Liu X, Cai W, et al. Dynamic performance of self-controlling hydro-pick cutting rock[J]. International Journal of Rock Mechanics and Mining Sciences, 2016, 83:14–23.

[5]   管金发, 邓松圣, 郭广东, 等. 空化射流角型喷嘴内流场的数值模拟 [J]. 机床与液压, 2012, 40(23):46–50.

[6]   宋祖厂, 陈建民, 刘丰. 基于 SPH 算法的高压水射流破岩机理数值模拟 [J]. 石油矿场机械, 2009, 38(12):39–43.

[7]   刘佳亮, 司鹄. 高压水射流破碎高围压岩石损伤场的数值模拟 [J]. 重庆大学学报, 2011, 34(4):40–46.

[8]   江红祥, 杜长龙, 刘送永, 等. 水射流–机械刀具联合破岩的影响因素试验研究 [J]. 中国机械工程, 2013, 24(8):1013-1017.

[9]   张文华, 汪志明, 于军泉, 等. 高压水射流–机械齿联合破岩数值模拟研究 [J]. 岩石力学与工程学报, 2005, 24(23):4373–4382.

[10] 孙清德, 汪志明, 王超, 等. 水力机械联合破岩主要配合参数的试验研究 [J]. 石油钻采工艺, 2006, 28(2):7–10.

第6章 截割机构–水射流联合破岩

掘进机械在巷道掘进以及煤层开采过程中，其截割机构存在受力大、截割效率低、刀具磨损快、粉尘量大等问题，通过高压水射流辅助截割能够有效地解决这些问题。掘进机作为煤矿井下巷道施工工程的关键设备，其功用主要为巷道岩石破碎。基于以上，本章以掘进机截割机构作为研究对象，设计了水射流辅助截割专用机构，并依据截割机构破岩性能评价指标，通过试验研究验证水射流辅助破岩性能。

6.1 水射流截割机构

随着煤矿井下巷道机械化掘进技术的发展，不断更新的机械化掘进工具仍不能满足生产的需求。应用于薄煤层半煤岩、夹矸和小断层煤岩掘进的小型掘进机掘进效率低，但在截割机构不变的情况下采用加大功率的方法来解决以上存在的问题，势必造成刀具磨损严重，并存在安全隐患，基于此，急需研发一种掘进机高压水射流辅助截割机构解决上述问题。

水射流截割机构设计融合机械设计和水射流破岩技术，旨在提高矿山机械的破岩效率和能力。针对巷道掘进机，其水射流截割机构的设计是在普通掘进机截割机构设计理论的基础上，融入机械–水射流联合破岩理论。本节主要研究内容包括水射流截割机构整体方案设计、水射流截割头喷嘴布置设计，并根据本书第2章机械–水射流联合破岩理论，制造出不同喷嘴布置形式的水射流截割机构。

6.1.1 水射流截割机构设计方案

1. 截割机构总体方案设计

目前掘进机截割机构流道设计，留有一个水腔，方便低压水通过喷嘴喷出，可以满足喷雾降尘工作需求，但水射流辅助破岩时，所需水压高达几十上百兆帕，如果整个水腔充满高压水，截割机构各壳体及焊缝将承受巨大压力，严重影响其使用寿命，且存在安全隐患。因此，可以基于此研发一种流道合理布置、密封性能良好的掘进机高压水射流辅助截割机构。

掘进机高压水射流辅助截割机构设计方案[1]如图6-1所示，图中包括的各个零部件均采用焊接连接实现密封。截割轴1通过花键与芯套3连接，带动整个截割机构工作，截割轴1和芯头5之间通过密封圈1-3实现密封。截割轴1上开设有入水孔1-1和主流道1-2，芯头5上开设有芯头干流道5-1和四道芯头支流道5-2，四道芯头支流道 5-2 沿芯头 5 圆周均匀布置，锥体 2 上开设有四道锥体干流道 2-1 和若干锥体支流道 2-2，四道锥体干流道 2-1 和四道芯头支流道 5-2 一一对应，锥体盖板 6 上开设有盖板流道 6-1。掘进机截割机构工作时，高压水经入水孔 1-1 进入主流道 1-2，通过芯头干流道 5-1 流入芯头支流道 5-2，并流入与之对应的锥体干流道 2-1，然后通过锥体支流道 2-2 流入盖板流道 6-1，接着高压水流入齿座流道 4-5，经过齿体流道 4-6 进入喷嘴 4-7 形成高压水射流，辅助截割机构破岩。

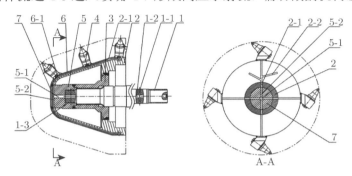

图 6-1　截割机构设计方案
1. 截割轴；2. 锥体；3. 芯套；4. 截齿总成；5. 芯头；6. 锥体盖板；7. 芯头盖板

2. 水射流截割机构其他设计方案

水射流辅助截割机构设计方案除通过水道布置实现高压水辅助截割机构破岩外，还可以采用高压软管将高压水直接通入齿座与截齿流道，辅助截割机构截割，其设计方案如图 6-2(a) 所示。除此之外，可以将截割机构头体整体密封，然后在相应的位置上打孔，通过开孔方式将高压水射流引入齿座以及截齿流道辅助截割，其设计方案如图 6-2(b) 所示。

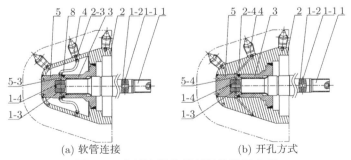

(a) 软管连接　　　　　　　　　(b) 开孔方式
图 6-2　水射流辅助截割机构设计方案
1. 截割轴；2. 锥体；3. 芯套；4. 截齿总成；5. 芯头；6. 锥体盖板；7. 芯头盖板；8. 软管 1-1. 水孔；1-2. 主流道；1-3. 密封圈 1-4. 出水孔；2-3. 螺栓孔式锥体流道；2-4. 锥体流道；5-3. 螺纹孔式芯头流道；5-4. 芯头流道

考虑到试验条件的限制和制造的便利性,本章试验所制造的水射流辅助截割机构采用高压软管连接方案。

6.1.2   喷嘴位置与数量

1. 喷嘴相对截齿位置

根据本书第 4 章水射流辅助机械刀具破岩的研究可知,水射流与截齿的配置主要有四种:中心式、前置式、后置式和侧置式。本节根据四种水射流与截齿的配置方式将水射流应用于掘进机截割机构上,分别建立截割机构三维模型。如图 6-3(a)、(b)、(c)、(d) 所示依次为水射流在前置式、后置式、中心式、侧置式下的辅助截割机构结构 [2]。

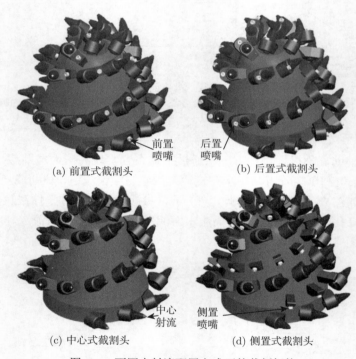

(a) 前置式截割头   (b) 后置式截割头

(c) 中心式截割头   (d) 侧置式截割头

图 6-3   不同水射流配置方式下的截割机构

相关研究表明,侧置式水射流能起到一定的清理和冷却作用,但辅助截割效果并不理想。除此之外,侧置式水射流的喷嘴位于截齿侧面,占据了截齿螺旋线之间的空间,阻碍了截割机构的截煤、装煤和排煤,破碎的煤岩在排出截割机构时冲击喷嘴,容易导致喷嘴损坏。后置式水射流由于射流冲击位置距离截齿齿尖位置较远,其辅助截割效果也不理想,另外,后置式布置会导致截齿齿座增高,在截割过程中可能会发生齿座与煤岩碰触的现象, 增大截割阻力。

综合考虑实际工况, 本书选取前置式及中心式作为备选方案, 后期通过试验研究探究它们对截齿破岩性能的影响。

2. 喷嘴数量

理论上喷嘴的个数可以等于截齿个数, 即每个截齿配备一个喷嘴, 则所需的射流水量为

$$Q = \frac{n\pi d^2 v_t}{4} \tag{6-1}$$

式中, Q——射流需水量, m^3/s;

n——截割机构上喷嘴个数;

d——喷嘴直径, m;

v_t——射流出口速度, m/s;

根据流体力学的知识可知, 对于不可压缩流体, 任意两点之间满足伯努利方程:

$$z_1 + \frac{v_1^2}{2g} + \frac{p_1}{\rho g} + \Delta h = z_2 + \frac{v_2^2}{2g} + \frac{p_2}{\rho g} \tag{6-2}$$

式中, $\frac{p_1}{\rho g}$、$\frac{p_2}{\rho g}$——两点静压头, m;

$\frac{v_1^2}{2g}$、$\frac{v_2^2}{2g}$——两点动压头, m;

z_1、z_2——两点位压头, m;

Δh——两点总压力头差, m。

忽略两点高度差, 式 (6-2) 可简写为

$$\frac{v_1^2}{2} + \frac{p_1}{\rho} = \frac{v_2^2}{2} + \frac{p_2}{\rho} \tag{6-3}$$

式中, v_1、v_2——两点流体速度, m/s;

p_1、p_2——两点静压力, Pa;

根据两点的流量连续方程知

$$\frac{\pi v_1 d_1^2}{4} = \frac{\pi v_2 d_2^2}{4} \tag{6-4}$$

联立式 (6-3) 和式 (6-4) 可得

$$v_2 = \sqrt{\frac{2(p_1 - p_2)}{\rho \left[1 - \left(\frac{d_2}{d_1}\right)^4\right]}} \tag{6-5}$$

在实际喷嘴流场中，$\left(\dfrac{d_2}{d_1}\right)^4 \ll 1$，$p_1 > p_2$，则式 (6-5) 简化为

$$v_2 = \sqrt{\frac{2p_1}{\rho}} \tag{6-6}$$

式 (6-6) 中代入水的密度 998kg/m³，可得

$$v_2 = 44.77\sqrt{p} \tag{6-7}$$

式中，p——射流输入压力，MPa。

将式 (6-7) 得到的出口速度代入式 (6-1) 中的 v_t 得

$$Q = 35.16nd^2\sqrt{p} \tag{6-8}$$

可见，当高压水发生装置的出水压力、流量和喷嘴直径确定以后，能够供给的喷嘴个数为

$$n = \frac{Q}{35.16d^2\sqrt{p}} \tag{6-9}$$

将压力和流量分别用 MPa 和 L/min 表示可得

$$n = \frac{Q_c}{2.11d_c^2\sqrt{p}} \tag{6-10}$$

式中，Q_c——水泵输出流量，L/min；

　　　d_c——喷嘴直径，mm。

由式 (6-10) 可以看出，当高压水泵的输出压力、流量和喷嘴直径确定后，高压水系统能够供给的喷嘴个数是有限的，在不同参数取值下允许配置的喷嘴个数如表 6-1 所示。

从表 6-1 中可以看出，水压越大、喷嘴直径越大，允许配置的喷嘴个数越少，尤其当水压超过 30MPa 后，允许配置喷嘴的个数较少，每个截齿不足以分配一个喷嘴，此时需要合理安排喷嘴在截割机构上的布置位置，以使高压水射流辅助效果最佳 [3]。

3. 喷嘴相对截割机构位置

如上所述，当可配置喷嘴个数小于截齿个数时，应该合理规划喷嘴布置位置，保护工作环境恶劣的截齿，获得最佳的辅助破岩效果。为此，重点是找出截割机构上工作环境最恶劣的区域。

表 6-1 不同水泵参数下的喷嘴个数

水压/MPa	流量/(L/min)	喷嘴直径/mm	喷嘴个数
12	116.1	0.6	44
12	116.1	0.8	24
12	116.1	1	15
20	110.9	0.6	32
20	110.9	0.8	18
20	110.9	1	11
30	108.5	0.6	26
30	108.5	0.8	14
30	108.5	1	9
40	105.6	0.6	21
40	105.6	0.8	12
40	105.6	1	7
50	85.5	0.6	15
50	85.5	0.8	8
50	85.5	1	5

如图 6-4 所示,将截割机构分为 A、B、C 三个区域,区域 C 位于截割机构球面,区域 B 位于球面与锥面的过渡位置,区域 A 位于截割机构锥面位置。

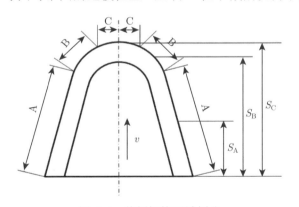

图 6-4 截割机构区域划分

截割机构工作主要包括钻进截割和摆动截割两种工况,针对不同工况,分别对截割机构进行区域受力分析。

在钻进工况下,截割机构近似沿截割机构旋转轴线移动。在一个完整钻进过程中,不同区域的截齿钻入煤岩体的深度不一样,容易看出区域 C 的深度最大,区域 B 次之,区域 A 最小,即 $S_A < S_B < S_C$。区域 B 和区域 C 的截齿正向挤压煤岩,承担钻进开孔的工作,工作环境较为恶劣;区域 A 的截齿主要承担扩孔的工作,工作环境相对较好。综合来看,在钻进工况下,区域 B 和区域 C 处截齿的工

作环境较差。

如图 6-5 所示，在摆动工况下，参与截割的截齿主要集中在区域 A 和区域 B，区域 C 的截齿基本不参与截割。同时由图中 $S_E > S_D$ 可见，截割部在相同的摆动角度下，越靠近截割机构顶端的截齿参与截割煤岩体的深度越大。综合来看，在摆动工况下，区域 B 处截齿的工作环境最差。

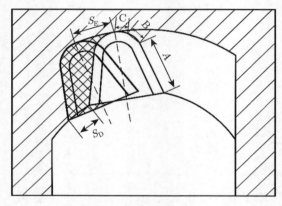

图 6-5   摆动截割

结合以上钻进和摆动两种工况，不难看出工作环境最恶劣的截齿集中在区域 B，即球面与圆锥面的过渡位置处，因此当喷嘴个数少于截齿数量时，应将有限的喷嘴优先安置在区域 B 处。

考虑到截割机构截割过程中载荷波动性等因素，喷嘴位置布置方案还应遵循以下原则：

(1) 6 个截齿平均分配到截割机构螺旋线上，每条螺旋线均匀布置喷嘴。截齿与煤岩直接接触，其不同安装位置将影响掘进机截割比能耗的大小以及载荷波动剧烈程度，而齿尖的位置又是依靠螺旋线进行定位的，因此将水射流的喷嘴均匀地分布在螺旋线上能够很好地降低截割机构的载荷波动性。

(2) 将喷嘴均匀布置在截割机构圆周方向上。在截割机构截割的过程中，高压水均匀地从圆周方向上喷出，能够有效地减小截割过程中的载荷波动性，降低粉尘量。

6.1.3   水射流截割机构研制

根据截割机构参数选型及设计理论，设计一款普通掘进机截割机构，确定截齿空间位置 [4]。由于所制造的截割机构主要在煤岩截割试验台上使用，在适配试验台和满足试验要求的基础上应尽量简化截割机构的外形结构，简化后的截割机构外形结构如图 6-6 所示。截割机构上截齿空间位置的确定采用截齿定位工作装置进行定位焊接,该工作装置外形图如图 6-7 所示。

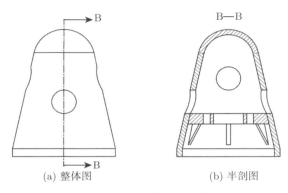

(a) 整体图   (b) 半剖图

图 6-6 截割机构外形结构

试验研制了三种水射流截割机构,用于研究水射流辅助作用对截割机构破岩性能的影响。截割机构锥面和球面采用双头螺旋线布齿,不同截割机构外形参数及截齿齿尖位置参数均固定不变,仅改变水射流辅助截齿破岩方式或水射流与截齿的相对位置。为了更好地利用岩体压张效应以及保证截割机构具有良好的钻进性能,截齿偏斜角随螺旋线上升逐渐增大,截齿截距随螺旋线上升逐渐减小。

图 6-7 截齿定位工作装置

1. 齿尖轴向距离调节块;2. 齿尖半径及倾斜角调节杆;3. 仰角调节机构;4. 齿尖圆周角表盘;5. 支架

研制的三种水射流截割机构和无水辅助截割机构如图 6-8 所示:无水辅助式,该形式截割机构用于研究无水射流辅助条件下截割机构破岩性能,为水射流截割机构破岩性能研究提供参考依据,且无水辅助式截割机构均可由其他水射流截割机构改造而成;水射流辅助 I 式,该形式截割机构中截齿合金头直接用作高压水射流喷嘴,水射流方向与截齿中心线重合;水射流辅助 II 式,该形式截割机构水射流喷嘴垂直安装在距离齿尖一定距离的正下方;水射流辅助 IV 式,该形式截割机构水射流喷嘴垂直安装在截齿齿尖的正下方,即水射流经过齿尖。

(a) 无水辅助式　　　(b) 辅助 I 式　　　(c) 辅助 II 式　　　(d) 辅助 III 式

图 6-8　不同类型截割机构

受到高压水发生系统流量限制，截割机构上仅有部分截齿融合水射流辅助破岩技术。此外，根据实际工况下高压水发生系统的流量、压力以及掘进机喷雾系统的使用情况，截割机构理论上可以在不多于 5 个位置布置高压水射流。因此本书在水射流截割机构内部设计安装了一个具有 5 个流道的分流器，在分流器上外接高压软管，通过高压软管将高压水送入水力截齿，实现水射流辅助破岩，其实现方案如图 6-9 所示。

(a) 分流器安装方式　　　　　　　　　　(b) 分流器结构

图 6-9　水射流辅助截割机构实现方案

6.2　截割机构破岩性能评价指标建立

衡量截割机构破岩性能优劣的指标主要包括截割扭矩、推进阻力、破岩比能耗、截齿使用寿命、截割粉尘浓度等，这些衡量指标与截割对象性质、截割运动参数、水射流辅助机械刀具破岩方式、水射流参数等均有密切的联系。因此，本节在分析截割机构破岩过程的基础上，建立起评价截割机构破岩性能的评价指标。要获取水射流截割机构破岩过程中截割扭矩、牵引力、截割比能耗等评价参数，根据本书第 3 章水射流辅助破岩试验台相关介绍，可以对截割机构在破岩过程中扭矩、液压马达入口油压、牵引位移等参量进行测量记录，再通过理论计算求解评价参数值，以研究水射流截割机构破岩性能。

6.2.1 截割扭矩和推进阻力变化规律

截割机构破岩过程中,截割扭矩、推进阻力、牵引速度及钻进深度等均随着钻进时间变化,其变化规律与截割机构破岩过程有着密切的联系,分析这些测量参数的变化规律是研究截割机构破岩性能的基础。此外,试验所采用的水射流截割机构破岩试验台牵引系统为恒功率液压系统,截割机构牵引速度随牵引阻力改变而变化,导致不同时刻截割机构截齿切削煤岩厚度不同。因此,直接以时间为自变量,以截割机构扭矩、推进阻力等为因变量的载荷曲线难以研究不同截割条件下截割机构破岩性能,所以需要研究截割扭矩和推进阻力变化规律,并建立起截割机构截割性能的评价指标。

截割扭矩是评价截割机构破岩性能的重要参数指标之一,一般情况下截割扭矩均值是截割机构负载大小的直接体现,其波动程度也可以间接体现截割机构在破岩过程中的振动,且截割扭矩是计算截割机构破岩比能耗的基础。采用安装普通截齿的截割机构钻进抗压强度为 19.7MPa 的人工煤岩,截割转速为 100r/min,初始牵引速度为 2m/min。图 6-10 为截割扭矩随时间变化曲线,本章分析对象均为平滑后载荷曲线,以便于研究截割机构破岩性能。从图 6-10 中可见,截割扭矩随钻进时间呈先快速增大后缓慢减小趋势,其原因是初始阶段牵引系统可以提供足够的推进阻力实现截割机构破岩,此阶段截割扭矩随钻进时间的增加而增大。当截割机构钻进达到一定深度时,恒功率液压牵引系统提供的推进阻力达到临界点,截割机构牵引位移增大极其缓慢,造成截割扭矩也达到临界点,此时截齿截割厚度很小,导致截割扭矩有所下降。截割扭矩不再持续增大时,继续钻进切削煤岩后形成的凹槽如图 6-11 所示。此时在初始阶段切削形成的岩脊鲜有崩落痕迹,切削厚度很小也造成后续截割扭矩处于相对动态平衡状态。为了方便评价截割机构破岩性能,本书仅针对截割扭矩持续上升阶段对截割机构破岩性能进行试验研究。

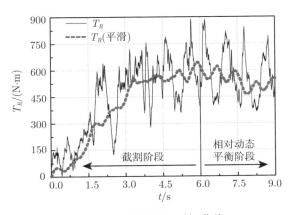

图 6-10 截割扭矩–时间曲线

图 6-11　相对动态平衡后钻孔

　　利用试验台所测量的液压马达入口油压可以计算截割机构破岩过程中推进阻力随时间变化曲线，如图 6-12 所示。从图中可见，截割机构推进阻力总体变化趋势与截割扭矩变化基本一致，推进阻力随钻进时间先呈增大趋势，然后趋于稳定在恒定的推进阻力。对比截割扭矩可知，达到恒定推进阻力时截割机构已经难以继续钻进煤岩，且该恒定的推进阻力也是液压牵引系统能够提供的最大牵引力 (由恒功率液压系统调压阀决定)。此外，推进阻力达到临界值后的波动程度明显低于截割扭矩，这主要是由于该时刻截割机构钻进速度极小而截割机构截齿旋转线速度较大引起的。同样，分析截割机构牵引位移和速度随钻进时间变化 (图 6-13) 也可以得出类似的结论。需要特别说明的是，截割机构在恒功率液压系统牵引条件下，不同截割条件下以时间为自变量的截割机构截割扭矩、推进阻力不具有可比性，因此

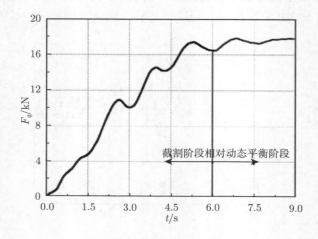

图 6-12　推进阻力–时间曲线

需要对比分析截割机构在不同钻进深度时的负载大小。然而，拉线式位移传感器测量所得的截割机构牵引位移具有波动特征，不利于构建截割扭矩、推进阻力等随钻进深度变化的载荷。因此，本书采用指数函数拟合测量所得的位移曲线，进而获得截割机构载荷随钻进深度的变化曲线，且牵引速度由拟合位移曲线微分获得。

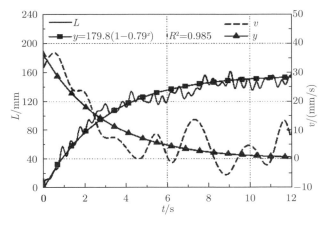

图 6-13　牵引位移、速度–时间曲线

6.2.2　载荷评价特征系数建立

　　由于在恒功率液压系统牵引下，截割扭矩、推进阻力随时间变化难以用于衡量不同截割条件下截割机构破岩性能，因此需要根据所测参数建立有效评价截割机构破岩性能的特征系数。由于相同钻进深度情况下，截割扭矩、推进阻力等可以较好地体现不同截割条件下截割机构在相应位置的负载大小，因此以下载荷评价特征系数的建立均基于以钻进深度为自变量的载荷曲线。图 6-14 和图 6-15 分别为截割扭矩、推进阻力随钻进深度的变化曲线，可见载荷随钻进深度增大而增大，且由于恒功率液压系统限制造成钻进一定深度后载荷达到临界值。当载荷在一个特定值范围内上下波动，一般可采用均值、最小值及最大值等统计参数评价截割机构负载大小和波动特性。本试验中构建的载荷随钻进深度增大而增大，因此利用载荷信号的统计参数评价不同截割条件下截割机构破岩性能存在很大的局限性。鉴于此，本书采用线性回归方法拟合载荷曲线的上升阶段，回归直线的斜率可以作为描述截割机构钻进破岩载荷随钻进深度的变化特征系数。例如，图 6-14 中截割扭矩的变化特征系数 (C_{IT}) 为 4.79，图 6-15 中推进阻力的变化特征系数 (C_{IF}) 为 0.134。对于截割机构牵引位移，在恒功率液压牵引条件下，可以利用推进阻力达到临界点的位移大小来衡量截割机构的破岩能力，其值越大，截割机构破岩能力越好。类似地，截割机构破岩过程中牵引速度越大，截割机构破岩能力越好 [5]。

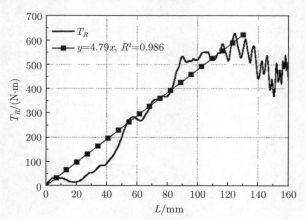

图 6-14 截割扭矩–钻进深度曲线

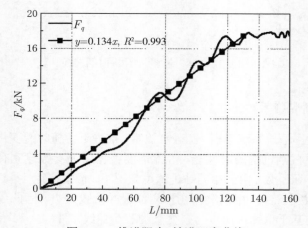

图 6-15 推进阻力–钻进深度曲线

截割机构破岩比能耗是指破碎单位体积煤岩所消耗的能量，是综合衡量截割机构破岩性能的重要指标。在截割机构钻进切削破岩过程中，消耗的能量包括旋转截割破岩耗能和钻进切削破岩耗能，因此截割机构破岩比能耗：

$$H_w = H_r + H_h = \frac{W_R + W_H}{V} = \frac{Pt + F_q L}{m_r / \rho_r} = \frac{\rho_r}{m_r} \left(\frac{T_R n t}{9550} + F_q L \right) \tag{6-11}$$

由于截割扭矩、推进阻力随钻进时间不断增大，因此计算截割机构旋转和钻进切削煤岩所消耗的能量需要对截割扭矩–时间、牵引功率–时间曲线进行积分，则截割机构破岩比能耗积分形式：

$$H_w = H_r + H_h = \frac{W_R + W_H}{V_r} = \frac{P_m t + F_q L}{m_r / \rho_r} = \frac{\rho_r}{m_r} \left(\frac{\int_0^{t_p} n_c T_R(t) \mathrm{d}t}{9550} + \frac{\int_0^{L_p} F_q(t) \mathrm{d}L}{1000} \right)$$

$$(6\text{-}12)$$

式中，H_w——破岩比能耗，$\mathrm{kW \cdot h/m^3}$；

$\qquad H_r$——旋转截割破岩比能耗，$\mathrm{kW \cdot h/m^3}$；

$\qquad H_h$——钻进切削破岩比能耗，$\mathrm{kW \cdot h/m^3}$；

$\qquad W_R$——煤岩旋转截割所做的功，$\mathrm{kW \cdot h}$；

$\qquad W_H$——煤岩钻进切削所做的功，$\mathrm{kW \cdot h}$；

$\qquad V_r$——煤岩破碎的体积，$\mathrm{m^3}$；

$\qquad P_m$——截割煤岩时电机功率，kW；

$\qquad t$——截割机构破岩消耗的时间，h；

$\qquad m_r$——破碎煤岩的质量，kg；

$\qquad \rho_r$——煤岩的密度，$\mathrm{kg/m^3}$；

$\qquad n_c$——截割机构转速，$\mathrm{r/min}$；

$\qquad T_R$——截割扭矩，$\mathrm{N \cdot m}$；

$\qquad t_p$——载荷达到临界点时刻，h；

$\qquad F_q$——推进阻力，N；

$\qquad L$——钻进深度，mm；

$\qquad L_p$——载荷达到临界点位移，mm。

根据式 (6-11) 和式 (6-12) 可见，计算截割机构破岩比能耗时，需要测量截割扭矩、截割机构转速、推进阻力、牵引位移、截割煤岩所消耗时间以及截落煤岩的质量和密度。煤岩密度是物理力学性质，比较容易获得，截落煤岩的体积采用填沙法间接测量，其他参数可由信号采集系统测得。

6.3 截割机构破岩性能分析

6.3.1 煤岩强度对无水射流截割机构破岩性能影响

煤岩作为掘进机截割机构的工作对象，其力学参数对截割机构截割载荷、比能耗、截割效率等有重要的影响，且煤岩性质是掘进机截割机构设计及截齿型号选择的重要参考依据，因而研究煤岩性质对截割机构破岩性能的影响规律可以用于指导掘进机截割机构设计。此外，为了研究水射流截割机构破岩性能，有必要获得无水射流辅助条件下截割机构破岩性能为参照，如截割机构推进阻力、截割扭矩、破岩比能耗及钻进深度等。因此，本节对不同煤岩性质条件下无水射流辅助截割机构破岩性能进行测试分析，为高压水射流截割机构破岩性能研究提供参考依据。试验在恒功率截割试验台 (参照本书第 3 章) 进行试验研究，在无水射流辅助条件下，本书所研制的三种截割机构其结构、截齿布置方式及截齿工作角度等参数均相同，因此不同形式截割机构在无水条件下破岩性能基本相同。采用安装普通截齿的截割机构对不同抗压强度的人工煤岩进行钻进试验，人工煤岩抗压强度 (R_{CS}) 分别为 15.2MPa、19.7MPa、23.6MPa 及 28.4MPa，截割机构转速为 100r/min，初始牵引速度为 2.0m/min。

1. 截割扭矩

图 6-16 为不同煤岩强度条件下截割扭矩随钻进深度的变化曲线，可见人工煤岩抗压强度大小对截割扭矩随钻进深度的变化趋势影响不大，截割扭矩均随钻进深度的增大而增加，当水射流截割机构破岩试验台达到牵引能力极限时，截割扭矩趋于平缓而不再增大。对于同一种煤岩，钻进深度越大，参与截割煤岩的截齿数量越多，导致截割扭矩随钻进深度的增大而增加。

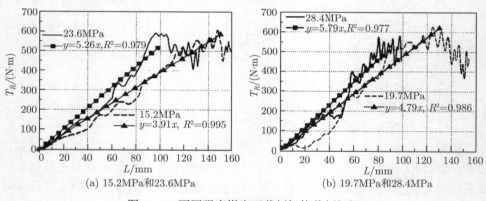

图 6-16　不同强度煤岩下截割机构截割扭矩

根据煤岩切削理论可知，煤岩抗压强度越大，截齿受到的截割阻力越大，因此一般情况下，同种钻进深度 (参与破岩截齿数量相同) 时，煤岩抗压强度越大，截割扭矩越大。采用最小二乘方法对钻进不同抗压强度煤岩时的截割扭矩峰前变化曲线进行线性回归，15.2MPa、19.7MPa、23.6MPa 及 28.4MPa 时的线性回归系数分别为 0.995、0.986、0.979 和 0.977，说明采用线性回归方法拟合截割扭矩峰前变化规律具有很好的可靠性和正确性。

表 6-2 为不同强度煤岩下截割机构截割扭矩特征统计，绘制不同煤岩抗压强度截割扭矩的特征系数如图 6-17 所示。

由图 6-17 可见，特征系数随煤岩抗压强度的增大呈指数形式上升，其可以较好地评价不同截割条件下截割扭矩变化规律，且无水射流辅助条件下截割扭矩特征系数是研究水射流截割机构截割扭矩特征的重要参照指标。

表 6-2 不同强度煤岩下截割机构截割扭矩特征统计

抗压强度/MPa	载荷特征方程	回归系数	截割扭矩特征系数
15.2	$T_R = 3.91L$	0.995	3.91
19.7	$T_R = 4.79L$	0.986	4.79
23.6	$T_R = 5.26L$	0.979	5.26
28.4	$T_R = 5.79L$	0.977	5.79

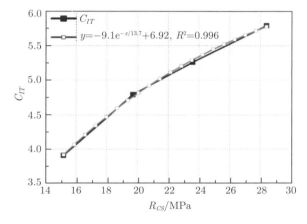

图 6-17 不同强度煤岩下截割机构截割扭矩特征系数

2. 推进阻力

截割机构钻进工况是掘进机工作的开始阶段,是保证掘进机截割机构实施横向摆动截割的前提。此外,截割机构钻进过程为封闭式截割,截齿工作条件恶劣,截割机构截齿布置不当会直接导致掘进机钻进能力下降。因此,研究截割机构钻进过程中的推进能力对巷道掘进也有重要的意义,而推进阻力和钻进深度是衡量掘进机截割机构钻进性能的两个重要指标,且不同煤岩性质对截割机构钻进煤岩过程中的推进阻力和钻进深度有较大的影响。由于水射流截割机构破岩试验台采用恒功率液压牵引系统,则钻进深度可以用于衡量不同截割条件下截割机构的钻进能力。截割机构钻进不同强度煤岩测得的推进阻力变化曲线如图 6-18 所示。当试验台液压系统未达到牵引极限时,截割机构推进阻力随钻进深度呈近似线性增大,其主要是钻进深度越大,截割机构单位时间内破碎煤岩体积越大,导致推进阻力增大,且参与截割煤岩截齿数量增大也可以解释该现象。此外,煤岩抗压强度越大,截割机构推进阻力随钻进深度的增大速度越快,说明推进阻力的线性增大斜率可以反映不同煤岩性质对截割机构纵向负载大小的影响。对钻进不同抗压强度煤岩时的推进阻力峰前曲线变化进行线性回归, 它们的线性回归系数均大于 0.95, 说明采用线性回归方法拟合推进阻力峰前变化规律具有很好的可靠性和正确性。

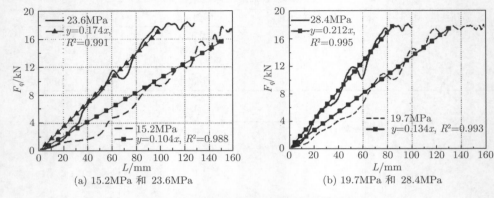

(a) 15.2MPa 和 23.6MPa　　　　　(b) 19.7MPa 和 28.4MPa

图 6-18　不同强度煤岩下截割机构推进阻力

表 6-3 为不同强度煤岩条件下截割机构推进阻力特征统计, 绘制不同强度煤岩的推进阻力特征系数如图 6-19 所示, 可见煤岩抗压强度越大, 推进阻力特征系数越大, 即推进阻力随煤岩抗压强度的增大而增大。由于截齿挤压力与煤岩弹性模量呈线性正比例关系, 而一般情况下煤岩抗压强度越大, 弹性模量越大, 因此推进阻力特征系数随煤岩抗压强度的增大而增大。

表 6-3　不同强度煤岩下截割机构推进阻力特征统计

抗压强度/MPa	载荷特征方程	回归系数	特征系数
15.2	$F_q = 0.104L$	0.988	0.104
19.7	$F_q = 0.134L$	0.993	0.134
23.6	$F_q = 0.174L$	0.991	0.174
28.4	$F_q = 0.212L$	0.995	0.212

3. 破岩比能耗

截割机构破岩比能耗是综合衡量截割机构破岩性能的重要指标, 且恒功率液压牵引条件下截割机构钻进深度也能体现煤岩性质对破岩能力的影响。根据式 (6-11) 和式 (6-12), 对截割扭矩–时间峰前曲线、牵引阻力–钻进深度峰前曲线进行积分, 进而计算截割机构旋转截割比能耗、钻进切削比能耗及破岩比能耗。不同强度煤岩截割机构比能耗及钻进深度等参数统计如表 6-4 所示, 绘制截割机构旋转截割比能耗、钻进切削比能耗及破岩比能耗随煤岩抗压强度的变化如图 6-20 所示, 钻进深度随煤岩抗压强度的变化规律如图 6-21 所示。

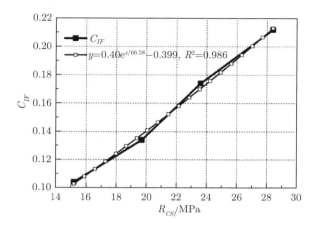

图 6-19 不同强度煤岩下截割机构推进阻力特征系数

表 6-4 不同强度煤岩下截割机构比能耗和钻进深度统计

R_{CS}/MPa	H_r/(kW·h/m³)	H_h/(kW·h/m³)	H_w/(kW·h/m³)	t_p/s	L_p/mm	m_r/kg
15.2	0.84	0.15	0.99	6.9	148	21.5
19.7	0.97	0.17	1.14	6.0	130	17.4
23.6	1.32	0.19	1.51	5.4	98	10.8
28.4	1.47	0.23	1.70	4.8	83	8.1

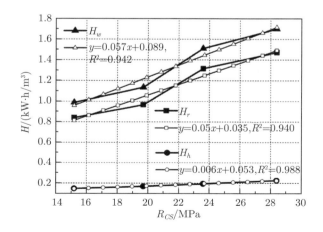

图 6-20 不同强度煤岩下截割机构比能耗

从图 6-20 中可见，截割机构旋转截割比能耗、钻进切削比能耗及破岩比能耗均随煤岩抗压强度的增大而增大，这主要是由于同等钻进深度 (相同破碎体积) 时煤岩抗压强度越大，截割扭矩和推进阻力越大导致。对比旋转截割比能耗和钻进切削比能耗，钻进切削比能耗相对较小，因此破岩比能耗主要由旋转截割比能耗确定。

　　由于受到恒功率液压牵引系统提供的极限推进阻力限制，而煤岩抗压强度越低，其抗钻进切削能力越差，因此本试验条件下截割机构钻进煤岩深度随抗压强度增大呈线性递减趋势。理论上，可以近似将截割机构轮廓等价成一个圆锥形压头，根据压头挤压线弹性材料受到的反作用力理论模型[6] 可知，挤压力一定条件下，压头贯入材料深度随材料弹性模量的增大而减小。对于煤岩材料，一般情况下煤岩抗压强度越大，其弹性模量也越大，因此当截割机构钻进切削的推进阻力一定时，截割机构钻进煤岩深度随抗压强度的增大而减小。

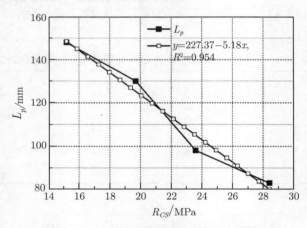

图 6-21　不同强度煤岩下截割机构钻进深度

6.3.2　煤岩强度对水射流截割机构 I 破岩性能影响

　　水射流截割机构 I 的辅助破岩方式采用中心式水射流，水射流在冲击破岩的同时还能利用水压致裂破坏岩石。煤岩性质是影响刀具切削力降低百分比的重要参数之一，同等辅助水压力下岩石断裂韧性越大，刀具切削力降低百分比越小。为研究煤岩性质对水射流截割机构 I 破岩性能的影响，且避免水射流辅助压力过大或过小导致试验结果不理想，本试验中水射流辅助压力大小近似等于不同性质煤岩的抗压强度均值。采用水射流截割机构 I 对不同抗压强度的人工煤岩进行钻进试验，水射流截割机构 I 截齿布置方式如图 6-22 所示，水射流辅助压力约为 22MPa，水力截齿和顶端喷嘴的射流孔直径均为 0.7mm。顶端喷嘴置于截割机构球形部分的顶部，其形成的水射流主要起冲击破岩作用，以提高截割机构钻进能力。

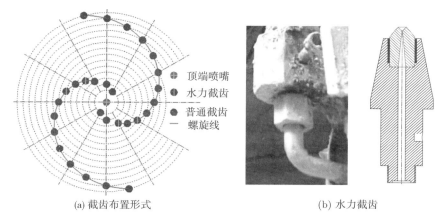

(a) 截齿布置形式　　　　　　　(b) 水力截齿

图 6-22　水射流截割机构 I 截齿布置

1. 截割扭矩

图 6-23 为不同煤岩强度条件下水射流截割机构 I 截割扭矩随钻进深度的变化曲线，可见水射流辅助作用下截割机构截割扭矩变化规律与无水条件下截割扭矩变化规律相类似。截割扭矩随截割机构钻进煤岩深度的增加而增大，当推进阻力达到恒功率液压系统的牵引极限时，截割扭矩不再增大。对比水射流辅助压力 22MPa 和无水条件下截割机构 I 的截割扭矩变化 (图 6-24，图 6-17)，煤岩抗压强度为 15.2MPa 和 19.7MPa 时，截割扭矩峰值分别增大 47.5% 和 20.1%，而强度为 23.6MPa 和 28.4MPa 时，截割扭矩峰值相差不大，这主要是 22MPa 水射流辅助作用下截割机构 I 钻进抗压强度相对较低的煤岩时钻进深度明显增大引起的，此时截割机构达到极限钻进深度时参与截割煤岩的截齿数更多。以无水条件下截割机构钻进极限深度为例，对比该相应位置水射流截割机构 I 截割扭矩大小，抗压强度为 15.2MPa 和 19.7MPa 时，相应位置截割扭矩分别降低 26.2% 和 26.7%，而抗压强度为 23.6MPa 和 28.4MPa 时，相应位置截割扭矩分别降低 4.91% 和 −1.7%。理论上较低压力时水射流辅助机械刀具可以破碎抗压强度远高于水压力的煤岩，因此试验结果表明水射流截割机构 I 难以有效地实施水射流辅助机械刀具破岩技术。造成上述试验现象的原因：①由于水射流截割机构 I 中水力截齿产生的 "流束" 处于较好的冲击破碎煤岩位置，22MPa 水射流仅依靠水锤作用即可有效地辅助破碎抗压强度为 15.2MPa 和 19.7MPa 的煤岩，水射流冲击较低抗压强度煤岩形成的割缝如图 6-24 所示，这也是导致水射流截割机构 I 钻进抗压强度为 15.2MPa 和 19.7MPa 煤岩时截割扭矩明显下降的原因；②较低速度水射流冲击煤岩可以造成煤岩体的损伤而弱化煤岩强度，因此理论上截割机构钻进抗压强度为 23.6MPa 和 28.4MPa 煤岩时，22MPa 水射流辅助作用可以使截割机构 I 截割扭矩有所下降，但

抗压强度为 28.4MPa 时，相应位置截割扭矩有时反而增大，其主要是由于截割机构 I 采用截齿合金头作为水射流喷嘴，降低了截齿合金头的锐利性而使水射流截割机构 I 的机械破岩能力下降，导致水射流辅助破岩效果较差，截割机构 I 破岩能力不足。

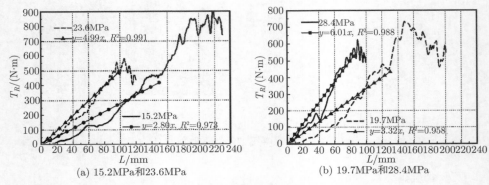

图 6-23　不同强度煤岩下截割机构 I 截割扭矩

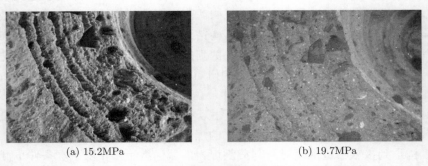

(a) 15.2MPa　　　　　　　　　　　　　　　　　(b) 19.7MPa

图 6-24　22MPa 水射流冲击较低强度煤岩形成的割缝

　　为了综合衡量水射流辅助作用对截割机构 I 截割扭矩变化情况的影响，采用最小二乘方法对不同煤岩性质条件下相应深度 (以无水条件下钻进深度为参照) 的截割扭矩曲线进行线性拟合，钻进抗压强度为 15.2MPa、19.7MPa、23.6MPa 及 28.4MPa 时，拟合直线的回归系数均大于 0.95，说明采用回归直线近似截割扭矩变化规律是可行的。表 6-5 为不同煤岩强度条件下截割机构 I 截割扭矩特征统计。因此，在水射流辅助作用时截割扭矩特性系数的差值占无水条件下截割扭矩特征系数的百分比，可以在一定程度上反映水射流辅助作用下截割机构 I 的截割扭矩降低百分比 (R_{PT})。

　　根据表 6-2 和表 6-5，绘制有无水射流辅助条件下截割机构 I 钻进不同性质煤岩的截割扭矩特征系数如图 6-25 所示，可见当煤岩抗压强度大于水压力时，截割扭

表 6-5　不同强度煤岩下截割机构 I 截割扭矩特征统计

抗压强度/MPa	载荷特征方程	回归系数	截割扭矩特征系数	截割扭矩降低百分比/%
15.2	$T_R = 2.80L$	0.973	2.80	28.3
19.7	$T_R = 3.32L$	0.958	3.32	30.6
23.6	$T_R = 4.99L$	0.991	4.99	4.3
28.4	$T_R = 6.01L$	0.988	6.01	−3.6

矩特征系数差值较小；当抗压强度小于水压力时，截割扭矩特征系数差值较大，说明特定辅助压力条件下水射流截割机构 I 旋转截割不同强度煤岩的能力具有"分界性"。此外，水射流辅助条件下截割扭矩特征系数与煤岩抗压强度之间没有明显的变化规律，煤岩抗压强度小于水射流压力时钻进效果较好。国内外相关试验已经证实，水射流冲击或致裂破岩能力与水射流直径、压力、靶距、流量、裂缝内水压力等众多参数有关，而水射流截割机构 I 钻进煤岩过程中包括水射流冲击和致裂破碎煤岩，裂缝内压力和流量难以测量，但截割机构 I 水射流直径和靶距不变。因此，比压 R_P(煤岩抗压强度与系统水压比值) 可以作为研究水射流截割机构破岩能力的自变量，分析截割性能指标随比压的变化情况，以确定特定辅助压力条件下水射流截割机构 I 对不同性质煤岩的适应性。图 6-26 为不同比压条件下水射流截割机构 I 截割扭矩降低百分比，随着煤岩抗压强度增大，截割扭矩降低依次为28.3%、30.6%、4.3% 和 −3.6%，可见比压 R_P=1 可以作为区别水射流截割机构 I 旋转截割能力的临界值，该现象出现的原因与两种不同形式截割机构在同等钻进深度下截割扭矩差值变化的原因类似，在此不再赘述。

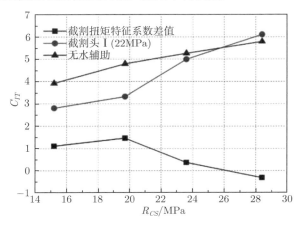

图 6-25　有无水射流截割机构 I 截割扭矩特征系数

2. 推进阻力

水射流截割机构 I 钻进不同强度煤岩测得的推进阻力变化曲线如图 6-27 所示，

可见水射流截割机构 I 推进阻力变化规律与无水条件下推进阻力变化规律相类似。推进阻力随截割机构钻进深度的增加而增大，当推进阻力达到恒功率液压系统的牵引极限时趋于稳定。对比水射流辅助压力 22MPa 和无水条件下截割机构 I 的推进阻力变化 (图 6-27，图 6-18)，可见不同煤岩抗压强度条件下推进阻力的极限值和普通截割机构推进阻力极限值一致，这主要是由水射流截割机构破岩试验台采用恒功率液压牵引系统引起的，因此水射流辅助作用不会改变推进阻力极限值 (若无特别说明，本书试验条件下截割机构推进阻力极限值均约为 18kN)。不同强度煤岩下水射流截割机构 I 推进阻力特征统计如表 6-6 所示，可见煤岩抗压强度为 15.2MPa、19.7MPa、23.6MPa 及 28.4MPa 时，水射流截割机构 I 推进阻力降低百分比 (R_{PP}) 分别为 38.5%、22.3%、7.5% 和 3.3%，说明煤岩抗压强度低于水压力时，水射流辅助作用可以明显降低截割机构 I 的推进阻力，而当煤岩抗压强度高于水压力时，水射流辅助作用效果并不显著。

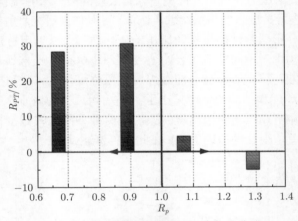

图 6-26　截割机构 I 截割扭矩降低百分比

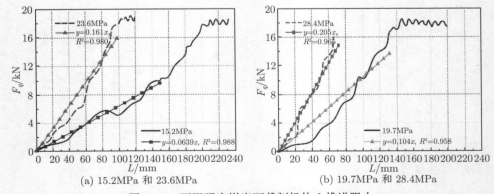

(a) 15.2MPa 和 23.6MPa   (b) 19.7MPa 和 28.4MPa

图 6-27　不同强度煤岩下截割机构 I 推进阻力

表 6-6 不同强度煤岩下截割机构 I 推进阻力特征统计

抗压强度/MPa	特征方程	回归系数	特征系数	推进阻力降低百分比/%
15.2	$F_q = 0.064L$	0.988	0.064	38.5
19.7	$F_q = 0.104L$	0.958	0.104	22.3
23.6	$F_q = 0.161L$	0.980	0.161	7.5
28.4	$F_q = 0.205L$	0.965	0.205	3.3

值得注意的是, 不同煤岩抗压强度条件下截割机构 I 推进阻力和截割扭矩降低百分比的变化规律不一致, 当煤岩抗压强度 (15.2MPa) 很小时, 推进阻力降低百分比较截割扭矩高出约十个百分点, 且煤岩抗压强度 (28.4MPa) 很大时, 推进阻力也有所降低。根据图 6-24(a), 压力为 22MPa 的水射流冲击抗压强度为 15.2MPa 的煤岩可以形成一定深度的割缝, "流束" 冲击产生的割缝与钻进速度方向夹角大致等于相应截齿偏斜角的余角。由于水射流可以在截齿切削煤岩之前形成割缝, 多条 "流束" 旋转冲击形成的割缝使煤岩内部形成众多的自由面, 此时在水射流有效割缝范围内, 截齿切削状态为开式或半开式截割, 当割缝深度大于截齿旋转截割厚度时, 割缝间形成的 "岩脊" 在截齿纵向挤压下易于被拉断, 其是导致水射流截割机构 I 钻进抗压强度较低煤岩时推进阻力明显下降的原因。根据水射流截割机构 I 截齿工作角度和水射流截齿安装位置, 水射流截齿的偏斜角较小, 此时截齿合金头锐利性对其楔入煤岩能力的影响低于它的旋转截割能力, 因此压力为 22MPa 水射流对抗压强度较高煤岩 (23.6MPa 和 28.4MPa) 的冲击损伤作用在一定程度上可以使截割机构 I 推进能力略有提高。

根据表 6-3 和表 6-6, 绘制有无水射流条件下截割机构 I 钻进不同强度煤岩的推进阻力特性系数如图 6-28 所示。水射流辅助作用下截割机构 I 的推进阻力特征系数均小于无水条件下推进阻力特征系数, 且两种条件下的特征系数差值随煤岩抗压强度的增大近似呈线性减小, 其变化规律不同于截割机构 I 截割扭矩特征系数, 说明水射流辅助作用对截割机构 I 的纵向负载影响相对平稳。图 6-29 为 22MPa 水射流辅助作用下截割机构 I 推进阻力降低百分比随比压的变化规律, 可见此条件下推进阻力降低百分比随比压的增大呈指数形式急剧下降。类似于截割扭矩降低百分比变化规律, 当比压大于 1 时, 水射流辅助作用对截割机构 I 钻进能力的提高已不显著, 其可以用于指导截割机构 I 钻进不同抗压强度煤岩时水射流辅助压力的选择。

3. 破岩比能耗

以无水条件下截割机构钻进极限深度为依据, 对 22MPa 水射流截割机构 I 钻进相应深度的截割扭矩–时间曲线、牵引阻力–位移曲线进行积分, 进而计算水射流截割机构 I 旋转截割比能耗、钻进切削比能耗及破岩比能耗, 不同强度煤岩下截割机构 I 比能耗及钻进深度等系数指标统计如表 6-7 所示。

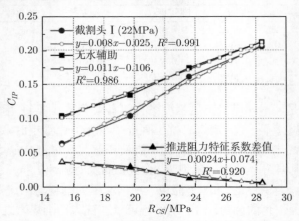

图 6-28　有无水射流截割机构 I 推进阻力特征系数

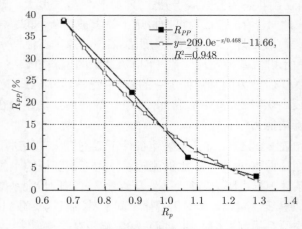

图 6-29　截割机构 I 推进阻力降低百分比

表 6-7　不同强度煤岩下截割机构 I 比能耗和钻进深度统计

R_{CS}/MPa	H_r/(kW·h/m³)	H_h/(kW·h/m³)	H_w/(kW·h/m³)	t_p/s	L_p/mm	m_{rp}/kg
15.2	0.51	0.09	0.60	5.9	196	33.3
19.7	0.63	0.13	0.76	5.3	146	21.2
23.6	1.16	0.16	1.32	4.9	105	12.0
28.4	1.44	0.20	1.64	4.3	88	8.75

　　根据表 6-7 绘制截割机构 I 旋转截割比能耗、钻进切削比能耗及破岩比能耗随煤岩抗压强度的变化规律如图 6-30 所示,对比表 6-4 绘制 22MPa 水射流截割机构 I 破岩比能耗降低百分比 (R_{PH}) 随比压的变化如图 6-31 所示。在水射流辅

助条件下，截割机构 I 的旋转截割比能耗、钻进切削比能耗及破岩比能耗均随煤岩抗压强度的增大而增大，采用最小二乘法回归三种比能耗的线性相关系数分别为 0.91、0.99 和 0.89，它们小于无水条件下三种比能耗的线性回归相关系数 (相应为 0.94、0.99 和 0.94)，说明此试验条件下水射流对不同性质煤岩的辅助破岩效果变化的规律性不强。造成该现象的原因：由于截割机构旋转截割比能耗占破岩比能耗的主要成分，而旋转截割比能耗由截割机构截割扭矩决定，因此水射流辅助作用条件下截割机构 I 旋转截割能力对煤岩抗压强度的 "分界性" 导致水射流截割机构 I 的三种比能耗与煤岩抗压强度的线性相关程度下降。当比压为 0.67 和 0.89 时，水射流截割机构 I 的旋转截割比能耗、钻进切削比能耗及破岩比能耗平均降低约 30%~40%，而比压为 1.07 和 1.29 时，水射流截割机构 I 的三种比能耗平均降低约 5%~10%，因此比压 $R_P=1$ 可以作为区别水射流截割机构 I 破岩性能优劣的分界点。

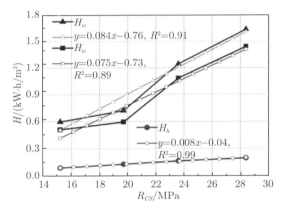

图 6-30 不同强度煤岩截割机构 I 比能耗

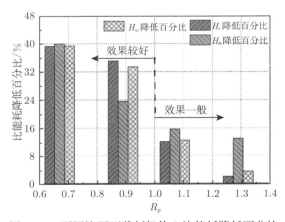

图 6-31 不同比压下截割机构 I 比能耗降低百分比

　　在水射流截割机构破岩试验台恒功率液压牵引条件不变的情况下，由于试验台提供的极限推进阻力基本不变，因此对比有无水射流辅助条件下截割机构 I 的钻进深度和破碎煤岩质量也可以说明水射流辅助作用对截割机构 I 破岩性能的影响。水射流辅助作用下截割机构 I 钻进深度随煤岩抗压强度的变化规律如图 6-32 所示，其钻进深度和破碎煤岩质量较无水条件下的上升百分比如图 6-33 所示。

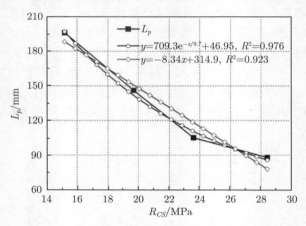

图 6-32　不同煤岩强度下截割机构 I 钻进深度

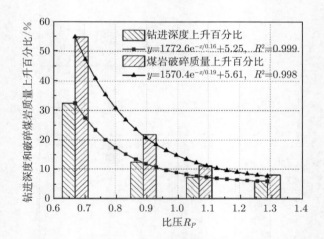

图 6-33　钻进深度和破碎煤岩质量增加百分比

　　在水射流辅助作用下，钻进深度随煤岩抗压强度的变化不再具有明显的线性关系，而更加符合指数变化规律。水射流截割机构 I 钻进深度和破碎煤岩质量上升百分比随比压的增大呈指数形式急剧下降。当比压为 0.69 时，钻进深度增大 30% 以上，煤岩破碎质量上升百分比高达 55%，这主要是由于截割机构轮廓类似圆锥形，导致钻进深度越大情况下，单位钻进深度破碎煤岩体积越大。当比压大于 1 时，截割机构 I 钻进深度和破碎煤岩质量上升百分比的指数拟合曲线趋于平缓，此时水射流辅助截割机构 I 钻进煤岩的效果不明显。

6.3.3 煤岩强度对水射流截割机构 II 和 III 破岩性能影响

水射流截割机构 II 和 III 的辅助破岩方式采用前置式水射流：水射流截割机构 II 中，水射流距齿尖一定距离，该方式基于水射流冲击和截齿挤压岩石，使它们产生的应力在岩石断裂路径上交汇而起到辅助破岩的作用；水射流截割机构 III 中，水射流经过截齿齿尖，该方式的水射流辅助作用机制与截割机构 I 类似。由于水射流外置于截齿，使水射流冲击岩石的靶距很大，水射流能否注入截齿挤压岩石形成的裂缝 (截割机构 III) 或水射流远距离冲击岩石产生的应力能否与截齿挤压岩石形成的应力在断裂路径上交汇都不确定。鉴于此，采用水射流截割机构 II 和 III 钻进不同抗压强度煤岩，研究煤岩性质对水射流截割机构 II 和 III 破岩性能的影响。

1. 煤岩强度对水射流截割机构 II 破岩性能影响

采用水射流截割机构 II 对不同抗压强度的人工煤岩进行钻进试验，水射流截割机构 II 截齿布置方式如图 6-34 所示，顶部喷嘴形成的水射流作用与水射流截割机构 I 相同，其他 4 个喷嘴交错布置于螺旋线上，形成的水射流辅助相应的截齿破岩，水射流 "流束" 距齿尖垂直距离为 12mm。

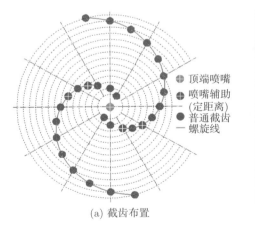

(a) 截齿布置

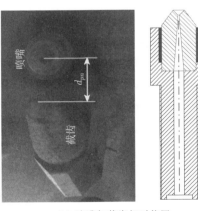

(b) 喷嘴与截齿相对位置

图 6-34　水射流截割机构 II 截齿布置

图 6-35 为不同强度煤岩条件下水射流截割机构 II 截割扭矩和推进阻力随钻进深度的变化曲线，可见水射流截割机构 II 钻进煤岩的负载扭矩变化趋势与无水辅助截割机构、水射流截割机构 I 的负载扭矩变化规律类似。采用最小二乘方法对

不同煤岩性质条件下相应深度 (以无水条件下钻进深度为参照) 的截割扭矩进行线性拟合, 截割扭矩特征统计如表 6-8 所示。从表中可见, 抗压强度为 15.2MPa 和 19.7MPa 时拟合直线的回归系数均为 0.982, 说明采用回归直线描述水射流截割机构 II 截割扭矩随钻进深度变化规律具有可行性。当破碎对象为抗压强度 15.2MPa 的煤岩时, 截割机构 II 截割扭矩特征系数为 3.72, 与无水辅助条件下相比截割扭矩降低 4.8%。与无水条件下截割机构钻进抗压强度为 19.7MPa 煤岩的截割扭矩特征系数 4.79 相比, 水射流截割机构 II 截割扭矩特征系数减小为 4.50, 截割扭矩降低 6%。

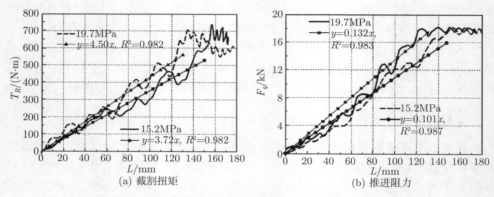

图 6-35　不同强度煤岩下截割机构 II 截割扭矩和推进阻力

表 6-8　不同强度煤岩下截割机构 II 截割扭矩特征统计

抗压强度/MPa	载荷特征方程	回归系数	截割扭矩特征系数	截割扭矩降低百分比/%
15.2	$T_R = 3.72L$	0.982	3.72	4.8
19.7	$T_R = 4.50L$	0.982	4.50	6.0

不同强度煤岩下水射流截割机构 II 推进阻力特征统计如表 6-9 所示, 抗压强度为 15.2MPa 和 19.7MPa 时, 推进阻力特征系数分别为 0.101 和 0.132, 与无水条件下截割机构推进阻力特征系数相比分别降低 2.9% 和 1.5%, 说明水射流辅助条件下截割机构 II 的钻进能力基本未得到提升。22MPa 水射流截割机构 II 比能耗和钻进深度等统计如表 6-10 所示, 煤岩抗压强度为 15.2MPa 和 19.7MPa 时, 破岩比能耗分别为 0.88kW·h/m³ 和 1.06kW·h/m³, 与无水条件下相比破岩比能耗分别降低 11.1% 和 7.0%。在水射流截割机构破岩试验台恒功率牵引条件下, 22MPa 水射流截割机构 II 钻进抗压强度为 15.2MPa 和 19.7MPa 煤岩的钻进极限深度分别为 157mm 和 134mm, 钻进深度仅分别增加 7mm 和 4mm。根据以上对有无水射流辅助作用下截割机构 II 截割扭矩、推进阻力、破岩比能耗及钻进极限深度等分析, 可见水射流辅助条件下截割机构 II 钻进抗压强度低于水射流压力的煤岩时, 未起到

明显的辅助破岩作用,因此水射流截割机构 II 破岩能力未能够得到有效的提升。

表 6-9 不同强度煤岩下截割机构 II 推进阻力特征统计

抗压强度/MPa	特征方程	回归系数	特征系数	推进阻力降低百分比/%
15.2	$P_R = 0.101L$	0.987	0.101	2.9
19.7	$P_R = 0.132L$	0.983	0.132	1.5

表 6-10 不同强度煤岩下截割机构 II 比能耗和钻进深度统计

R_{CS}/MPa	H_r/(kW·h/m³)	H_h/(kW·h/m³)	H_w/(kW·h/m³)	t_c/s	L_p/mm	m_{rp}/kg	R_{PH}/%
15.2	0.75	0.13	0.88	6.7	157	23.6	11.1
19.7	0.90	0.16	1.06	6.0	134	18.3	7.0

根据水射流辅助机械截齿直线截割煤岩试验,水射流布置于截齿前方一定距离可以辅助截齿破岩,且能够降低截齿的截割阻力。但对于水射流截割机构 II,当钻进煤岩抗压强度低于水压力时,水射流也未起到明显的辅助破岩作用,究其原因:由于截割机构自身结构的限制,外置式水射流辅助机械截齿破岩时,它的靶距远大于截齿直线截割时水射流与岩石的距离,水射流在空气中的扩散等因素导致其冲击岩石表面形成的应力有限。基于流体力学数值模拟方法,对 22MPa 压力条件下喷嘴形成的水射流在空气中的速度分布场进行求解,喷嘴直径 0.7mm,喷嘴收缩角 13°,喷嘴直线段长度 4mm。图 6-36 为喷嘴形成的水射流在空气中的速度分布,可见喷嘴形成的水射流中心速度衰减很快,当靶距为 20mm 时,中心速度已由 210m/s 减小至 125m/s,且距离喷嘴出口一定位置处射流的横向速度也急剧衰减。根据本书第 2 章机械–水射流联合破岩理论可知,水射流冲击破岩能力随冲击速度的减小而降低,因此截割机构 II 中外置射流在空气中速度急剧衰减而弱化了其冲击破岩能力,难以有效地冲击岩石使其形成的应力与截齿挤压岩石形成的应力在断裂路径上交汇,也是水射流截割机构 II 破岩性能差的原因。在水压力为 22MPa 条件下,截割机构 II 钻进抗压强度为 15.2MPa 和 19.7MPa 煤岩形成的钻孔如图 6-37 所示,可见水射流距离煤岩表面距离较大 (50mm) 导致其冲击破岩能力下降,难以在煤岩表面形成明显的割缝。

鉴于 22MPa 水射流截割机构 II 钻进抗压强度为 15.2MPa 和 19.7MPa 的煤岩时破岩性能较差,抗压强度为 23.6MPa 和 28.4MPa 的煤岩未进行钻进试验,且由于同等水压辅助作用下截割机构 II 的破岩性能远远劣于水射流截割机构 I,因此本书不再详细研究水射流截割机构 II 的破岩性能。

2. 煤岩强度对水射流截割机构 III 破岩性能影响

采用水射流截割机构 III 对不同抗压强度的人工煤岩进行钻进试验,水射流截割机构Ⅲ截齿布置方式如图 6-38 所示，顶部喷嘴形成的水射流破岩作用与截割机构Ⅰ和Ⅱ相同，其他 4 个喷嘴交错布置于螺旋线上，形成的水射流辅助相应的截齿破岩，水射流"流束"经过截齿齿尖。

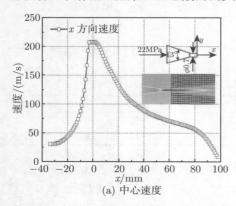

(a) 中心速度

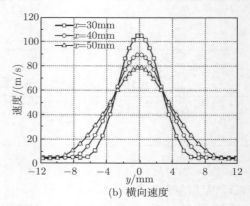

(b) 横向速度

图 6-36   22MPa 水压下喷嘴形成水射流速度

(a) 15.2MPa

(b) 19.7MPa

图 6-37   22MPa 水压和不同强度煤岩下截割机构Ⅱ钻进煤岩形成的孔

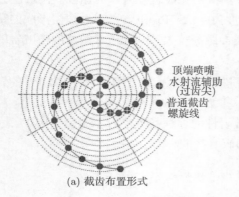

(a) 截齿布置形式

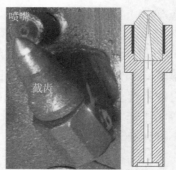

(b) 截齿和喷嘴相对位置

图 6-38   水射流截割机构Ⅲ截齿布置

采用线性回归方法对不同煤岩性质条件下截割扭矩随钻进深度 (以无水条件下钻进深度为参照) 变化进行拟合 (图 6-39),截割扭矩特征统计如表 6-11 所示,回归系数分别为 0.988 和 0.987,说明该相应钻进深度阶段截割扭矩整体上基本符合线性变化规律。截割机构Ⅲ钻进煤岩的抗压强度为 15.2MPa 和 19.7MPa 时,截割扭矩特征系数分别为 2.95 和 3.88,与无水条件下截割扭矩特征系数 3.91 和 4.79 相比,在 22MPa 水射流辅助作用下截割机构Ⅲ截割扭矩分别降低 24.6% 和 19.0%。类似地,截割机构Ⅲ推进阻力特征统计如表 6-12 所示,截割机构Ⅲ钻进煤岩的抗压强度为 15.2MPa 和 19.7MPa 时,推进阻力比无水射流辅助截割机构推进阻力分别降低 27.8% 和 23.1%。截割机构Ⅲ破岩比能耗和钻进极限深度等如表 6-13 所示,钻进抗压强度为 15.2MPa 和 19.7MPa 的煤岩时,截割机构Ⅲ破岩比能耗分别为 $0.69\text{kW}\cdot\text{h/m}^3$ 和 $0.85\text{kW}\cdot\text{h/m}^3$,与无水条件下截割机构破岩比能耗相比分别降低 30.3% 和 25.4%。在水射流截割机构破岩试验台恒功率牵引条件下,截割机构钻进抗压强度为 15.2MPa 和 19.7MPa 的煤岩时,钻进极限深度为 175mm 和 144mm,钻进深度分别增加 27mm 和 14mm,说明水射流截割机构Ⅲ钻进抗压强度低于水压的煤岩时,其破岩能力得到明显提升。根据以上对有无水射流辅助作用下截割机构Ⅲ截割扭矩、推进阻力、破岩比能耗及钻进极限深度的分析,可见钻进抗压强度低于水射流压力的煤岩时,水射流截割机构Ⅲ的破岩性能明显优于水射流截割机构Ⅱ,但比水射流截割机构Ⅰ破岩能力略差。

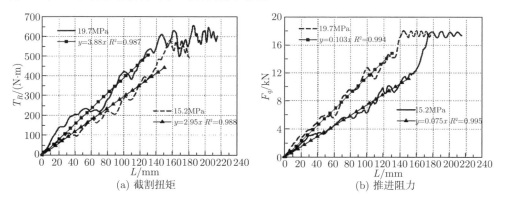

图 6-39 不同强度煤岩下截割机构Ⅲ扭矩和推进阻力

表 6-11 不同强度煤岩下截割机构Ⅲ截割扭矩特征统计

抗压强度/MPa	载荷特征方程	回归系数	截割扭矩特征系数	扭矩降低百分比/%
15.2	$T_R = 2.95L$	0.988	2.95	24.6
19.7	$T_R = 3.88L$	0.987	3.88	19.0

表 6-12　　不同强度煤岩下截割机构Ⅲ推进阻力特征统计

抗压强度/MPa	特征方程	回归系数	特征系数	推进阻力降低百分比/%
15.2	$P_R = 0.075L$	0.995	0.075	27.8
19.7	$P_R = 0.103L$	0.994	0.103	23.1

表 6-13　　不同强度煤岩下截割机构Ⅲ比能耗和钻进深度统计

R_{CS}/MPa	H_r/(kW·h/m³)	H_h/(kW·h/m³)	H_w/(kW·h/m³)	t_c/s	L_p/mm	m_{rp}/kg	R_{PH}/%
15.2	0.58	0.11	0.69	6.3	175	28.0	30.3
19.7	0.71	0.14	0.85	5.5	144	19.6	25.4

根据截割机构Ⅱ破岩性能，可知水射流与齿尖存在一定距离时，辅助截割机构破岩效果很差，证实采用外置式水射流冲击作用难以明显提高机械破岩能力。然而，在水压为 22MPa 的外置式水射流对准截齿齿尖条件下，截割机构Ⅲ钻进抗压强度为 15.2MPa 和 19.7MPa 煤岩时的破岩能力得到明显提升，说明该布置方式在一定程度上可以发挥水压致裂破岩机制。对比 22MPa 水射流辅助作用下截割机构Ⅱ和Ⅲ钻进抗压强度为 15.2MPa 和 19.7MPa 的煤岩形成的钻孔，可见截割机构Ⅲ钻进煤岩形成的 "岩脊" 有些许崩落 (图 6-40)，而截割机构Ⅱ钻进形成的 "岩脊" 几乎没有崩落 (图 6-37)。考虑到截割机构Ⅲ采用水射流外置方式，其未破坏机械截齿的破岩能力，且在煤岩抗压强度低于水射流压力条件下，它的破岩效果仅略差于水射流截割机构Ⅰ，故此条件下水射流截割机构Ⅲ也具有较好的破岩能力。

(a) 15.2MPa　　　　　　　　　　　　　　(b) 19.7MPa

图 6-40　22MPa 水压和不同强度煤岩下截割机构Ⅲ钻进煤岩形成的孔

6.3.4　水压对水射流截割机构Ⅲ破岩性能影响

根据煤岩强度对不同水射流辅助形式截割机构破岩性能研究可知，水射流截割机构Ⅰ和Ⅲ钻进较低强度煤岩时均具有较好的破岩性能，但水射流截割机构Ⅰ钻进较高强度煤岩时破岩性能较差，因此本节将进一步研究水射流压力对截割机构Ⅲ破岩性能的影响。压力对水射流冲击和压裂破碎岩石能力均有明显的影响，也直接决定水射流辅助机械刀具破岩性能。本书旨在研究利用水射流压裂岩石机制辅助截割机构破岩，为此试验采用压力分别为 10MPa、16MPa、22MPa 和 28MPa 水射流辅助截割机构Ⅲ钻进抗压强度为 23.6MPa 的煤岩，截割机构转速为 100r/min，初始推进速度为 2m/min，喷嘴射流孔直径均为 0.7mm，截割机构Ⅲ截齿布置方式如图 6-38 所示。

1. 截割扭矩

图 6-41 为不同水压条件下截割机构Ⅲ截割扭矩随钻进深度的变化曲线，可见不同水压下截割机构截割扭矩变化规律与无水条件下截割扭矩变化规律类似。截割扭矩均随截割机构钻进深度的增大而增大，当水射流截割机构破岩试验台达到牵引极限时，截割扭矩不再增大或有所下降。采用最小二乘方法对不同水压条件下截割机构Ⅲ截割扭矩随钻进深度 (以无水条件下钻进深度为参照) 变化进行线性回归拟合，截割扭矩的特征统计如表 6-14 所示。

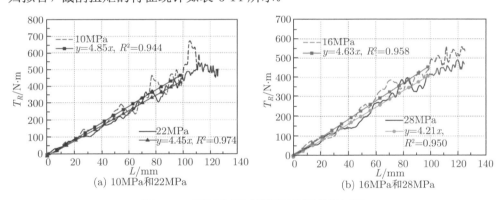

图 6-41 不同水压下截割机构Ⅲ截割扭矩

表 6-14 不同水压下截割机构Ⅲ截割扭矩特征统计

水压/MPa	载荷特征方程	回归系数	截割扭矩特征系数	截割扭矩降低百分比/%
10.0	$T_R = 4.85L$	0.944	4.85	7.9
16.0	$T_R = 4.63L$	0.958	4.63	11.9
22.0	$T_R = 4.45L$	0.974	4.45	15.1
28.0	$T_R = 4.21L$	0.950	4.21	19.6

四种不同水压条件下，截割扭矩的线性回归系数均大于 0.944，说明线性回归方法能够可靠地描述截割扭矩随钻进深度的变化趋势。截割扭矩特征系数随水射流辅助压力的变化规律如图 6-42 所示，可见截割扭矩特征系数随水射流压力的增大而呈指数形式降低，说明截割机构Ⅲ截割扭矩随水射流压力的增大而减小。图 6-43 为不同水压时水射流截割机构Ⅲ的截割扭矩降低百分比，可见截割扭矩降

低百分比随水射流压力的增大而增大。

当水射流压力 (10MPa 和 16MPa) 相对煤岩抗压强度 (23.6MPa) 较小时, 水射流辅助作用可以使截割机构Ⅲ截割扭矩降低约 8% 和 12%, 可见该种水射流辅助作用机制可以在水压相对较低的情况下使截割机构截割扭矩有所下降, 对较低压力水射流截割机构研制具有指导作用。当水射流压力 (22MPa 和 28MPa) 接近或大于煤岩抗压强度 (23.6MPa) 时, 水射流辅助作用可以使截割机构Ⅲ截割扭矩降低约 15.1% 和 19.6%, 可见水射流辅助压力作用对截割机构Ⅲ截割扭矩影响没有明显的 “分界性”, 间接说明外置式水射流由于靶距较大, 对岩石的冲击损伤能力有限。

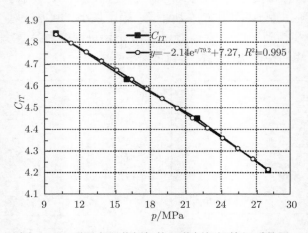

图 6-42   不同水压截割机构Ⅲ截割扭矩特征系数图

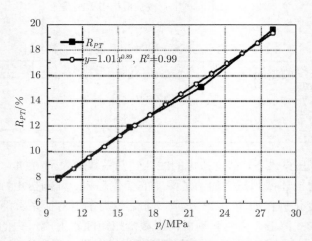

图 6-43   不同水压截割机构Ⅲ截割扭矩降低百分比

图 6-44 为水射流辅助压力为 22MPa 和 28MPa 条件下截割机构III钻进煤岩形成的钻孔，与水射流截割机构 I 和 II 钻进形成的煤岩孔不同，当水压较大时，截割机构钻进形成的煤岩孔有明显的崩落痕迹，说明截割机构III破岩过程中辅助水压越大，水射流致裂破岩越明显。

(a) 22MPa   (b) 28MPa

图 6-44　不同水压下截割机构III钻进形成的煤岩孔

2. 推进阻力

图 6-45 为不同水压条件下截割机构III推进阻力随钻进深度变化曲线，可见不同水压作用下截割机构III推进阻力变化趋势类似，推进阻力随钻进深度的增大而增大，且当水射流截割机构破岩试验台达到牵引极限时，推进阻力趋于一个稳定值。以无水条件下截割机构钻进极限深度为参照，不同水压条件下截割机构III在相应位置的推进阻力均有所下降，说明水射流辅助作用在一定程度上可以降低截割机构III推进阻力而提高截割机构III钻进破岩能力。为了综合评价水射流作用对截割机构III推进阻力的影响，采用最小二乘方法对不同水压条件下截割机构III推进阻力随钻进深度 (以无水条件下钻进深度为参照) 变化进行线性回归拟合，推进阻力的特征统计如表 6-15 所示。不同水压条件下线性拟合的相关系数分

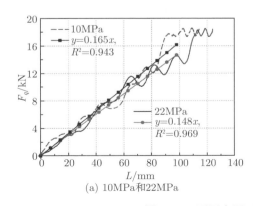
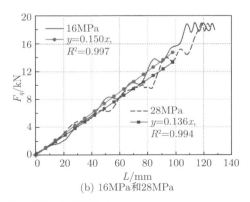

(a) 10MPa和22MPa   (b) 16MPa和28MPa

图 6-45　不同水压下截割机构III推进阻力

表 6-15 不同水压下截割机构Ⅲ推进阻力特征统计

水压/MPa	特征方程	回归系数	特征系数	推进阻力降低百分比/%
10.0	$F_q = 0.165L$	0.943	0.165	4.9
16.0	$F_q = 0.150L$	0.997	0.150	12.2
22.0	$F_q = 0.148L$	0.969	0.148	14.1
28.0	$F_q = 0.136L$	0.994	0.136	20.8

别为 0.943、0.997、0.969 和 0.994，说明回归直线可以正确地表征截割机构Ⅲ推进阻力随钻进深度的变化，且回归直线斜率可以作为综合衡量推进阻力变化的特征参数。

图 6-46 为截割机构推进阻力特征系数随水压的变化规律，可见特征系数随水射流辅助压力的增大而呈幂函数形式下降。根据本书第二章和第三章研究结果，水射流辅助机械刀具破岩能力随裂缝中水压增大而增大，损伤、破坏岩石能力随水射流冲击速度增大而增大，其导致水射流辅助压力越大，截割机构Ⅲ推进阻力特征系数越小，即推进阻力降低越明显。图 6-47 为不同水射流辅助压力条件下截割机构Ⅲ推进阻力降低百分比，可见推进阻力降低百分比随水压的增大呈幂函数形式上升。当水射流辅助压力接近或大于煤岩抗压强度时，截割机构Ⅲ推进阻力平均降低约 15%～20%。结合上文分析结果可见，煤岩抗压强度相对较高时，与水射流截割机构Ⅰ和Ⅱ相比，水射流截割机构Ⅲ更有利于破碎煤岩。

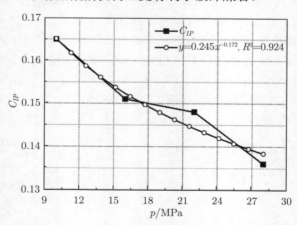

图 6-46 不同水压下截割机构Ⅲ推进阻力特征系数

3. 破岩比能耗

根据式 (6-11) 和式 (6-12)，以无水条件下截割机构钻进极限深度为依据，对截割机构Ⅲ钻进相应深度的截割扭矩–时间曲线、推进阻力–钻进深度曲线进行积分，进而计算截割机构旋转截割比能耗、钻进切削比能耗及破岩比能耗，不同辅助水压条件下水射流截割机构Ⅲ破岩比能耗及钻进深度等参数统计如表 6-16 所示。

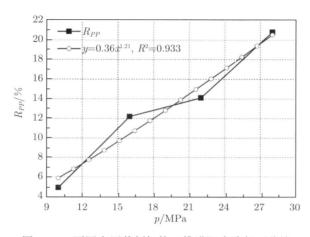

图 6-47　不同水压截割机构Ⅲ推进阻力降低百分比

表 6-16　　不同水压下截割机构Ⅲ比能耗和钻进深度统计

R_{CS}/MPa	H_r/(kW·h/m³)	H_h/(kW·h/m³)	H_w/(kW·h/m³)	t_c/s	L_p/mm	m_{rp}/kg	R_{PH}/%
10.0	1.18	0.180	1.360	5.2	104	10.8	9.9
16.0	1.10	0.175	1.275	5.0	107	10.8	15.6
22.0	1.03	0.166	1.196	4.9	111	10.8	20.8
28.0	0.97	0.158	1.128	4.8	118	10.8	25.3

　　根据表 6-16 绘制不同辅助水压条件下截割机构Ⅲ比能耗如图 6-48 所示，可见截割机构Ⅲ旋转截割比能耗、钻进切削比能耗及破岩比能耗均随辅助水压的增大而下降，且钻进切削比能耗占破岩比能耗的比重较小。图 6-49 为不同辅助水压条件下截割机构Ⅲ钻进抗压强度为 23.6MPa 煤岩的比能耗降低百分比，可见比能耗降低百分比均随水射流压力的增大而增大，且辅助水压达到 28MPa 时，破岩比能耗降低达到 25%，说明水射流辅助压力较大时，截割机构Ⅲ比能耗明显降低。

　　根据本章研究内容可知，水射流截割机构Ⅰ对煤岩抗压强度十分敏感，且水射流截割机构Ⅰ破岩效果具有明显的分界性 (图 6-26，图 6-31)。但根据不同水压条件下截割机构Ⅲ比能耗降低百分比可见，当水射流辅助压力不足煤岩抗压强度一半时，水射流辅助作用仍可以在一定程度上降低截割机构旋转截割比能耗、钻进切削比能耗及破岩比能耗。对比水射流截割机构Ⅰ和Ⅲ破岩比能耗降低百分比可见，水射流截割机构Ⅰ适用于钻进抗压强度明显低于水射流辅助压力的煤岩，当煤岩抗压强度较大时，水射流对截割机构Ⅰ的辅助作用较差；当煤岩抗压强度相对水射流辅助压力较低时，水射流辅助作用在一定程度上可以提高截割机构Ⅲ破岩能力和降低截割机构III破岩比能耗；当水射流辅助压力接近或大于煤岩抗压强度时，截割机构III比能耗能够明显降低，说明截割机构III对不同强度煤岩具有较好的适应性。

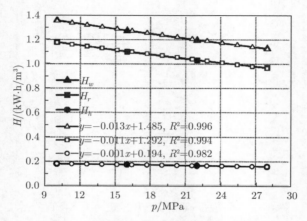

图 6-48　不同水压条件下截割机构III比能耗

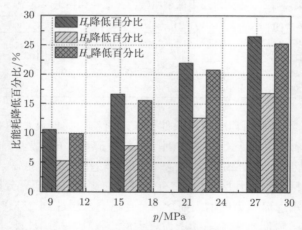

图 6-49　不同水压下截割机构III比能耗降低百分比

6.4　水射流作用对粉尘浓度和截齿磨损影响

对不同水射流辅助形式、煤岩抗压强度及水射流压力等条件下截割机构破岩性能进行研究。实际上，截割机构破岩过程中的粉尘浓度和截齿磨损消耗也是衡量截割机构破岩性能的重要指标。本节主要以截割机构破岩过程中的粉尘浓度和截齿磨损规律为研究对象，分析水射流辅助作用对截割粉尘浓度和截齿磨损的

影响 [7]。

6.4.1 水射流辅助作用对粉尘浓度的影响

煤矿粉尘是指在巷道掘进、煤炭开采、提升运输等作业中产生的，且能够长时间悬浮于空气中的煤岩细微颗粒，它包括岩尘和煤尘。近年来随着煤矿产能的不断增大，煤矿井下煤炭开采、巷道掘进和煤炭运输等各项作业中的粉尘产量也急剧增加，特别是可呼吸性粉尘浓度呈大幅度上升趋势。据统计结果表明，煤矿井下 70%~80% 的粉尘源自采掘工作面，是尘肺病发病率较高的作业场所，也是粉尘爆炸事故较多的作业场所。虽然煤矿安全规程要求掘进机在井下作业时必须配合使用内、外喷雾系统，但一般情况下关闭内喷雾系统以避免水泄漏至截割部传动系统而造成机械故障。喷雾降尘是采掘作业中使用最为广泛的一种方法，具有经济、简单等特点，但低水压的外喷雾降尘效果不十分理想，因此研究高压水射流辅助截割机构破岩过程中的降尘效果具有重要的意义。

后置式截割头其水射流辅助截割效果不理想，主要是因为其结构原因导致喷嘴喷口的位置离截齿齿尖位置较远。尽管后置式截割头辅助截割性能不够理想，但是其降尘效果比较明显。为了对比研究不同布置形式的水射流截割头辅助降尘的效果，设计制造了前置式、中心式、后置式截割头，其结构外形图如图 6-50 所示。

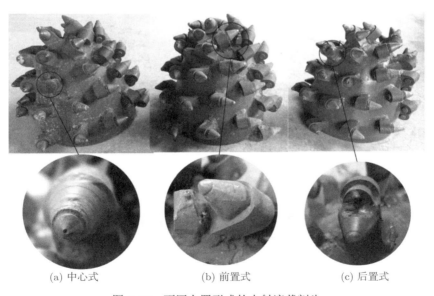

(a) 中心式 (b) 前置式 (c) 后置式

图 6-50　不同布置形式的水射流截割头

为了检测水射流辅助截割对粉尘量的影响，试验中使用 AKFC-92A 矿用粉尘采样器对截割过程中粉尘浓度进行测定，其工作原理图如图 6-51 所示。在试验过程中, 通过矿用粉尘采样器内高性能吸气泵将含有粉尘的空气吸入采样器, 采样器中放置有干净滤膜, 带有粉尘的空气经过滤膜时, 粉尘会粘附在滤膜上, 试验结束后将滤膜取出, 待干燥后进行称重分析, 称重结果如表 6-17 所示。

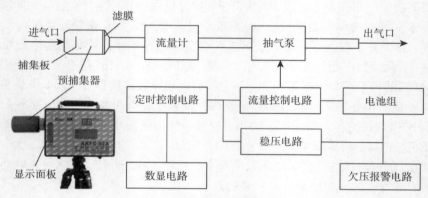

图 6-51　粉尘采样器原理图

表 6-17　滤膜称重结果

类型	滤膜称重/g			
	10MPa	20MPa	30MPa	40MPa
中心式	0.0832	0.0795	0.0780	0.0755
前置式	0.1051	0.1032	0.0993	0.0896
后置式	0.081	0.0796	0.0788	0.0766
无水截割	0.1393	—	—	—

粉尘浓度求解表达式为

$$T = 1000 \times \frac{f_1 - f_0}{Q \times h} \tag{6-13}$$

式中, T——粉尘浓度, mg/m^3;

　　f_1——采样后滤膜质量, mg;

　　f_0——采样前滤膜质量, 取多次测量平均值, $f_0 = 0.0502g$;

　　Q——采样流量, L/min;

　　h——采样时间, min。

粉尘浓度降低百分比为

$$\rho = \frac{T - T_0}{T_0} \times 100\% \tag{6-14}$$

式中, ρ——粉尘浓度降低百分比, %;

T——不同试验条件下粉尘浓度，$\mathrm{mg/m^3}$；

T_0——无水截割时粉尘浓度，$\mathrm{mg/m^3}$。

截割工作环境下粉尘量如图 6-52 所示，由图可知，无水截割过程中会产生大量的粉尘，而水射流辅助截割可以大大降低空气中粉尘含量。通过式 (6-13) 和式 (6-14) 可以计算出不同水压以及不同截割头种类时粉尘浓度降低百分比，其结果如图 6-53 所示。由图可知，中心式和后置式截割头在工作过程中其灭尘效果较好，优于后置式截割头。这是由于中心式水射流直接喷射在截齿齿尖与岩石作用位置，在粉尘即将产生时将其扑灭，因此灭尘效果良好；而后置式水射流，在截齿截割位置形成一道环形的水幕，阻止粉尘向外扩散，有效地降低粉尘的浓度。同时，随着水压的不断增加，水射流灭尘效果更加优异，但是当水压在 10MPa 时，水射流就

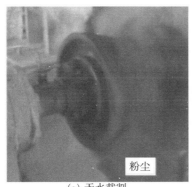
(a) 无水截割

(b) 有水截割

图 6-52 截割工作环境下粉尘量

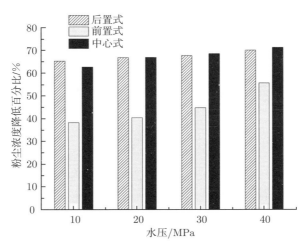

图 6-53 粉尘浓度降低百分比

已经能够起到良好的灭尘效果。中心式截割头在水压为 10MPa 时，粉尘浓度降低量为 62.82%，相同水压下前置式截割头在截割过程中粉尘浓度降低量为 38.3%，后置式截割头在截割过程中粉尘浓度降低量为 65.29%。随着水压的不断增加，灭尘效果更加明显，当水压增加到 40MPa 时，中心式截割头粉尘浓度降低 71.44%，前置式截割头粉尘浓度降低 55.66%，后置式截割头粉尘浓度降低 70.21%。

根据以上分析可见，高压水射流辅助作用下，截割机构破岩过程中产生的截割粉尘能够有效地被抑制，从而使掘进工作面环境得到提升，且能够保障掘进工作面人员的健康。

6.4.2　水射流作用的降尘机制

对比有无水射流辅助作用下截割机构破岩过程中工作面环境中的粉尘浓度，可见水射流辅助作用可以明显降低工作面空气中截割粉尘的浓度。由于截割粉尘颗粒和水射流液滴直径都属于微米量级，试验过程中无法观察水射流降尘机理，以下根据水射流辅助作用形式及液体湿润固体原理等分析水射流降尘机制。液滴湿润固体颗粒的性能对水射流降尘效果有重要的影响，其在一定程度上取决于液滴和固体粉尘颗粒的接触角。在空气–液滴–固体三相系统中，它们之间的平衡状态如图 6-54 所示，各相中界面张力的关系：

$$\sigma_{lv}\cos(\theta_b) = \sigma_{sv} - \sigma_{sl} \tag{6-15}$$

式中，θ_b——平衡接触角，(°)；

　　　σ_{lv}——液滴和气体之间的界面张力，N/m；

　　　σ_{sv}——固体和气体之间的界面张力，N/m；

　　　σ_{sl}——固体和液体之间的界面张力，N/m。

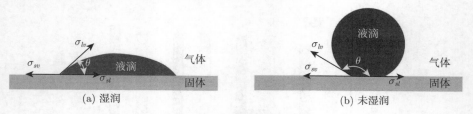

图 6-54　三相系统平衡状态

在空气–液滴–固体三相系统中，颗粒自然抵抗性由固体表面能决定。当粉尘颗粒表面属于完全湿润结构，固体和气体之间的界面张力足够对该性质粉尘湿润，此时液滴可以在粉尘颗粒表面漫延而有效抑制粉尘。当粉尘颗粒表面属于难湿润结构，固体和气体之间的界面张力小于液体和气体之间的界面张力，液滴难以在粉尘颗粒表面漫延，造成较差的降尘效果。

沉降的截割粉尘润湿效果由气体–液滴–粉尘的各相界面张力决定，但悬浮于空气中的粉尘还受到由高速射流造成的空气流场的影响。悬浮粉尘颗粒的湿润原理如图 6-55 所示。当粉尘颗粒大小远小于液滴尺寸时，粉尘颗粒将沿着液滴造成的气流场运动，液滴难以接触到运动的粉尘颗粒，此时悬浮于工作面的颗粒难以被抑制，这也是掘进机内喷雾降尘效果好于外喷雾的原因。当水射流形成的液滴尺寸大小与粉尘颗粒相当时，液滴能够湿润粉尘颗粒而实现降尘。实际上，低压水射流形成的液滴直径约 200~600μm，但煤岩截割形成的可呼吸性粉尘颗粒直径仅约 5μm，其直接导致悬浮粉尘难以抑制。因此，截割粉尘应尽可能在未扩散之前被湿润。这也是本书所研制水射流截割机构具有高效降尘性能的原因。

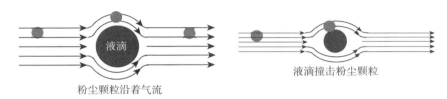

液滴   粉尘颗粒沿着气流   液滴撞击粉尘颗粒

图 6-55　悬浮粉尘颗粒湿润原理

6.4.3　水射流辅助作用对截齿磨损的影响

水射流辅助作用已经被证实可以降低截割机构截割扭矩、推进阻力和破岩比能耗等，且能够有效地抑制截割粉尘浓度。煤岩截割过程中，截齿使用寿命也是截割机构破岩性能的重要指标，因此有必要对不同水射流辅助形式的截割机构截齿磨损进行分析，以综合衡量截割机构破岩性能。图 6-56 为不同水射流辅助形式条件下相应位置截齿的磨损状况：(a) 截割机构钻进煤岩过程导致截齿齿身磨损范围较大，虽然无水辅助作用下截齿磨损痕迹明显，但由于截齿的自转性使截齿齿身周向磨损相对均匀；(b) 根据中心水力截齿的安装方式 (图 6-22)，为保证高压水能够引入中心水力截齿，截割机构 I 将水力截齿固定在齿座中而不能自转，直接导致水力截齿侧向磨损严重，截齿使用寿命大大降低；(c) 水射流布置于截齿前方一定距离，该方式不影响截齿在齿座内的自转性而保证截齿周向均匀磨损，且水射流辅助条件下截齿磨损状态明显较无水辅助下截齿磨损情况要好；(d) 水射流布置于截齿齿尖正下方，该方式也不影响截齿在齿座内自转，使截齿周向磨损相对均匀，且水射流辅助作用也能够改善截齿磨损情况。图 6-57 为不同截割工况下截齿的磨损特性。由于水力截齿固定在齿座内导致截割机构 I 水力截齿磨损速率最大，使用寿命最短；具有自转能力的截齿磨损相对比较均匀，但水射流辅助作用可以延长普通截齿的使用寿命。

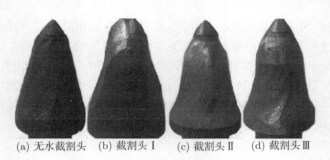

(a) 无水截割头　(b) 截割头 I　(c) 截割头 II　(d) 截割头 III

图 6-56　截齿齿身磨损状况

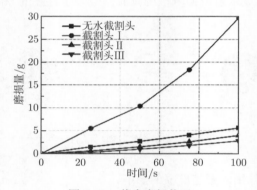

图 6-57　截齿磨损状况

图 6-58 为三种不同截割条件下截齿合金头的磨损形貌。

(1) 无水射流辅助条件下，截齿与煤岩摩擦生热使截齿温度上升而降低了合金头机械力学特性，煤岩中夹杂的坚硬磨粒对合金头微观切削形成"犁沟"；

(2) 由于水力截齿不具有自转性，在煤岩截割过程中合金头温度过高，容易被坚硬磨粒显微切削，其磨损严重也说明中心射流难以有效地实现截齿降温；

(3) 外置式水射流不影响截齿的自转性能，且水射流作用在一定程度上降低截齿截割温度而保证截齿合金头机械力学特性，此时外置式水射流辅助条件下截齿合金头磨损均匀且鲜有"犁沟"。

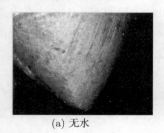
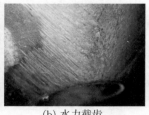
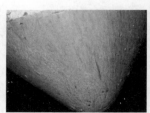

(a) 无水　　　　　　　　(b) 水力截齿　　　　　　　(c) 外置射流

图 6-58　合金头磨损形貌

参 考 文 献

[1] 刘送永, 崔新霞, 刘晓辉, 等. 掘进机高压水射流辅助截割机构: 中国, 103821511A[P]. 2013-07-10.

[2] 李烈. 高压水射流掘进机截割部设计及动力学特性研究 [D]. 徐州: 中国矿业大学, 2015.

[3] Zeng R, Du C, Chen R, et al. Reasonable location parameters of pick and nozzle in combined cutting system[J]. Journal of Central South University, 2014, 21: 1067–1076.

[4] Bilgin N, Demircin M A, Copur H, et al. Dominant rock properties affecting the performance of conical picks and the comparison of some experimental and theoretical results[J]. International Journal of Rock Mechanics and Mining Sciences, 2006, 43(1): 139–156.

[5] Jiang H, Du C, Zheng K, Liu S. Experimental research on the rock fragmentation loads of a water jet-assisted cutting head[J]. Tehnicki Vjesnik-Technical Gazette, 2015, 22(5): 1277–1285.

[6] Chiaia B. Fracture mechanics induced in a brittle material by hard cutting indenter[J]. International Journal of Solids and Structures, 2011, 38: 7747–7768.

[7] H. W. 克莱纳特. 水射流辅助的部分断面掘进机的掘进试验 [J]. 熊宠民, 译. 国外采矿技术快报, 1986, (12): 5–7.

第 7 章　水射流技术在矿山机械中的应用

　　在矿山机械中的应用是水射流技术一个极为重要的应用领域[1,2]，本书对水射流辅助机械刀具破岩和截割机构破岩的研究，为水射流技术在矿山机械中的应用提供了技术支撑。但作为能达到实际应用的水射流机械，尤其适宜井下作业，还存在许多问题需要解决，比如高压水射流水路布置、高压旋转密封的可靠性和使用寿命，本章详细介绍了作者近几年将水射流技术应用于矿山机械的一些尝试和取得的研究成果。

7.1　水射流在巷道掘进机中的应用

　　掘进机是煤矿机械化掘进的主要设备，但现有的掘进机单纯依靠截齿截割，当截割坚硬煤岩时，截割力不足，且截割过程伴随有粉尘和火花产生，不利于安全生产[3]。为了解决上述问题，提出了高压水射流辅助截割的方法，并通过水射流辅助单齿截割和水射流辅助截割机构截割研究，证明该技术的可行性。本节将高压水射流技术应用到掘进机上，以掘进机的使用工况为依据，提出切实可行的高压水布置方案，并研发出掘进机样机。

7.1.1　高压水射流半煤岩掘进机

　　半煤岩使用的掘进机如图 7-1 所示，该种掘进机依靠履带机构行走，由安装在悬臂式截割臂的截割机构截割煤岩，并经装载部和刮板输送机将煤岩送至机尾部装入矿车。该种机器主要工作机构是悬臂式截割机构，其主要缺点与第 6 章中截割机构相似，为改善工作中的不足，将高压水射流引入悬臂式截割机构。

图 7-1　EBZ160B 型半煤岩掘进机

中国矿业大学和石家庄煤矿机械有限责任公司联合研制出的 EBZ160B 型薄煤层半煤岩高压水射流掘进机如图 7-2 所示,该掘进机在原有机型的基础上对截割部进行了重新设计,在截割臂内部设置高压水通道,使高压水流入截割头内的高压水腔,通过在截割头上合理布置水射流喷嘴,使掘进机工作时高压水和截齿共同作用于截割煤岩。

图 7-2　EBZ160B 型薄煤层半煤岩高压水射流掘进机

7.1.2　高压水射流掘进机截割部设计

因将高压水引入掘进机,其原有截割部结构必须重新设计以满足工作要求。截割部的总体布置设计,关系到各个部件的物理连接形式,对截割部的性能、质量和整机的稳定性都有重要影响。

1. 电机布置形式

采用单个电机作为动力输入时,可以采用图 7-3 所示的单电机布置形式。

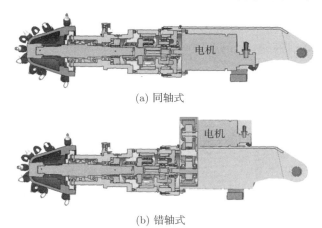

(a) 同轴式

(b) 错轴式

图 7-3　单电机布置形式

单电机同轴式布置形式为电机轴与截割臂轴重合。这种形式可以充分利用非高压水射流掘进机原有的截割部结构,改造简单,设计方法成熟,截割部工作稳定可靠。单电机错轴式将截割电机上移,电机轴与截割臂轴错开一段距离。这种形式的优点在于在输入轴外露端安装旋转密封装置,不占用截割臂内部空间,方便拆装与维护。缺点在于需要添加专门的直齿传动箱,且电机上移后,截割部高度增加,影响截割部上、下截割角度,进而影响截割断面形状。

半煤岩硬度大,除了加入高压水射流辅助截割外,截割电机自身的功率应在一定范围内尽可能取大值。而对于大功率的截割电机,体积大,影响掘进机的上下和左右摆动角度,进而影响截割断面形状。此时可以采用多电机提供动力,以多个小功率电机组合达到大功率的目的。通过合理的电机布置方式,尽可能减小截割部体积,是实现高压水射流联合截割的有效途径。

如果采用双电机布置,可以将电机上下布置 (图 7-4(a)),亦可将电机左右布置 (图 7-4(b))。如果采用上下布置,截割部高度增加,限制了上下摆动角度,尤其在向下截割时,容易造成下部电机与输送机构干涉,限制了掘进机截割下底板的能力。如果采用左右布置,虽然增加了截割部宽度,但基本不影响左右截割摆角,这是由于截割断面宽度较大,左右截割摆角主要受回转台摆角影响。可见,截割部摆角受高度影响敏感,受宽度影响不敏感,截割部宽度在一定范围内变化对左右截割摆角影响较小。

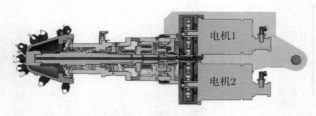

(a) 双电机上下布置

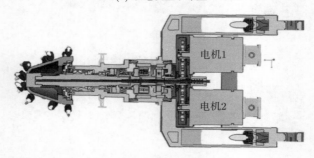

(b) 双电机左右布置

图 7-4   双电机布置形式

对于使用三个截割电机的掘进机,理论上可以实现,但实际中使用较少,故仅作为寻找布置规律进行理论探究, 以期找到多电机排布的一般规律。如果采用三电机布置形式, 最简单的布置方式为三电机周向均匀分布。这种形式的优点在于电机均布, 截割部均匀受力, 振动较小。缺点在于增大了截割部高度, 影响上下摆角。所以在布置多电机时, 在电机不干涉的情况下, 应尽可能将电机上移, 使电机壳的最低点高于连接架底面。

就现有掘进机机型来看, 研究超过三个截割电机的情况意义不大。即使真有必要, 遵循的排布方式应该尽量将电机上移, 而非均匀布置, 以保证足够的上下截割摆角。

综合以上优缺点, 在电机布置形式的选择上, 如果单电机能满足截割功率, 尽可能选用单电机, 当单电机不能满足功率要求时, 可采用多电机布置形式, 但一般不宜超过三个, 使用双电机时, 电机宜采用左右布置形式。本书所提出的 EBZ160B 型掘进机采用单电机布置形式即可满足功率需求。

2. 水射流水道布置形式[4]

1) 水道形成方式

高压水道可以通过两种方法获得: 一是在截割部中心轴内钻孔 (图 7-5(a)), 钻孔形成 "天然" 管道, 这种方式不必外加水管, 加工方便, 可靠性强, 但只适合单根轴, 一旦出现多根轴串联, 轴与轴之间转速不同, 要加入密封, 结构上难以实现; 二是在截割部内加入高压水管 (图 7-5(b)), 先在各段轴内钻孔, 在孔内加装高压水管, 这种方式水道布置灵活, 但当水管较长时, 要加入支撑, 结构相对复杂。

图 7-5 水道形成方式

2) 水道适用范围

轴内钻孔, 适合使用在单根中心轴上, 不宜通过减速器 (图 7-6), 该方式适合安置在单电机同轴式截割部上。高压水通过截割臂壳和挡块后, 直接进入截割臂中心轴。其中挡块静止, 截割臂轴做回转运动, 高压水流经回转接触面时, 需要加入旋转密封装置。其设计优点在于可以充分利用掘进机的设计主体, 不改变电机的安装位置。其缺点在于截割臂内部空间狭小, 旋转密封安装困难; 旋转密封内置, 一旦高压水泄漏, 会快速流入截割臂内, 甚至溢入截割头和减速器, 造成内部零件损坏，给工作面带来水患；发生轻微泄漏需更换密封圈时，需要先将截割头和截割臂拆解，操作不方便；高压水在截割臂轴内部经过 90° 转弯，压力损失大。

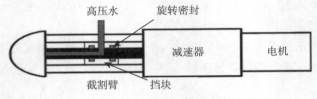

图 7-6　轴内钻孔适用范围

　　轴内设管，可使用在多根中心轴串联的形式中。水道设计时不必刻意绕过行星减速器，布置形式比较灵活，几乎适用于各种截割部结构。图 7-7 为应用于单电机截割部的情况，应用于多电机截割部的情况参见图 7-4，原理类似，不再赘述。

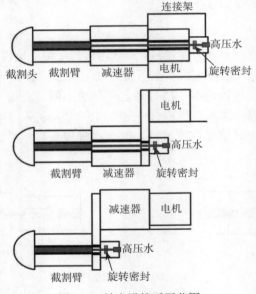

图 7-7　轴内设管适用范围

　　图 7-7 中截割臂段采用轴内钻孔，其他位置采用轴内设管，两者交汇处通过螺栓将高压水管连接到截割臂轴尾部，这种方式结合了两种管路的优点。
　　图 7-6 与图 7-7 中的一个重要区别在于旋转密封位置，图 7-7 中旋转密封内置，位置靠近出水口，密封直径一般较大，称为大径密封，主要应用于轴径大于 150mm 的情况。图 7-8 中旋转密封外置，位置靠近进水口，旋转轴径较小，称为小径密封，主要应用于轴径小于 50mm 的情况。其各自优缺点见表 7-1。

表 7-1 不同密封形式的优缺点

旋转密封	优点	缺点
小径密封($D < 50$mm)	更换密封件方便	高压水泄漏后易造成电机损坏；结构相对复杂
大径密封 ($D > 150$mm)	结构简单	高压水泄漏后造成截割臂内部进水，影响传动系统工作；更换密封件困难

综合以上分析，充分考虑工艺性和可实现性，在单电机形式下选取图 7-3(a) 所示的结构作为高压水射流掘进机截割部机械结构，选取小径密封，将旋转密封外置，形成的高压水射流掘进机截割部结构形式见图 7-8。

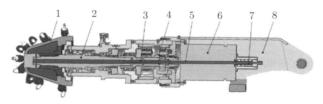

图 7-8 高压水射流掘进机截割部结构形式

1. 高压水腔；2. 中心轴；3. 高压管 I；4. 减速器；5. 高压管 II；6. 电机；7. 旋转密封；8. 连接架

高压水从尾端进入截割部，流经旋转密封—电机—减速器，进入截割头内的高压水腔，直接在截割头壳体上钻孔即可将高压水引出截割头，供给喷嘴或截齿使用。该形式的机械结构和普通掘进机基本一致，设计方法成熟，制造成本低；水道采用直线结构，压力损失小；旋转密封外置，方便拆卸检修。

7.1.3 高压旋转密封设计

为将高压水连续不断地引入旋转的截割头，保证高压水管路不与截割头一起转动，同时严格保证整套系统的密封性，需要设计一种密封压力高、寿命长、可靠性高的旋转密封装置 [5]。

1. 高压旋转密封装置介绍

所设计的高压旋转密封装置密封原理已在第三章中进行了介绍 (图 3-22)，本书在分析其工作原理的基础上，对其进行了结构设计和加工测试，如图 7-9、图 7-10所示。

该高压旋转密封装置采用四级串联密封结构，每一级包括旋转动密封和静密封两部分，四级密封之间用密封导套隔开。四级密封顺序工作，一级密封失效之后发生泄漏，第二级密封开始工作，直到全部失效时，对全部密封件进行更换。这种结构可以有效延长密封寿命，减少密封件的更换次数。在密封件的串联密封系统中，第一级密封件还具有抵抗高压水冲击力的作用，使到达第二级密封件的水压减小、速度减缓，充分发挥第二级密封件的密封效果。

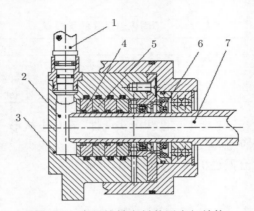

图 7-9　高压旋转密封装置内部结构

1. 输水管；2. 空腔；3. 供水板；4. 旋转密封；5. 密封导套；6. 唇形油封；7. 送水管

图 7-10　高压旋转密封装置加工图

旋转轴轴径为 $\phi25\text{mm}$，因此密封件的内径也取为 $\phi25\text{mm}$，相对来说尺寸较小，导致其装拆不便，而这种串联密封的结构将密封沟槽做成开式的，有效解决了这一问题。密封导套还能有效地将旋转密封件隔开，解决了其内部接触压力分布不平衡的问题，延长了单级密封的寿命，避免了旋转轴磨损不均匀的现象。密封导套与密封箱之间采用静密封圈，静密封圈与旋转密封圈之间也是由密封导套隔开，互不影响。

2. 高压旋转密封材料选择

此高压旋转密封装置的密封性能除了受到密封结构影响之外，主要由密封材料本身特性决定，密封材料的好坏直接影响设备能否正常运行，因此本书对密封材料进行了深入分析研究。

1) O 形圈密封材料

一般情况下，硬度是评定 O 形圈材料高压密封性能最重要的指标，硬度越高，密封的压力越大。O 形圈的硬度决定了 O 形圈的最大压缩量以及最大允许挤出间隙。结合高压旋转密封装置的具体使用环境，通过对比不同材料的材料特性及其适用场合，选取丁腈橡胶 (丁腈 40) 和聚四氟乙烯 (4FT-4) 两种材料的 O 形圈，其材料性能如表 7-2 所示。

表 7-2　O 形圈性能参数

型号	邵氏硬度	拉断强度/MPa	断裂伸长率/%	折弯强度/MPa	弹性模量/GPa	摩擦系数
丁腈 40	85	>16.4	180	23.5	1.12	0.12
4FT-4	90	>21.3	240	32.6	1.74	0.08

　　为获得两种材料的优劣性,进行了其安装状态下挤压应力、接触应力和工作状态下挤压应力、接触应力的有限元分析,其仿真模型及安装状态下结果如图 7-11、图 7-12 所示。对比两种材料安装状态下的 O 形密封圈挤压应力分布图可以发现,它们挤压应力分布的趋势基本相同。丁腈橡胶 O 形圈的最大综合挤压应力为 4.15MPa,聚四氟乙烯 O 形圈的最大综合挤压应力为 5.78MPa。这是因为聚四氟乙烯材料的弹性模量大,硬度高,产生相同压缩变形的情况下,破坏应力相对较大;而丁腈橡胶 O 形圈的最大接触应力为 3.55MPa,聚四氟乙烯 O 形圈的最大接触应力为 7.12MPa,因此聚四氟乙烯 O 形圈可以密封较高压力的介质。而丁腈橡胶 O 形圈的密封宽度却比较大,密封相同压力的介质,安全系数更高。

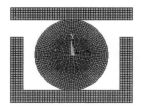 

(a) O形圈密封结构有限元模型　(b) 丁腈橡胶O形圈挤压应力分布　(c) 聚四氟乙烯O形圈挤压应力分布

图 7-11　安装状态下不同材料 O 形圈挤压应力分布

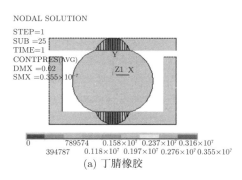 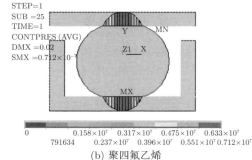

(a) 丁腈橡胶　　　　　　　　　　　　　　(b) 聚四氟乙烯

图 7-12　安装状态下两种 O 形圈接触应力分布

　　为对比工作状态下两者的优劣性，在 O 形密封圈的左侧施加 40MPa 压力，两种材料的 O 形圈的挤压应力分布如图 7-13 所示。在介质压力的作用下，O 形密封圈被挤向右侧，与沟槽壁接触，但是因为材料本身硬度较高，弹性模量大，没有被进一步挤到密封间隙里去，也避免了密封间隙处应力集中现象的出现。从最大综合等效应力的数值上来看，加载状态下丁腈橡胶 O 形圈最大等效应力为 8.53MPa，而聚四氟乙烯 O 形圈为 8.33MPa。在实际的密封过程中，旋转轴低速旋转，会增加密封圈的最大等效应力 1.5~1.7 倍，考虑这一因素的影响，则丁腈橡胶 O 形圈的最大等效应力为 14.51MPa，而聚四氟乙烯 O 形圈为 14.16MPa。由两种材料的性能参数可知，丁腈橡胶 O 形圈已接近于材料本身的许用应力，因此会产生较大泄漏量或者破损，失去密封作用；而聚四氟乙烯 O 形圈仍在许用范围之内，不会产生扭曲变形。由于丁腈橡胶 O 形圈在此压力下已不能正常工作，因此不再考虑其加载条件下的接触压力。聚四氟乙烯 O 形圈的接触压力分布如图 7-14 所示。从图中可以看出，O 形圈最高接触压力达 46.4MPa，并且有一定的密封宽度，理论上可以密封 40MPa 介质压力。

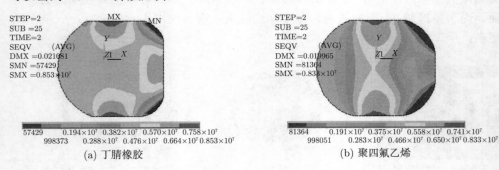

图 7-13   加载 40MPa 状态下两种 O 形圈挤压应力分布

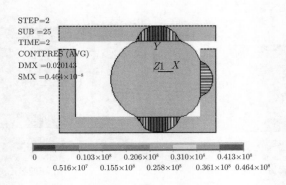

图 7-14   加载状态下聚四氟乙烯 O 形圈接触压力分布

2) 齿形滑环组合密封材料

齿形滑环组合密封由一个齿形增强聚四氟乙烯 (PTFE) 滑环和一个 O 形橡胶圈组成，其适用工况可以达到压力 0~70MPa，温度 −55~250°C，速度低于 6.0m/s。组合密封中 O 形圈与滑环之间的密封属于相对静密封，具有较高的密封能力及寿命，因此不再进行分析。加载状态下，齿形滑环的综合等效应力分布和接触压力分布如图 7-15、图 7-16 所示。

从图 7-15 中可以看出，在齿形滑环的主密封唇和副密封唇处都存在着一定的应力集中，导致等效应力过大；而其他位置的应力分布比较均匀，且应力值较小，不会成为危险截面。从图 7-16 可以看出，接触压力在滑环尖角处与旋转轴接触面上出现峰值，其接触压力远远大于其他地方的接触压力，齿形滑环组合密封具备了良好的高压旋转密封效果，并且在此处容易形成理想的润滑油膜，即保持 "临界油膜" 厚度，延长组合密封的密封寿命。

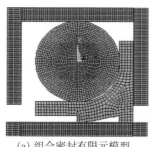

(a) 组合密封有限元模型

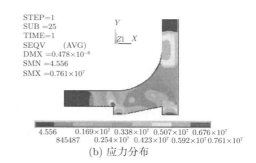

STEP=1
SUB =25
TIME=1
SEQV   (AVG)
DMX =0.478×10⁻⁶
SMN =4.556
SMX =0.761×10⁷

| 4.556 | 0.169×10⁷ | 0.338×10⁷ | 0.507×10⁷ | 0.676×10⁷ |
| 845487 | 0.254×10⁷ | 0.423×10⁷ | 0.592×10⁷ | 0.761×10⁷ |

(b) 应力分布

图 7-15　组合密封圈有限元模型

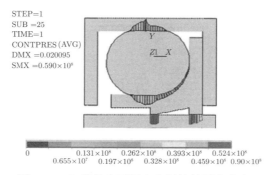

STEP=1
SUB =25
TIME=1
CONTPRES (AVG)
DMX =0.020095
SMX =0.590×10⁸

| 0 | 0.131×10⁸ | 0.262×10⁸ | 0.393×10⁸ | 0.524×10⁸ |
| 0.655×10⁷ | 0.197×10⁸ | 0.328×10⁸ | 0.459×10⁸ | 0.90×10⁸ |

图 7-16　加载状态下组合密封接触压力分布

3. 高压旋转密封装置试验研究

影响高压旋转密封装置性能的主要因素体现在密封端面的磨损度和泄漏量，本书通过搭建高压旋转密封试验台, 对所设计的密封装置进行试验研究。该试验台可以进行控制的操作因素主要有密封介质压力和旋转轴转速。通过改变上述操作参数和结构参数来研究其各自对密封装置性能的影响。

1) 高压旋转密封试验台

试验台主要由硬件和信号采集两部分组成, 硬件部分包括动力和联接装置、高压水泵站、旋转密封试验装置、支撑装置以及测试装置 (压力、扭矩传感器)。本试验主要测试的是旋转轴转速及介质压力与密封系统密封能力的关系, 可以通过测量系统泄漏量进行分析得到; 还需要测试旋转轴与密封面之间的摩擦力来分析系统的磨损度及启动性能, 这里通过测量电动机输出轴的转速及其在空载和加载情况下所受到的摩擦扭矩来间接得到。试验台组成如图 7-17 所示。

图 7-17   高压旋转密封试验台组成

1. 高压水泵站; 2. 水箱; 3. 压力传感器; 4. 旋转密封试验装置; 5. 联接装置; 6. 扭矩传感器; 7. 动力装置; 8. 支撑装置

2) 高压旋转密封材料试验性能分析

(1) 摩擦扭矩测试

摩擦扭矩测试条件为: 转速为 50r/min, 在 0~40MPa 的范围内调节高压水压力, 三种密封件的密封摩擦力矩与供水压力的关系如图 7-18 所示。

从图 7-18 可以看出, 随着高压水压力的增加, 密封件与旋转轴的摩擦力矩是逐渐增大的。而在压力较低时, 每种材料密封件的摩擦力矩均有一个缓慢增加的过程, 这是因为密封端面间存在压力水膜, 此时密封端面接触良好, 摩擦因数较小。聚四氟乙烯材料在较高压力下摩擦力矩也能保持一段缓慢增加, 反映了其良好的耐磨损性能, 这对高压密封是有利的。

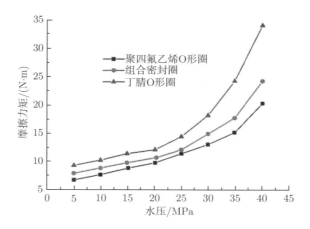

图 7-18　摩擦力矩–水压曲线

(2) 静态泄漏试验

静态泄漏试验条件为：保持旋转轴静止，在 0~40MPa 的范围内调节高压水压力，测量各个密封件在不同供水压力下的泄漏量，可得密封件静态泄漏量与供水压力的关系，如图 7-19 所示。

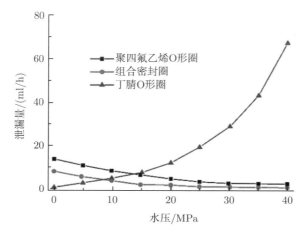

图 7-19　静态泄漏量–水压曲线

静密封状态下，聚四氟乙烯 O 形圈与组合密封的最大泄漏量分别为 8ml/h 和 14ml/h，且出现在低压段。这是因为两种材料的硬度比较大，在低压作用下难以产生有效变形而形成密封带，但并不影响其密封性能，相反，少许的泄漏量对密封件的自润滑是有益的。随着水压的升高，其泄漏量急剧减小，当水压超过 25MPa 时，其泄漏量接近于零，密封不再泄漏。

(3) 动态泄漏试验

动态泄漏试验条件为：控制高压泵站出口压力为 40MPa，在 10~70r/min 的范围内调节无级调速器，可以得到旋转密封件泄漏量与旋转轴转速的关系，如图 7-20 所示。

从图 7-20 中可以看出，水压不变时，旋转轴转速的变化对密封件的泄漏量几乎没有影响。在相同的转速下，组合密封的泄漏量要低于聚四氟乙烯 O 形圈的泄漏量，这是因为组合密封的主密封唇具有特定几何形状，在压力的作用下，该部位可以产生较为尖锐的接触力，具有良好的阻抑泄漏的作用。

综合以上三组试验结果可以看出，聚四氟乙烯 O 形圈以及齿形滑环组合密封适用于高压旋转密封，而丁腈橡胶 O 形圈在低压动态密封中具有更好的密封效果。在本设计要求的工况下，即介质压力为 40MPa，旋转速度为 50r/min，齿形滑环组合密封相对于聚四氟乙烯 O 形圈具有更高的密封能力，但其摩擦扭矩也相对较大，密封寿命相对较短。

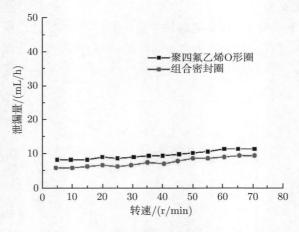

图 7-20　动态泄漏量–转速曲线图

7.2　水射流在液压凿岩机中的应用

液压凿岩机是目前巷道开拓过程中使用十分普遍的岩石钻孔机械，一般应用于坚硬岩石的冲击破碎。受到钻进工作面空间限制，液压凿岩机钻进系统体积不宜过大，直接限制了液压凿岩机的冲击破碎钻孔能力。此外，在钻进过程中，液压凿岩机存在钻头磨损严重、工作效率低等问题 [6]。

本书通过设计冲击旋转密封装置，能够实现钎杆同时在轴向和旋转运动下的高压密封，实现把高压水射流应用在现有钻进系统上，并且体积增加较小。通过探究水射流和冲击钻孔相结合的高压水射流辅助钻孔效果，为提高钻进系统岩石高效破碎提供科学依据，为提高凿岩台车的可靠性、使用寿命提供一种方法 [7]。

7.2.1　水射流辅助液压凿岩机钻孔机理

图 7-21 为水射流辅助液压凿岩机钻孔原理图。水射流作用主要体现在两个方面：①水射流辅助破岩；②水射流携岩。岩石经过钻头冲击后，形成一定数量和大小的裂纹。水射流进入裂纹，与岩粉混合在一起，对裂隙形成水楔作用，促使岩石裂纹扩展，从而使岩石破碎；同时水射流冲洗孔底与孔壁，使岩粉和岩屑在水射流的漫流作用下从钻头处移除，使钻头每次冲击都和未破碎岩石表面接触，降低能量分散以及岩屑的重复破碎，提高能量利用率。

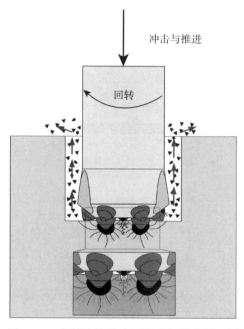

图 7-21　水射流辅助液压凿岩机钻孔原理图

7.2.2　水射流辅助液压凿岩机钻孔机构设计

在进行水射流辅助钻孔试验装置设计时，需要避免对液压凿岩机进行大范围改造，同时还要尽量降低加工难度，缩短试验周期。

1. 密封装置设计

液压凿岩机钻头工作方式为冲击–旋转式，将水射流引入冲击钻头，需要解决在轴向运动和旋转运动同时存在的情况下，高压水射流的有效密封。选用外置式冲击旋转密封，设计出两种密封方案，见图 7-22[8]。

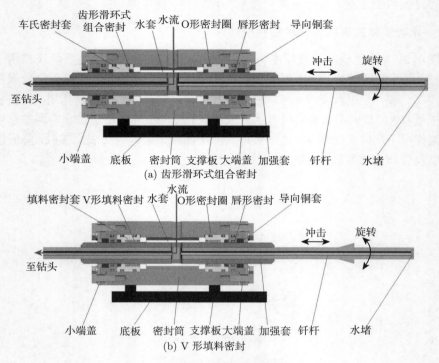

(a) 齿形滑环式组合密封

(b) V 形填料密封

图 7-22 冲击旋转密封装置

　　冲击旋转密封装置主要由钎杆组件、密封圆筒、密封套、水套、组合密封、加强套、唇形密封等组成。为了使高压水单向流向钻头，在中空的钎杆尾部焊接一水堵；加强套焊接在钎杆上，中间与钎杆一起加工通孔，与钎杆的中空水道相连，同时加强套能够提高钎杆的局部刚度与强度，减低在钎杆打孔对其强度与寿命的影响；水套用于密封套的安装与定位，其周向上加工通水槽，形成一定体积的储水空间。根据所使用的组合密封的结构不同，分为齿形滑环式组合密封和 V 形填料密封。齿形滑环式组合密封的特点是体积小，运行阻力小，要求密封轴与支撑体的间隙小，价格相对昂贵，适合 50MPa 以下的工作压力；V 形填料密封的特点是密封长度大，运行阻力大，体积相对较大，能够根据压力自动调节预紧力，能够应用在更高压力场合，密封装置中密封套的端面加工螺纹孔，方便密封套的安装与拆卸。

　　本试验引入高压水射流最大工作压力在 40MPa 左右，同时为避免回转功率损失，要求密封装置的运行阻力尽量最小，因此选用齿形滑环式组合密封作为试验时所应用的密封装置。同时为了保证高压水射流试验的顺利进行，V 形填料密封作为备用方案加工。为了降低试验成本，保证两方案的密封套基本尺寸保持一致，只需更换密封套就可方便地进行两种密封方式间的转换。

图 7-23 为冲击旋转密封装置安装位置，密封装置安装在液压凿岩机前部。试验使用的液压凿岩机为中心式通水结构，为了使密封装置安装到位，需要将液压凿岩机内部的中心通水管拆除。为了安装密封装置，需要将凿岩机的安装底板加长。为了提高密封效果和密封寿命，一定要确保密封装置的钎杆轴线与底板平行，并且与凿岩机机头部分轴线重合。

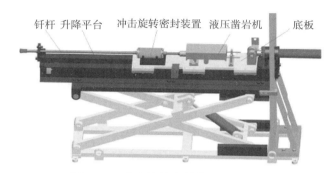

图 7-23　冲击旋转密封装置安装位置

2. 试验钻头设计

钻头是液压凿岩机破碎岩石的主要工具，钻头设计的好坏对水射流辅助破岩效果有至关重要的影响，而要使辅助破岩效果最好，关键是找出水射流相对于钻头牙齿的最佳位置，以及水力参数、岩性、齿形等对破岩效果的影响规律。在设计钻头时，对钻头的各个参数进行精心的选择，主要设计参数包括齿形的选择与布置、喷嘴设计、射流位置选择等。

1) 钻头类型选择

以实际生产中较多的冲击钻头作为研究对象，包含刃型钻头和球型钻头，钻头类型分别为十字、三齿、四齿、七齿、八齿 5 种，见图 7-24。冲击岩石选用青石，研究不同类型冲击钻头作用下岩石的破碎效果，以获得最佳的钻头类型及布置方式，见图 7-25。

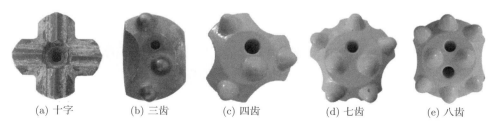

(a) 十字　　　(b) 三齿　　　(c) 四齿　　　(d) 七齿　　　(e) 八齿

图 7-24　不同类型冲击钻头结构

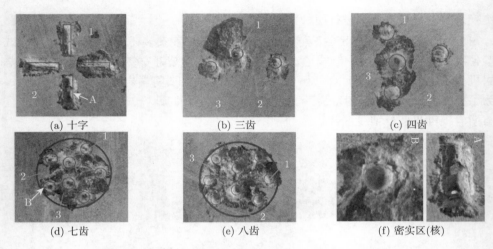

(a) 十字　　　　　　　　　(b) 三齿　　　　　　　　　(c) 四齿

(d) 七齿　　　　　　　　　(e) 八齿　　　　　　　　(f) 密实区(核)

图 7-25　不同类型冲击钻头作用下岩石破碎效果

1. 密实区 (核); 2. 未贯穿区; 3. 贯穿区

由图 7-25 可知，岩石破碎主要分为三个区：密实区 (核)、未贯穿区、贯穿区，其中密实区 (核) 主要发生在刀刃 (或柱齿) 底部，在底部形成由细碎岩石粉末压实的光滑的密实区域，其形状与刀刃 (或柱齿) 形状一致 (图 7-25(f))。对于十字钻头，两刀刃间因距离相对较远，没有发生破碎 (图 7-25(a))；对于柱齿钻头，距离较小的两柱齿间发生贯穿破碎，距离较大的两柱齿间没有发生破碎，说明岩石在钻头作用下的损伤具有局部性。钻头与岩石破碎坑之间形成局部封闭空间，在冲击力的作用下，对岩石形成局部围压，使岩石的塑性增强、强度提高，在足够的能量下出现岩石的大体积崩落，但在相同的冲击能量输入下，每次破碎体积并不一致，因此钻进深度呈阶跃式增加。在光滑的密实区域底部，细碎岩粉在冲击力的作用下填充已存在的裂纹或裂隙，对裂纹产生劈裂作用，在裂纹顶端发生应力集中，促进裂纹扩展，使岩石破碎，产生粉楔作用。从图 7-25(d) 和图 7-25(e) 可以看出，七齿钻头和八齿钻头在纯冲击作用下，破碎区域呈现圆形，说明七齿钻头和八齿钻头比较容易实现开孔。通过机理分析和试验研究可见，七齿钻头对中等强度和坚硬岩石都具有较好的破岩效果，故选用该种钻头是比较合理的。

2) 喷嘴结构设计

图 7-26 为高压水射流辅助液压凿岩机喷嘴结构图，圆柱形喷嘴具有较高的将压力能转化为动能的转化效率，并且喷嘴中存在圆柱段，使射流平稳，射程较大，在生产实际中得到广泛应用。根据水力参数优选的原理和相关研究可知，喷嘴的收缩角 $\delta = 13°$，长径比 $l/d = 2 \sim 4$ 时，喷出的射流具有最好的喷射效果。限于试验时所用高压水泵的功率与排量，试验钻头所有喷嘴直径均设计为 0.5mm，选长径

比为 4，喷嘴圆柱段长度为 2mm。

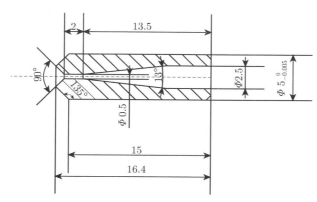

图 7-26 喷嘴结构 (单位: mm)

3) 喷嘴安装位置及喷嘴数量设计

喷嘴在钻头上的安装位置和数量是影响水射流联合破岩的两个重要参数，虽然在采矿业和掘进业进行某些尝试性试验，但未见到多少有价值的结论。在七齿钻头特定的钻头体上，选择合理的喷嘴安装位置和喷嘴数量，研究不同安装位置和喷嘴数量对水射流辅助破岩的效果，寻找最佳的布置方式显得尤为重要。因此，本试验中，研究了前置钻头、侧置钻头、双喷嘴钻头、无喷嘴钻头 4 种形式下的冲击破碎效果，以得到比较理想的喷嘴安装位置和数量，最大程度利用水射流辅助破岩，提高破岩效率。图 7-27 为 4 种形式下的冲击钻头形状。

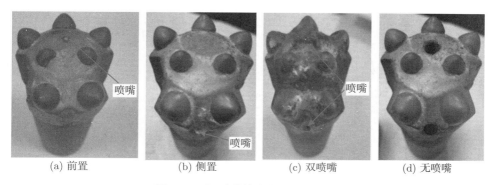

(a) 前置   (b) 侧置   (c) 双喷嘴   (d) 无喷嘴

图 7-27 四种结构水射流冲击钻头

4) 射流靶距位置设计

根据学者研究成果，为达到联合破岩效果，射流靶距位置应位于钻头牙齿使岩石产生裂纹最为丰富的位置，普遍认为，射流靶距应在 10mm 以内，而在 1~3mm

内效果最佳。根据钻头顶部合金头和钻头直径的大小，考虑到裂纹发育良好对高压水射流破岩的有利性，顶部喷嘴靶距设计为 5mm，其轴线与钻头轴线的夹角为 10°；侧部喷嘴的靶距设计为 3mm，其轴线与钻头轴线的夹角为 50°，所用喷嘴均用铜焊焊接在钻头上，最终设计出 4 种类型的水射流钻头。

7.2.3　水射流辅助液压凿岩机钻孔试验

影响水射流辅助钻孔效果的因素较多，如喷嘴直径、水力参数、靶距、钻头结构、喷嘴数量、喷嘴位置等，大量相关研究表明，喷嘴直径对高压水射流辅助钻孔破岩效果影响较小 [9-11]，钻头结构和靶距已在上文中加以论述，结合现有试验条件以及钻头尺寸，本书主要研究水力参数、喷嘴数量、喷嘴位置对水射流辅助钻孔效果的影响，其中喷嘴数量与喷嘴位置归结为钻头类型。恒定的射流水力能量参数包括射流的喷射速度、排量、水压及功率，由于现场往往采用水压来衡量射流能量的大小，因此，在本书中照样将水压作为分析水射流辅助钻孔效果的基本参量。

以钻进速度和振动位移作为联合破岩效果的评价指标，分别代表着钻进系统的工作效率和钎杆的使用寿命。图 7-28 为水射流辅助液压凿岩机钻孔试验装置 [12]，为了测量钎杆的振动状况，在钎杆顶端安装电涡流位移传感器，共有 2 个测点，用于探究钻头类型、水压对钎杆振动的影响。

图 7-28　水射流辅助液压凿岩机钻孔试验装置

试验对象为青石、红砂岩、混凝土，由于高压水泵功率的限制，无法提供更高压力和更大的流量，试验时最高水压为 40MPa。根据相关研究可知，此种压力破碎青石和红砂岩时，需要较长的时间，在短时间内，高压水射流破碎岩石比较困难，造成试验时容易发生喷嘴与岩石接触，喷嘴发生堵塞，使试验无法进行。而破碎混凝土时，由于强度相对较小，没有发生堵塞现象，因此研究对象设定为混凝土。本试验所应用的混凝土中河沙、水泥、石膏的配比为 5:3.5:1.5，自然风干 30d 以上，其密度为 2.47g/cm³，弹性模量为 9.5GPa，泊松比为 0.22，抗压强度为 23.6MPa，抗拉强度为 2.5MPa。

在水压为 40MPa 时，不同钻头类型下水射流辅助冲击钻孔后的孔口形状如图 7-29 所示。从图中可以看出，前置钻头和无喷嘴的孔口较为规整，孔口直径相对较小；侧置钻头和双喷嘴钻头的孔口较为粗糙，孔口直径相对较大，说明钻头侧部喷嘴有很好的扩孔效果。

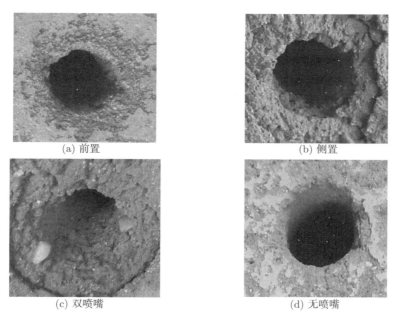

(a) 前置 (b) 侧置

(c) 双喷嘴 (d) 无喷嘴

图 7-29 不同钻头类型下岩石的孔口形状

1. 水射流辅助钻孔对钻进速度的影响

由前述知，本节研究水射流辅助钻孔对破岩效果的影响因素可归结为钻头类型和水压两个参数，故采用全面试验方法进行试验安排。水射流辅助钻孔钻进破岩效果的影响可通过钻进系统的工作效率来衡量，钻进效率由钻进速度直接体现。对孔口直径增长率变化进行分析，可理解不同钻头布置方式下水射流辅助破岩的作用过程，进而影响钻进速度的变化。

水射流辅助钻孔钻进速度见表 7-3，表中增长率都是相对于无喷嘴钻头，钻进速度与水压的关系见图 7-30。

表 7-3　水射流辅助钻孔钻进速度

钻头类型	水压/MPa	钻进速度/(m/min)	速度增长率/%	孔口直径/mm	直径增长率/%
无喷嘴	0	2.213	0.000	44	0
前置	10	2.679	21.078	42	−4.545
	15	2.791	26.113	43	−2.273
	20	2.670	20.639	45	2.273
	25	2.529	14.290	44	0.000
	30	2.418	9.255	45	2.273
	35	1.696	−23.366	45	2.273
	40	1.665	−24.783	46	4.545
侧置	10	2.230	0.764	48	9.091
	15	2.085	−5.772	49	11.364
	20	2.050	−7.353	48	9.091
	25	1.988	−10.182	50	13.636
	30	1.678	−24.193	52	18.182
	35	1.602	−27.628	54	22.727
	40	1.544	−30.212	55	25.000
双喷嘴	10	2.327	5.148	43	−2.273
	15	2.614	18.132	46	4.545
	20	2.662	20.267	50	13.636
	25	2.691	21.594	52	18.182
	30	2.744	23.995	53	20.455
	35	2.838	28.250	54	22.727
	40	2.734	23.543	55	25.000

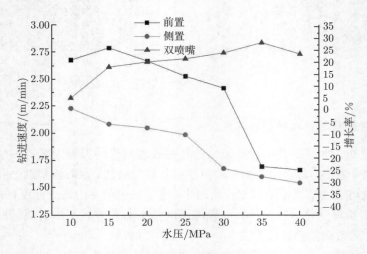

图 7-30　钻进速度与水压的关系

从表 7-2 和图 7-31 中可以看出，对于侧置钻头，钻进速度随水压的升高不断减小，其中当水压 ⩾15MPa 时，钻进速度比无喷嘴钻头小，说明侧置钻头的水射流对钻进速度的提高起到反作用。这是由于水射流辅助破岩时，消耗了大量的能量，并且切割出的孔表面比较粗糙，使一部分水流直接发生回转，排出孔外，致使进入孔底的流量减少。而且进入孔底的水流经过孔底与孔壁的交界处，水流发生回流和涡漩，使能量进一步消耗，最终造成水射流在孔底的携岩能力大大降低，岩屑在孔底发生重复破碎，使钻进速度降低。水压越高，钻进速度越小，这是由于水压越大，致使水射流破岩深度加大，在孔底形成环形切槽 (图 7-31)，与钻头破碎孔之间形成环形岩脊，阻碍水射流进入孔底，需要钻头对岩脊进行破碎，水流才能进入孔底，进行携岩，使钻进速度下降，加剧刀具磨损。

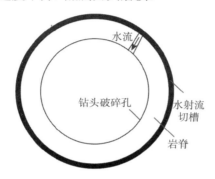

图 7-31　侧置钻头破岩环形切槽

对于前置钻头，钻进速度随水压的升高先增大后减小，其中当水压 ⩾35MPa 时，相对于无喷嘴钻头，钻进速度较小，表明水压越高，水射流辅助钻孔效果越差。

对于双喷嘴钻头，钻进速度随水压的升高先增大后减小，水压为 35MPa 时出现极大值，钻进速度提高 28.25%，而且在所研究的水压范围内，钻进速度都比无喷嘴钻头大，说明双喷嘴钻头的水射流能较好地促进钻进速度的提高。

对比分析水射流辅助钻进破岩效果较好的前置钻头和双喷嘴钻头。前置钻头的水射流具有较好的辅助破岩和孔底携岩能力，而双喷嘴钻头具有较好的孔壁携岩能力。在水压较小时，水射流的辅助破岩能力较弱，表现为双喷嘴钻头的孔口直径与前置钻头相差较小，水射流主要表现其携岩能力，前置钻头因其较好的孔底携岩能力，促使前置钻头在低水压下的钻进速度比双喷嘴钻头大。当水压增大时，水射流的辅助破岩能力增强，双喷嘴钻头侧部喷嘴辅助破碎岩石，使孔径变大，增大清除岩屑的空间，减少岩屑在孔底与孔壁交界处的堆积可能，使其前部喷嘴能够较好地发挥其辅助破岩和孔底携岩能力，因此其钻进速度进一步提高。与此同时，前置钻头喷嘴水射流的辅助破岩能力增强，使孔底表面粗糙，致使水流发生更多的涡漩，降低了孔底携岩能力，同时由于钻头直径与孔径相差较小，岩屑容易在孔底与

孔壁的交界处发生堆积，与钻头一起，在液压凿岩机回转作用下，对孔壁发生研磨
作用，造成钻头表面不断研磨，最终使孔径变大，便于岩屑排出孔底，但导致回转
阻力加大，液压凿岩机转速大幅度下降。

2. 水射流辅助钻孔对振动位移的影响

钎杆是液压凿岩机工作过程中最易损坏的部件，其使用寿命直接影响了液压
凿岩机工作性能和工作效率。通过分析水射流辅助钻孔下钎杆的振动位移特性，可
表征钎杆的偏斜和弯曲程度，间接衡量钎杆的有效工作时长，以此作为水射流辅助
钻孔效果的评价指标。

通过试验获得水射流辅助钻孔振动位移，如表 7-4 所示，表中变化率以无喷嘴
钻头为基准。前置钻头、侧置钻头和双喷嘴钻头的振动位移和变化率随水压的变化
分别见图 7-32、图 7-33、图 7-34。

表 7-4　水射流辅助钻孔振动位移

钻头类型	水压/MPa	测点 1/mm	测点 2/mm	差值/mm	变化率/%
无喷嘴	0	0.369	0.084	0.286	0.000
前置	10	0.516	0.018	0.498	74.112
	15	0.365	0.135	0.231	−19.366
	20	0.616	0.010	0.606	111.931
	25	0.273	0.249	0.024	−91.437
	30	0.053	0.061	−0.008	−102.85
	35	0.094	0.047	0.047	−83.588
	40	0.143	0.071	0.071	−75.025
侧置	10	0.410	0.137	0.273	−4.381
	15	1.120	0.810	0.310	8.463
	20	0.518	0.343	0.176	−38.633
	25	0.384	0.302	0.082	−71.457
	30	1.308	0.600	0.708	147.610
	35	0.361	0.151	0.210	−26.502
	40	0.222	0.022	0.200	−30.070
双喷嘴	10	0.086	0.159	−0.073	−125.68
	15	0.251	0.010	0.241	−15.798
	20	0.116	0.149	−0.033	−111.41
	25	0.641	0.371	0.269	−5.808
	30	0.212	0.088	0.124	−56.407
	35	0.084	0.459	−0.376	−231.29
	40	0.037	0.162	−0.126	−143.88

从表 7-3 和图 7-33~ 图 7-34 可以看出，对于前置钻头和侧置钻头，在相同水压下，测点 1 的振动位移比测点 2 的大，说明钎杆发生整体偏斜。但随着水压的提高，前置钻头两测点振动位移的差值基本保持在恒定值，且小于无喷嘴钻头的差值。侧置钻头两测点振动位移差值在 15MPa 和 30Mpa 水压下，因共振出现最大值，其余时刻均小于无喷嘴钻头的差值，说明高压水射流在一定程度上有助于减少钎杆的偏斜，有助于提高钻孔深度，同时可以减少钎杆弯曲的发生概率，提高钎杆的使用寿命。对于双喷嘴钻头，在相同水压下，测点 1 和测点 2 的振动位移表现得无规律，说明钎杆发生整体偏斜概率较低，因此双喷嘴钻头对减少钎杆发生偏斜具有优越性。

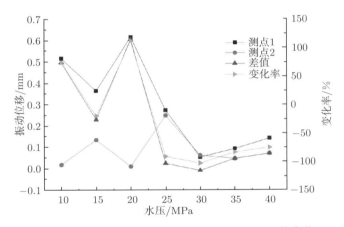

图 7-32　前置钻头的振动位移和变化率随水压的变化

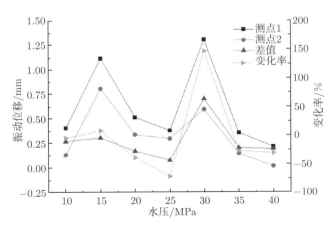

图 7-33　侧置钻头的振动位移和变化率随水压的变化

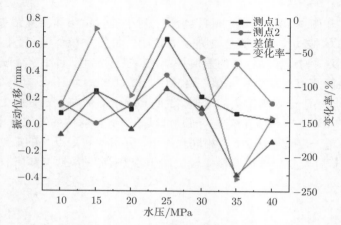

图 7-34　双喷嘴钻头的振动位移和变化率随水压的变化

7.3　水射流在采煤机摇臂再制造清洗中的应用

高压水射流清洗技术是利用高压水发生设备产生高压水，通过喷嘴将压力转变为高度聚集的水射流动能，完成各种清洗作业的一门新兴技术 [13,14]。本书尝试将水射流清洗技术与矿山机械的再制造相结合，充分发挥水射流清洁、高效清洗的优点，其研究结果具有很大的应用前景。

7.3.1　摇臂再制造清洗特征

再制造清洗是指借助于清洗设备将清洗液作用于废旧零部件表面，采用机械、物理、化学或电化学方法，去除废旧零部件表面附着的油脂、锈蚀、泥垢、水垢、积炭等污垢，并使废旧件表面达到所要求清洁度的过程。再制造清洗是零件再制造过程中的重要工序，是零件进行再制造的基础，对再制造产品质量具有全面的影响 [15]。

再制造清洗对象是附着在零部件上的污垢，即零部件表面不需要的、外来的所有物质。滚筒式采煤机作为矿山机械设备的重要组成部分，其摇臂的再制造是采煤机能够重复利用的关键零部件，采煤机摇臂主要结构如图 7-35 所示。

本书对长时间使用后失效的摇臂壳体进行拆解，得到采煤机摇臂部件如图 7-36 所示。分析可知，在使用过程中摇臂产生的主要污垢如表 7-5 所示。

其中沉积物是空气中尘埃等颗粒附着在零件表面的污物，采煤机废旧摇臂因较长时间没有使用，或拆解后部分零件被搁置，均导致了沉积物的产生；油污分布于与各种油料接触的零部件表面；水垢是零部件长期接触含杂质较多的水或硬水，在接触表面产生的黄白色沉积物，主要分布于喷雾冷却系统中与水有接触的零部件表面；锈蚀是零部件金属表面因长期接触酸类物质、空气中氧、水分子等产生的氧化物，主要分布于壳体及润滑不良的零部件表面等；油漆是产品外表面的保护漆层，再制造前需清洗，再制造后需重新喷涂，主要分布于壳体外表面，因废旧摇臂工作环境的恶劣性，待其经过服役周期回收后，油漆层已大部分脱落，可不予考虑。由此可知，摇臂再制造清洗的主要内容为沉积物、油污和锈蚀。

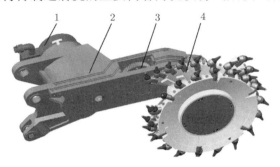

图 7-35 采煤机摇臂结构

1. 截割电机；2. 壳体；3. 传动机构；4. 滚筒

图 7-36 采煤机摇臂拆解图

1. 截割电机；2. 采空侧端盖；3. 煤壁侧端盖和轴；4. 方形法兰；5. 行星机构组件；6. 惰轴；7. 传动齿轮

表 7-5　滚筒式采煤机使用过程中产生的主要污垢

污垢	存在位置	主要成分	特点
沉积物	零件表面	灰尘、油泥等	容易清除,但难以除净
油污	与油料接触的零部件表面	不可皂化油,如凡士林、润滑油、矿物油等	成分复杂,呈垢状,需针对具体成分清除
水垢	冷却系统	钙盐、镁盐等	可溶于酸
锈蚀	壳体、润滑不良的零部件表面等	氧化铁、氧化铝	不溶于水和碱,可溶于酸
油漆	摇臂外表面	油料、树脂等	大部分是不溶或难溶成分,难以清除

7.3.2　水射流清洗流场结构

为研究高压水射流清洗摇臂机理,对水射流清洗流场结构进行了研究。高压水射流清洗机理比较复杂,主要是利用射流冲击清洗件表面的冲击、动压力、水楔、磨削等作用,对清洗件表面产生冲蚀、渗透、破碎、剪切、压缩、剥离、破碎,并引起裂纹扩散和水楔等效果,从而达到清洗件污垢层被破坏和清除的结果。高压水射流清洗是自由射流喷射至清洗件表面并持续作用的过程,属于冲击射流,其流场结构如图 7-37 所示。其中射流喷嘴直径为 d_0,出口速度为 v_0,当射流以靶距 H、冲击角 θ 冲击到清洗件表面时,射流迅速向两侧扩散。冲击射流的结构可分为三个区域,即自由射流区 I、冲击区 II 和附壁射流区 III。

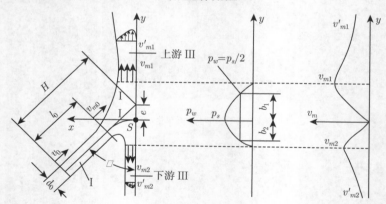

图 7-37　冲击射流流场结构

1. 自由射流区 I

射流的流动受清洗件影响很小,其流场特性基本和自由射流相同。自由射流区范围约为 $l_0 = 0.7H$,其径向速度 v_0' 的分布可按正态分布表示为

$$v_0'/v_0 = \exp\left[-0.693(y/b_v)^2\right] \tag{7-1}$$

式中，b_v——$v_0' = v_0/2$ 处的 y 值。

其轴向速度 v 可表示为

$$v/v_0 = 2.4 \left/ \sqrt{\sqrt{\frac{x}{d_0} - 2.5}} \right. \tag{7-2}$$

2. 冲击区 II

射流冲击到清洗件表面，其流场分布比较复杂。当射流以速度 v_{m0} 进入该区域后，随着与清洗件的接近，轴向速度减小，径向速度增大；当射流冲击到清洗件表面时，冲击动能转换为压力能，因此清洗件表面的压强分布可反映射流对清洗件表面的冲击作用。冲击区清洗件表面的压力 p_w(冲击压力) 分布符合正态分布，其中滞止点 S 处压力 p_s(滞止压力) 为最大压力值。冲击压力 p_w 可表示为

$$p_w/p_s = \exp\left[-0.693\left(y/b_p\right)^2\right] \tag{7-3}$$

式中，b_p——$p_w = p_s/2$ 处 y 值，$y > 0$ 时，$b_p = b_1$，否则 $b_p = b_2$；

p_s——滞止压力。

由动能定理有

$$p_s = \rho \left(v_{m0}\sin\theta\right)^2 / 2 \tag{7-4}$$

式中，v_{m0}——冲击区射流的初始轴向速度，也是自由射流区射流的最终轴向速度。

由式 (7-2) 有 $v_{m0} = 2.4 v_0 \left/ \sqrt{\sqrt{\dfrac{0.7H}{d_0} - 2.5}} \right.$；已知喷嘴入口压力 $p_0 = v_0^2/2000$，则

$$p_s = 5760\rho p_0 \sin^2\theta \left/ \left(\frac{0.7H}{d_0} - 2.5\right) \right. \tag{7-5}$$

射流滞止点 S 为射流与清洗件发生冲击的位置，从图 7-26 中可以看出，S 并不在射流轴线延长线上，而位于靠近下游区域的壁面上，由此可知受清洗件影响，射流的流线发生了弯曲。滞止点 S 处射流流线和清洗件壁面正交，根据势流理论，偏距 e 为

$$e = 0.154H\cot\theta \tag{7-6}$$

3. 附壁射流区 III

射流的流场特性和典型二维附壁射流相同。此时射流只是沿清洗件表面做减速流动，无轴向速度，且上下游速度分布不对称，射流厚度分布也不一样。由动量定理和流体连续性可知，射流上游厚度 d_1 和下游厚度 d_2 可表示为

$$\begin{cases} d_1 = d_0\left(1 + \cos\theta\right)/2 \\ d_2 = d_0\left(1 - \cos\theta\right)/2 \end{cases} \tag{7-7}$$

当射流垂直入射清洗件 ($\theta = 90°$) 时，射流流场对称分布。式 (7-3) 中 $b_p = b_1 = b_2$，式 (7-7) 可表示为 $d_1 = d_2 = d_0/2$，滞止点 S 在射流轴线延长线上，即偏距 $e = 0$。

7.3.3   水射流清洗采煤机摇臂试验研究

1. 水射流清洗试验方案布置

为研究水射流对采煤机摇臂的清洗效果，选取报废的采煤机摇臂壳体为清洗对象。因摇臂壳体结构复杂，高压水射流无法直接对壳体内部进行清洗，故对采煤机摇臂壳体进行拆解，得到摇臂壳体钢板试样，并以高压水射流辅助截齿破岩试验台为基础，改造为如图 7-38 所示的高压水射流清洗试验台，试验现场见图 7-39。通过推进油缸移动喷嘴，调整为试验所需靶距；通过横移油缸移动清洗件，由位移传

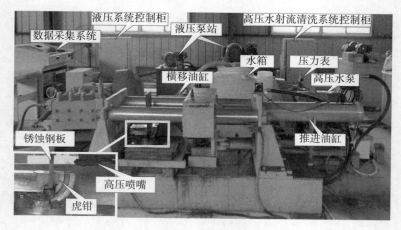

图 7-38   高压水射流清洗试验台

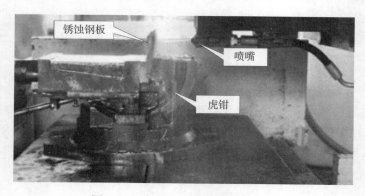

图 7-39   高压水射流清洗试验现场

感器进行记录，从而获得清洗件的横移速度，即水射流横移速度；通过高压水泵提供试验所需压力的高压水，由水压传感器进行记录；通过虎钳固定清洗件，并调整钢板与喷嘴之间的角度，即试验中所需的冲击角。

2. 压力对清洗结果的影响

由图 7-40 可知，工作压力对射流清洗结果有显著影响。当其他参数一定时，随工作压力的增加，清洗宽度和比能均有明显的增加，即清洗效果和清洗效率得到了显著提升，但此时射流清洗的比能也明显增加。当工作压力过小时，清洗效果不明显，甚至没有发生清洗；当工作压力增大时，清洗效果显著提升；当工作压力继续增大时，清洗效果的提升速度减慢，而比能却迅速增加。本试验说明，工作压力对清洗结果有显著影响，且不可单纯依靠提高工作压力来达到高效清洗的目的，需综合考虑水射流清洗系统的整体性能和清洗污垢的类型，选择合适的工作压力。

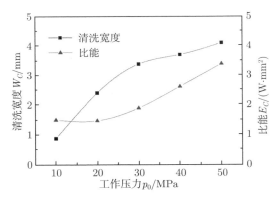

图 7-40 不同工作压力的清洗结果评价曲线

3. 靶距对清洗结果的影响

由图 7-41 可知，靶距对射流清洗结果有显著影响。当其他参数一定时，随靶距的增加，清洗宽度有明显增加，达到一定值后开始逐渐减小，比能变化正好相反。当靶距过小时，水射流冲击到钢板上迅速沿钢板散开，但此时其侧流具有较大速度，可产生不稳定清洗能力，洗净区域的形状严重不规整，清洗效果不好；当靶距增大时，清洗效果显著提升；当靶距增大到一定值后，清洗面积达到最大，若靶距继续增大时，清洗效果开始逐渐下降。本试验中，当靶距为 $H=80\text{mm}$ 时，射流清洗宽度达到最大，比能消耗最小，可认为该靶距为此工况下的最佳靶距。

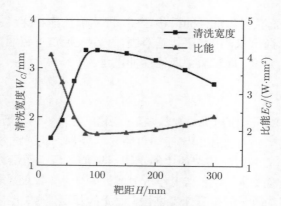

图 7-41　不同靶距的清洗结果评价曲线

4. 冲击角对清洗结果的影响

冲击角清洗试验现场如图 7-42 所示。试验时射流以恒定速度冲击采煤机摇臂壳体钢板试样，一定时间后结束试验，并拍照进行图像处理。该试验获得的清洗区域均为类圆形，清洗结果仅用清洗面积 S_C 进行评价。对试验结果进行分析，得到冲击角 θ 与清洗面积 S_C 的关系，如图 7-43 所示。

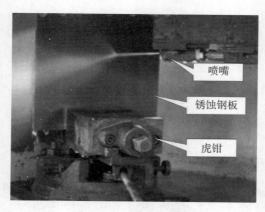

图 7-42　冲击角清洗试验现场

由图 7-43 可知，随着冲击角 θ 的增大，清洗面积 S_C 先增大后减小。当水射流以一定的冲击角清洗污垢时，冲击力可分为垂直分力和水平分力，前者主要破坏污垢对清洗件的吸附作用，而后者主要对污垢起剪切破坏作用，同时将污垢冲出清洗区域。由此说明在清洗过程中，针对具体的污垢存在最佳的清洗角。在本试验中，清洗作业的最佳冲击角为 60°。

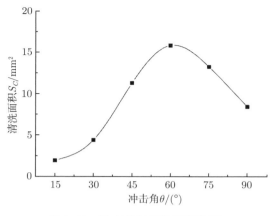

图 7-43　冲击角与清洗面积关系

5. 横移速度对清洗结果的影响

不同横移速度的清洗结果及其评价曲线分别如图 7-44、图 7-45 所示。

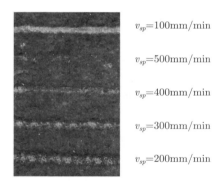

图 7-44　不同横移速度的清洗效果

由图 7-44 可知, 射流清洗锈蚀钢板后, 洗净区域的边界均呈不规整形状。当横移速度增大到一定值时, 洗净区域出现不连续现象, 此时清洗效果明显不好。由图 7-45 可知, 横移速度对水射流清洗结果有显著影响。当其他参数一定时, 随横移速度 v_{sp} 的增加, 射流清洗宽度 W_C 逐渐减小, 而清洗速度 V_C 先增大后减小, 比能 E_C 先减小后增大。当横移速度较小时, 清洗效果明显, 且洗净区域的形状较为规整; 当横移速度增大时, 清洗效果逐渐下降, 而清洗速度明显提升, 比能下降; 当横移速度过大时, 清洗效果明显不好, 洗净区域的形状明显不规整, 此时清洗速度较小, 而比能却很大。由此可知, 存在一横移速度, 使射流清洗速度最大, 而比能最小。本试验中, 清洗作业的最佳横移速度为 $v_{sp} = 300\text{mm/min}$。

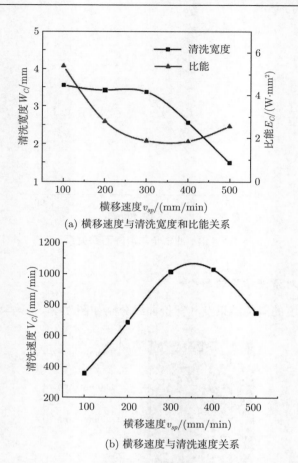

(a) 横移速度与清洗宽度和比能关系

(b) 横移速度与清洗速度关系

图 7-45　不同横移速度的清洗结果评价曲线

对清洗试验结果进行单因素参数分析表明，随工作压力的增大，清洗效果和清洗效率均有明显增加，但比能也随之增高；随靶距、冲击角和横移速度的增大，清洗效果和清洗效率均呈现先增大后减小的变化趋势，而比能变化正好相反。基于试验结果分析，可得到该试验条件下的一组最佳清洗参数，即射流压力 $p_0 = 30\mathrm{MPa}$、靶距 $H_0 = 80\mathrm{mm}$、冲击角 $\theta = 60°$、横移速度 $v_{sp} = 300\mathrm{mm/min}$。

7.3.4　提高水射流清洗能力措施

如何提高水射流清洗能力，增大水射流清洗的应用，是提高水射流清洗效益的关键，结合水射流在摇臂再制造中的应用，研究单位、厂家和作者均对这个问题进行了深入广泛的研究、探索。具体就是合理选择水射流的清洗参数，研制高效的新型水射流以及采用特殊形状的喷头都是行之有效的措施。

1. 合理选择水射流清洗参数

通过试验可知,水射流清洗的影响参数包括水射流压力、喷嘴直径、横移速度、靶距及射流冲击角等。合理选择这些参数以及优化它们的组合是提高水射流清洗效率,降低能量消耗的主要手段之一。

(1) 合理选择水射流的喷射压力。水射流喷射压力的大小直接影响其清洗效果。压力不足清洗不掉沉积物,压力过大不但有可能损伤壳体,而且能耗加大,不经济。选择水射流喷射压力时,要根据被清洗沉积物及其粘附强度、清洗方式综合考虑。当横移速度较大时,可适当提高水射流压力,确保清洗质量。

(2) 当喷射压力一定时,喷嘴直径大小直接影响高压泵源的功率,用增大喷嘴直径来提高水射流清洗能力的做法是不经济的,一般喷嘴直径是根据高压泵源的额定流量及额定压力来选用的。

(3) 在水射流的压力足够大时,要适当提高横移速度,以提高清洗效率,降低清洗成本。但过快的横移速度不能充分发挥水楔作用,使污垢从壳体上剥落下来,因此,在这种情况下,采用较慢的横移速度更为有利。

(4) 水射流清洗不像水射流切割那样对靶距有严格要求。在水射流清洗能力足够时,适当加大靶距,不仅可以提高单位时间的清洗面积,而且增加作业的安全性,改善劳动环境。但是,当清洗较硬的沉积物时,保持小的靶距,充分发挥水楔作用,则是剥离沉积物的一种好办法。

(5) 对于清洗油污等黏性污垢时,水射流的剪切力起很大作用。因此,适当采用大的冲击角度,提高高压水的温度将是行之有效的好措施。

2. 采用特殊连续水射流

对于坚硬而脆的沉积物,增大水射流的冲击力使其产生裂纹并扩展裂纹,从而加快沉积物的破碎和剥离。这时,采用空化射流或者脉冲射流有较高的清洗效率,对于诸如铁锈这样的沉积物,单靠提高水射流压力的方法是不能奏效的,如果采用磨料射流来清洗,则可显著提高清洗效率。

3. 采用特殊形式的喷头

1) 扇形喷头

图 7-46 为扇形喷嘴,其特点是在普通锥形喷嘴的出口处开个浅槽。当水射流从喷嘴喷出时, 由于射流的抽吸作用, 射流将在首先与空气接触的浅槽方向进行扩展, 使射流沿槽的方向展开为扇形, 即矩形平面射流, 射流截面近似为椭圆形, 其长轴与浅槽的方向一致, 扇形喷嘴的清洗面积要比普通锥形喷嘴大得多。

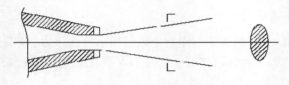

图 7-46   扇形喷嘴

这种形式的喷嘴在混凝土打毛作业中得到了成功的应用。无疑，由于射流的极度扩散，射流的能量以及打击压力损失很大，因此在实际使用中常常需要较高的压力，正是由于这一点限制了它的应用范围。此外，尽管这种扇形喷嘴结构简单，但对加工精度和表面质量的要求很高，对射流的特性容易加以控制。

2) 蒸气水射流喷头

高压水射流清洗油垢时，采用高温水射流最有效。在实际应用时，由于提高吸水温度会损坏高压泵的密封，故通常在高压泵出口和喷嘴之间加一个加热器来提高高压水的温度，这不仅使系统复杂，而且成本也高。采用图 7-47 所示的蒸气水射流喷头，就可以提高水射流的温度。高压水沿喷头中心进入水射流喷嘴，1MPa 的低压水蒸汽经涡流室，高速通过水射流外围的收敛–扩散环状空间，然后与水射流一同进入混合室，确保水蒸气与水混合，这时绝大部分的水蒸气冷凝成高速液体，从而提高了水射流的平均冲击压力和温度。

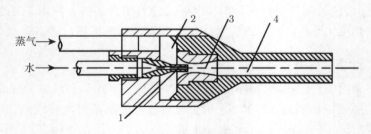

图 7-47   蒸气水射流碰头

1. 水射流喷嘴；2. 涡流室；3. 收敛扩散环；4. 混合室

3) 气水扇形喷头

为了得到幅度大、压力分布均匀的清洗用水射流，日本研制出了一种扇形气水射流喷头，如图 7-48 所示。在水射流出口装上扇形整形罩，并在其周围喷射可调的压缩空气，喷射出的压缩空气不仅可以加速水射流周围的低速水滴，而且还能防止冲击到被清洗面上的水雾飞散，起到一个空气罩的作用。试验表明，这种喷头与普通扇形喷头相比，清洗效果可提高 2~3 倍。

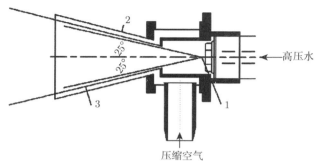

图 7-48　气水扇形喷头

1. 水射流喷嘴；2. 整流外管；3. 整流内管

参 考 文 献

[1] 崔谟慎, 孙家骏. 高压水射流技术 [M]. 北京：煤炭工业出版社, 1993.

[2] Lu Y, Tang J, Ge Z. Hard rock drilling technique with abrasive water jet assistance. International Journal of Rock Mechanics and Mining Sciences[J], 2013, (60): 47–56.

[3] 窦春菊, 蒋三在. 高压水射流在断面掘进机设计中的应用 [J]. 煤炭技术, 1998, (1): 2–4.

[4] 李烈, 蔡卫民, 崔玉明. 兼用高压水射流的掘进机水系统设计 [J]. 制造业自动化, 2013, 35(3): 153–155.

[5] 董恰. 采煤机水射流联合截割系统旋转密封装置研究 [D]. 徐州: 中国矿业大学, 2013.

[6] 廖华林, 牛继磊, 程宇雄, 等. 多孔喷嘴破岩钻孔特性的试验研究 [J]. 煤炭学报, 2011, 36(11): 1858–1862.

[7] 刘送永, 常欢欢, 杜长龙, 等. 一种连续冲击破碎试验装置: 中国, CN104849157A[P]. 2015.

[8] 刘送永, 程刚, 沈刚, 等. 一种冲击旋转高压密封装置: 中国, CN105840829A[P]. 2016.

[9] Hossain M E, Ketata C, Islam M R. Scaled model experiments of waterjet drilling[J]. ASPES, 2010, 2(1): 35–46

[10] Hu Q, Yang C, Zheng H, et al. Dynamic simulation and test research of impact performance of hydraulic rock drill with no constant-pressurized chamber[J]. Automation in Construction, 2014, (37): 211–216.

[11] Guha A, Barron R M, Balachandar R. An experimental and numerical study of water jet cleaning process[J]. Journal of Materials Processing Technology, 2011, 211(4): 610–618.

[12] 刘送永, 杜长龙, 常欢欢, 等. 冲击破岩综合试验台: 中国, CN104634673A[P]. 2015.

[13] 卢晓江, 何迎春, 赖维. 高压水射流清洗技术及应用 [M]. 北京：化学工业出版社, 2005.

[14] Graube F, Grahl S, Rostkowski S, et al. Optimisation of water-cannon cleaning for deposit removal on water walls inside waste incinerators[J]. Waste Management and Research, 2016, 34(2): 139–147.

[15] 陈源源. 滚筒式采煤机摇臂再制造性的研究 [D]. 徐州: 中国矿业大学, 2016.

索　引